光学轨道角动量及其
在光通信中的应用

Optical Orbital Angular Momentum and Its
Applications in Optical Communications

张　霞　白成林　杨震山　著

科学出版社

北　京

内 容 简 介

本书主要对光学轨道角动量(OAM)及其在光通信中的应用进行研究。全书共 7 章:第 1 章介绍了 OAM 模式复用技术的基本概念以及国内外研究现状;第 2 章给出了光学 OAM 的矢量场理论和典型的 OAM 光束及其性质;第 3 章推导了理想环状光纤中的 OAM 模式理论,并求解了对应的本征模式和 OAM 模式;第 4 章分别研究了非理想环状光纤中的 OAM 模式在椭圆和不同心两种微扰条件下的模式耦合问题;第 5 章提出并推导了可用来分析多模光纤中模式耦合与模式色散的密度矩阵理论;第 6 章给出了基于纯相位空间光调制器的 OAM 模式产生方法;第 7 章首先分析了大气以及光纤中模式复用传输时遇到的相位畸变和信号串扰问题,并提出了初步的均衡与补偿方案,最后对 OAM 模分复用系统的未来进行了展望。

本书内容系统全面,深入浅出,力求展现 OAM 模分复用技术领域的最新科研成果。本书可作为高等院校信息与通信工程、光学工程、电子科学与技术、电子信息等专业领域研究生的教材,也可为从事光通信技术领域研究的科研和工程技术人员提供参考。

图书在版编目(CIP)数据

光学轨道角动量及其在光通信中的应用/张霞,白成林,杨震山著. —北京:科学出版社,2021.12

ISBN 978-7-03-070909-7

Ⅰ.①光… Ⅱ.①张… ②白… ③杨… Ⅲ.①轨道角动量-应用-光通信 Ⅳ.①TN929.1

中国版本图书馆 CIP 数据核字 (2021) 第 262273 号

责任编辑:周 涵 田轶静 / 责任校对:杨聪敏
责任印制:吴兆东 / 封面设计:无极书装

科 学 出 版 社 出版
北京东黄城根北街 16 号
邮政编码:100717
http://www.sciencep.com

北京中科印刷有限公司 印刷
科学出版社发行 各地新华书店经销
*
2021 年 12 月第 一 版 开本:720 × 1000 B5
2021 年 12 月第一次印刷 印张:13 1/4
字数:268 000
定价:118.00 元
(如有印装质量问题,我社负责调换)

前　言

随着网络协议电视 (Internet Protocol Television，IPTV)、移动多媒体、视频流媒体等新业务不断涌现，光纤传输主干网的数据流量按照摩尔定律，以高达 300% 的年增幅迅速上升，使得带宽需求以惊人的速度持续增长。与之对应的，单模光纤传输系统的容量即将达到 100Tbit/s 的香农极限。此时，利用空间维度的空分复用 (Space Division Multiplex，SDM) 技术应运而生，包括利用空间结构的多芯光纤，基于线偏振 (Linear Polarization, LP) 模的少模复用以及利用轨道角动量 (Orbital Angular Momentum, OAM) 的 OAM 复用技术。其中，由于 OAM 复用技术可使多个 OAM 并行模式信息在同一新型光纤中传输，所以光纤的频谱利用率和传输容量再一次得到提高，且不需要复杂的多输入多输出 (Multiple Input Multiple Output，MIMO) 技术，因此成为最有竞争力的新型复用技术之一。

1992 年，Allen 及其同事发现近轴光束除了携带自旋角动量 (Spin Angular Momentum，SAM) 之外，还携带 OAM，研究者们开始对光学 OAM 的基础理论进行研究。近十年，部分文献对 OAM 模式的激励或产生，在自由空间或大气中的传输、串扰以及接收检测的理论、仿真和实验进行了相关报道，证明了 OAM 作为一个新的复用维度应用到光通信传输系统的可能性。2011 年，研究者提出了涡旋 (Vortex) 光纤的结构并分别进行了 0.9km 和 1.1km 的传输实验，首次证明了 OAM 模式在光纤中传输的可能性。随后，研究者们又陆续提出了不同结构的 OAM 光纤，如最早由美国南加利福尼亚大学的 Yang Yue 等提出的环状光纤，这种结构与呈环状分布的 OAM 模式强度场高度契合，更适用于 OAM 模式的传输，因此是目前基于 OAM 模分复用系统最广泛使用的光纤结构。并且，在 2019 年，中山大学的余思远团队设计了一种芯与包层较低折射率差的 OAM 环状光纤，使光纤损耗低达 0.2dB/km，耦合系数低于 −36dB/km，并且结合波分复用 (Wavelength Division Multiplexing，WDM) 技术完成了传输距离和传输速率分别为 100km 和 128Gbit/s 的通–断键控 (On-Off Keying, OOK) 系统信号的传输实验，首次证实了环状光纤用于长距离传输的可行性。近些年来，研究者们还对 OAM 模式的产生、光纤放大、复用解复用等器件进行了大量的研究，为 OAM 模式复用光纤传输系统的实用化奠定了基础。

正如当年波分复用系统极大地提高了光纤通信系统的传输容量，OAM 复用技术有望与其他复用技术协调共用以解决当前带宽供需的矛盾。但是，OAM 复用技术在提高系统容量的同时，也带来了一系列亟待解决的科学问题。目前关于该技术的研究仍然存在的问题有：低损耗低串扰 OAM 光纤的结构设计、OAM 模式在光纤传输过程中的耦合和色散、高纯度 OAM 模式的激励以及接收端 OAM 复用信号的恢复等。

在 OAM 环状光纤的结构参数设计过程中主要关注两个问题：第一要求光纤中传输尽可能多的模式，且要避免径向高阶模式的出现；第二要保证 OAM 模式的传输质量或纯度，尽量避免简并为 LP 模式。这两个需求均需要对环状光纤中能够存在的模式及其所对应的光学性能参数进行详细的研究，为此需要对环状光纤的矢量光场进行分析，通过理论推导和数值计算，求解得到理想环状光纤中能够传输的 OAM 模式，从而找到符合需求的 OAM 光纤结构设计参数。

由于光纤材料本身或加工工艺的不完美性以及在传输过程中的随机微扰，不同拓扑荷对应的各个 OAM 复用模式在实际的光纤中传输时会产生耦合和色散，从而造成 OAM 光信号之间的串扰，导致接收端信号的误码率 (Bit Error Rate, BER) 增大，使光纤通信系统的性能严重下降。因此，对 OAM 模式在光纤中传输时的耦合机制进行研究，将对 OAM 复用技术在实际光纤通信系统中的应用具有重要的指导意义。

除了光纤本身的原因，发射端产生的 OAM 模式的质量也是影响系统信号性能的重要因素，为此要求产生的 OAM 模式具有好的稳定性，并尽量保持较高的纯度。目前能够产生和接收 OAM 模式的几种方法中，以利用空间光调制器 (Spatial Light Modulator, SLM) 的方法最为普遍。

本书从光学 OAM 的基本理论出发，详细阐述了理想环状光纤的 OAM 模式理论、OAM 模式在非理想环状光纤中传输时的耦合和色散等性能，以及 OAM 模式的激励和 OAM 模式复用在光通信系统中的应用等。第 1 章介绍了 OAM 模式复用技术的基本概念以及国内外研究现状；第 2 章给出了 OAM 模式的基本理论，包括典型的 OAM 光束及其性质，并利用矢量场理论详细介绍了 OAM 模式的概念；第 3 章推导了理想环状光纤中 OAM 模式理论，基于麦克斯韦方程组，利用矢量场分析方法，求解得到理想环状光纤中的本征模式以及 OAM 模式，并找出适合应用 OAM 复用模式进行光传输的环状光纤结构参数的区域以进行最优设计；第 4 章分别研究了在不同折射率分布的非理想环状光纤中 OAM 模式在椭圆微扰和不同心微扰条件下的模式耦合问题；第 5 章详细推导了用以分析多模光纤中模式耦合与色散的密度矩阵理论；第 6 章介绍了基于纯相位空间光调制器的 OAM 模式产生方法，并给出了相应的仿真和实验结果；第 7 章分别介绍了 OAM 模式应用于大气及光纤中进行复用传输时遇到的相位畸变和信号串扰问题，并且指出，当 OAM 信号复用与其他复用技术协调共用时，会产生更多的问题，基于这些问题提出了在接收端对 OAM 复用信号进行处理以恢复其性能的初步方案，最后给出了 OAM 模分复用 (Mode Division Multiplexing, MDM) 系统的发展趋势。

　　本书相关工作得到了国家自然科学基金 (项目编号 61501214、61465007、61527820)、山东省自然科学基金 (项目编号 ZR2018MA044)、山东省 "泰山学者" 建设工程专项经费、聊城大学 "光岳英才" 等项目的资助。同时，本书的撰写还得到了北京邮电大学张晓光教授团队，以及博士研究生张斌和硕士研究生张丽丽、郭瑶、杜秋萍等的支持和帮助，在此向他们表示由衷的感谢。

　　本书是我们课题组在 OAM 模式复用光通信系统方面研究工作的部分内容，鉴于作者能力有限，且本研究方向涉及的学科专业知识面较广，再加上目前光纤通信新技术发展速度、突飞猛进，书中难免有疏漏之处，敬请广大读者给出宝贵意见。

作　者

2021 年 5 月

名词缩写表

BS	Beam Splitter	分光棱镜
CCD	Charge-Coupled Device	电荷耦合器件
DAC	Digital-Analog Converter	数模转换器
DD	Direct Detection	直接检测
DMD	Differential Mode Delay	差分模式时延
DMG	Differential Mode Gain	差分模式增益
DMGD	Differential Mode Group Delay	差模群时延
DMZM	Double Mach-Zehnder Modulator	双驱动马赫–曾德尔调制器
DSP	Digital Signal Processing	数字信号处理
DVI	Disaster Victim Identification	数字视频
EDFA	Erbium Doped Fiber Amplifier	掺铒光纤放大器
FIR	Finite Impulse Response	有限长单位冲激响应
ERI	Effective Refractive Index	有效折射率
FMF	Few Mode Fiber	少模光纤
FMM	Few-Mode Multiplexing	少模复用
FP	Fiber Port	光纤耦合器
FSO	Free Space Optics	自由空间光
GVD	Group Velocity Dispersion	群速度色散
IP	Internet Protocol	网络协议
IPTV	Internet Protocol Television	网络协议电视
IQM	In-Phase Quadrature Modulator	同相正交调制器
LAE	Linear Algebraic Equation	线性代数方程
LDPC	Low-Density Parity-Check Code	低密度奇偶校验码
LG	Laguerre-Gaussian	拉盖尔–高斯
LO	Local Oscillation	本振光
LP	Linear Polarization	线偏振模
MCF	Multi-Core Fiber	多芯光纤
MDCD	Mode-Dependent Chromatic Dispersion	模式相关色度色散

MCR	Mode Crosstalk	模式串扰
MDM	Mode Division Multiplexing	模分复用
ME	Matrix Equation	矩阵方程
MG	Mode Group	模组
MIMO	Multiple Input Multiple Output	多输入多输出
MIMO-DSP	Multi-Input-Multi-Output Digital Signal Processing	多输入多输出数字信号处理
MMF	Multi-Mode Fiber	多模光纤
MMUX	M Multiplexer	M 路复用器
MRI	Material Refractive Index	材料折射率
MUX	Multiplexer	复用器
NF	Noise Factor	噪声系数
NRZ	Non-Return-To-Zero	非归零码
Nyquist-WDM	Nyquist-Wave Division Multiplexing	奈奎斯特-波分复用
OAM	Orbital Angular Momentum	轨道角动量
OBF	Optical Bandpass Filter	光带通滤波器
OFDM	Orthogonal Frequency Division Multiplexing	正交频分复用
O-OFDM	Optical-Orthogonal Frequency Division Multiplexing	光频分复用
OOK	On-Off Keying	通–断键控
PBC	Polarization Beam Combiner	光偏振合束器
PBS	Polarizing Beam Splitter	光偏振分束器
PD-CRX	Photoelectric Detector-Coherent Receiver	相干接收机的光电检测器
PDM	Polarization Division Multiplexing	偏振复用
PPG	Programme Pulse Generator	可编程脉冲发生器
PMD	Polarization Mode Dispersion	偏振模色散
QAM	Quadrature Amplitude Modulation	正交幅度调制
QPSK	Quadrature Phase Shift Keying	正交相移键控
RPS	Random Phase Screen	随机相位屏
RX	Receiver	接收机
SAM	Spin Angular Momentum	自旋角动量
SDM	Space Division Multiplex	空分复用

SLM	Spatial Light Modulator	空间光调制器
SMD	Spatial-Mode Diversity	空间模式分集
SMF	Single-Mode Fiber	单模光纤
SMM	Spatial-Mode Multiplexing	空间模式复用
SOI	Silicon On Insulator	绝缘体硅片
SPGD	Stochastic Parallel Gradient Descent	随机并行梯度下降
SPP	Spatial Phase Plate	空间相位板
SSFM	Split-Step Fourier Method	分步傅里叶法
Std	Standard Deviation	标准差
TAM	Total Angular Momentum	总角动量
TDM	Time Division Multiplexing	时分复用
TX	Transport	发射
TPSC	Tendency for the Principal States to Change	主态变化趋势
VOA	Variable Optical Attenuator	可变光衰减器
WDM	Wavelength Division Multiplexing	波分复用

目　　录

第 1 章 绪 论

1.1 光通信技术的发展背景

光通信是指利用某种特定波长 (频率) 的光波信号承载信息将此光信号通过光纤或者大气信道传送到对方, 然后再还原出原始信息的过程。从 3000 多年前的狼烟传信到目前仍然在使用的旗语、信号灯都可以看作是最原始的光通信。1880 年, 美国的贝尔发明了光电话, 如图 1-1 所示, 其基本原理是利用弧光灯或太阳光作为光源, 光束通过透镜聚焦在话筒的振动镜上。当人对着话筒讲话时, 振动片随着话音振动而使反射光的强弱随着话音的强弱作相应的变化, 从而使话音信息 "承载" 在光波上, 也就是光调制。接收端装有一个抛物面接收镜, 把经过大气传送过来的载有话音信息的光波反射到硅光电池上, 硅光电池将光能转换成电流, 也就是光解调。电流送到听筒, 就可以听到从发送端送过来的声音了。无论是原始的光通信还是贝尔的光电话, 都有两个非常显著的缺点: 第一是光源, 太阳或弧光灯发出的都是自然光, 为非相干光, 方向性也不好, 不容易调制和传输; 第二是以大气作为传输介质, 光信号在大气中传输时损耗较大, 传输的容量和距离非常有限, 且极易受到天气的影响, 通信质量难以得到保证。

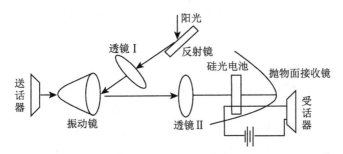

图 1-1 贝尔发明的光电话结构原理图

1966 年, 华裔物理学家、诺贝尔物理学奖获得者高锟发表了一篇题为《光频率介质纤维表面波导》的论文 [1], 开创性地提出只要解决好玻璃纤维中重金属含量导致的损耗过大等问题, 就可以将玻璃制作成光学纤维, 以实现信息的高效传输, 为光纤通信的实用化打下了坚实的理论基础。接着, 1970 年康宁公司拉制出世界上第一根光纤, 之后的十几年间康宁公司以及日本电报电话公司等光纤生产商将光纤的损耗降低到了 0.20dB/km 以下, 解决了光传输介质的问题。1960 年,

美国人梅曼 (Maiman) 发明了第一台红宝石激光器；1970 年，美国贝尔实验室研制成功可在室温下连续振荡的镓铝砷 (GaAlAs) 半导体激光器，为高速信息的光调制提供了光源条件。1977 年，Kerdock 和 Wolaver 首次完成了光纤现场测试系统中传输信号 [2] 的实验。20 世纪七八十年代，以美国、日本、英国、法国为代表的西方国家加快了对光纤通信关键技术的研究突破，1985 年英国南安普顿大学的 D. Payne 等通过在石英光纤中掺入少量的稀土元素铒离子，成功研制出掺铒光纤放大器 (Erbium Doped Fiber Amplifier, EDFA)，使光纤通信系统的长距离传输成为可能，并于 1988 年和 1989 年分别建成了第一条横跨大西洋的 TAT-8 海底光缆通信系统和第一条横跨太平洋的 TPC-3/HAW-4 海底光缆通信系统。另外，波分复用技术和相干接收技术的应用，以及波分复用器和其他无源光器件的发展，使光纤通信迅速成为目前承载海量信息传输的最主要手段。目前商用的单模光纤 (Single-Mode Fiber, SMF) 通信系统的结构原理如图 1-2 所示。

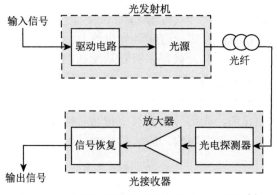

图 1-2 单模光纤通信系统的结构原理框图 [3]

迈入 21 世纪，信息化浪潮席卷全球，引发了一场新的产业革命，信息产业在国民经济和社会发展中的作用与日俱增，已成为重要的支柱产业之一。光纤作为全球通信主干网络的最主要介质，其重要性不言而喻。《科学美国人》评价光纤通信是 "二战以来具有重要意义的四大发明之一"，没有光纤通信就没有今天的互联网和移动通信网络 [4]。

1.2 光纤复用传输系统的发展历程与趋势

1.2.1 光纤复用传输系统

光纤通信系统的发展主要分为三个阶段 [5-8]。20 世纪 70 年代到 80 年代为第一阶段，主要标志为光纤性能的改善以及时分复用 (Time Division Multiplexing,

TDM) 技术的应用，光纤传输损耗降低至 0.2dB/km，工作波长由短波长 (0.8μm) 向长波长 (1.3μm 和 1.55μm) 演变，比特率也由 20~100Mbit/s 提升至 1.7Gbit/s 以上；20 世纪 80 年代后期至 90 年代为第二阶段，贝尔实验室厉鼎毅博士等发明的波分复用系统与英国南安普顿大学发明的掺铒光纤放大器的应用为光纤通信系统带来了跨越式发展，EDFA 是光通信史上最重要的发明之一，它解决了波分复用器的插入损耗问题，由此波分复用技术的发展步入快车道，光通信系统速率成倍增长；21 世纪以来为第三阶段，随着器件水平的发展以及系统扩容的需要，以采用高频谱效率的高阶调制格式 (PM-QPSK、PM-8QAM、PM-32QAM)、偏振复用 (Polarization Division Multiplexing, PDM)、正交频分复用 (Orthogonal Frequency Division Multiplexing, OFDM)[9] 为主要传输复用技术，以及在接收端用数字信号处理 (Digital Signal Processing, DSP) 技术来补偿光纤中各种损伤的相干光通信技术逐渐成为主流，进一步提高了光纤信道容量。过去四十年来一系列技术突破，使得每根光纤的容量每 4 年便增加 10 倍 [8]，如图 1-3 所示。

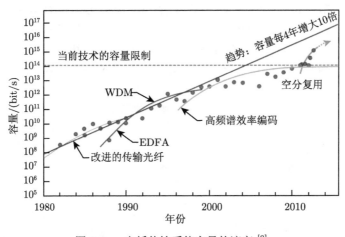

图 1-3 光纤传输系统容量的演变 [8]

如今，随着人工智能 (AI)、物联网 (IoT)、大数据、网络视频服务、云计算、AR+VR、WiFi-6、5G 移动通信技术等的飞速发展 [8]，全球数据流量以指数形式呈现爆炸式增长 [10-14]。李克强总理在 2015 年第一季度的经济形势座谈会上指出，要提高中国的网络带宽，加大信息基础设施建设 [15]。2017 年思科公司发布的报告指出，2016~2021 年的五年间，全球网络协议 (Internet Protocol，IP) 流量将以年均负荷增长率 24%增长 3 倍左右，2021 年的年度全球 IP 流量将达到 3.3ZB[14]。与此同时，宽带速率也在飞速增长。2018 年思科公司发表的白皮书指出，2023 年全球固定宽带速率将达到 110.4Mbit/s，是 2018 年速率 (45.9Mbit/s) 的两倍多 [16]，并且，这种数据量的指数式增长未来仍会持续几十年 [10]，甚至一

个世纪 [17]。这意味着每时每刻都有海量数据需要通过光纤进行传输,这对光纤通信系统的传输速率和容量以及光网络的智能化都提出了更高的要求,光纤通信的发展正朝着超高速、超大容量、超长距离的"三超"目标迈进 [4]。

由光场的分布公式 $E(x,y,z,t) = \hat{e}A_0 \mathrm{e}^{\mathrm{j}\varphi}\psi(x,y)\exp[\mathrm{j}(\omega t - \beta z)]\mathrm{e}^{\mathrm{j}l\theta}$ 可知,光纤可用的复用维度包括:时间、频率、偏振、(正交) 相位以及空间幅度和空间相位 [18],如图 1-4 所示。目前,除了空间维度以外,基于 $\hat{e}$ 相互垂直的两个方向 $\hat{e}_x$ 和 $\hat{e}_y$ 的偏振复用技术,基于幅度和相位 $A_0\mathrm{e}^{\mathrm{j}\varphi}$ 的高阶调制技术,基于时间 t 的时分复用技术,以及基于波长或频率 ω 的波分复用技术已经被陆续应用到当前的单模光纤传输系统中,即系统中只有一个基模——HE$_{11}$ 模可以传输,也就是光场分布式中与空间相位有关的拓扑荷 $l = 0$ 对应的模式,此时表征能量传输方向的坡印亭矢量轨迹为沿 z 轴方向的直线。然而,经过几十年的发展,目前的单模光纤通信系统光波的频谱利用率已经几乎达到极限,其传输容量即将达到 100Tbit/s 的香农极限 [19-21],如果仅通过基于奈奎斯特-波分复用 (Nyquist-Wave Division Multiplexing, Nyquist-WDM) 或者光正交频分复用 (Optical-Orthogonal Frequency Division Multiplexing, O-OFDM) 的超信道技术和继续提高调制格式阶数的方法来增大容量,必会给系统带来很大的损伤。单模光纤通信系统容量的增长乏力与数据流量呈指数增长之间的差异可能会导致容量短缺危机的到来 [12,22]。

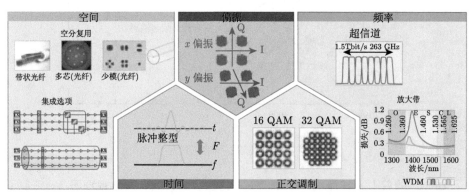

图 1-4   光通信中用于调制与复用的五个物理维度 [23]

为了进一步提高传输速率、增大传输容量以满足急剧增长的带宽要求,探寻新的光纤传输复用维度,并将其与其他新型复用技术进行结合是解决容量危机的另一个有效途径。此时,基于空间维度的空分复用 (Space Division Multiplex, SDM) 技术应运而生,其中包括多芯光纤和基于空间幅度 $\psi(x,y)$ 或空间相位 $\mathrm{e}^{\mathrm{j}l\theta}$ 项的模分复用技术,相当于在光纤传输过程中增加了一个新的复用维度,使光纤的频谱利用率和传输容量再一次得到提高,而成为最有前途的新型复用技术,有望与其他复用技术协调共用以解决即将面临的容量短缺危机，因此成为当下的研究热点。

1.2.2 空分及模分复用技术

空分复用是一种利用空间信道来提高容量的复用技术，可以应用于自由空间光 (Free Space Optical, FSO) 通信或者波导型光通信中。图 1-5 给出了空分复用技术的演进过程。图 1-5(a) 为实现空分复用最简单的形式，该方案将多个现已存在的波分复用系统作为空间信道并行起来，使系统容量增加到原来的 M 倍，但是该方案的每个空间信道仍然是单模光纤和器件，所以整个系统的开销及功耗也同时增加为 M 倍，因此该方案不具备实用化优势。为了让空分复用系统能够在商业网络和系统中应用，需要降低每比特信息的开销和能耗，这样才能在满足网络容量需求迅速增加的同时保证系统功耗最低[24]，因此必须将系统中的空间信道系统组件进行集成。图 1-5(b) 是将可重构光分/插复用器、光放大器、转发器、网络单元等器件集成的空分复用系统。图 1-5(c) 是将系统的无源器件、有源器件以及光纤链路等所有路径都集成的空分复用系统，该方案的实现有可能基于光信号在多芯光纤中传输，也可能使用基于少模或 OAM 模式复用的光纤传输，从器件集成到整个空分复用系统的集成不仅可以降低功耗还可以减小安装的费用，从而减小基础建设的资金投入和后期运营的开支，以满足商业最大利益化的需求[8,25,26]。

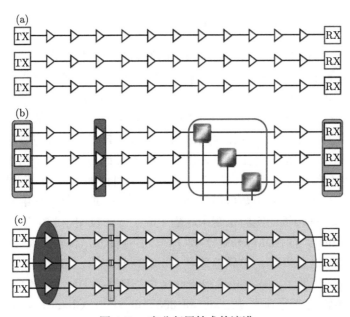

图 1-5　空分复用技术的演进

(a) 基于空间并行传输路径的空分复用系统；(b) 可重构光分/插复用器、光放大器、转发器等部分器件集成的空分复用系统；(c) 未来光纤链路、器件等所有路径都集成的空分复用系统[11]。TX：发射机；RX：接收机

图 1-6 总结了实现空分复用的几种不同方法 [27]，空分复用技术大致可分为两种技术路线，即多芯光纤（Multi-Core Fiber）复用和多模复用。其中多模复用又被称为模分复用，包括基于 LP 模式和 OAM 模式的复用技术。在多芯光纤中，每个纤芯的不同信道还可以进行波分、偏振、多模等多种形式的复用，而超模则是由耦合的多芯光纤构成。

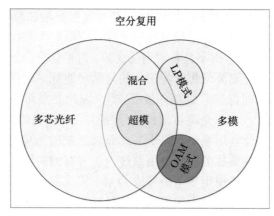

图 1-6   实现空分复用的几种方法 [27]

1.2.2.1 基于多芯光纤的空分复用技术

多芯光纤 (Multi-Core Fiber, MCF) 的概念最早由日本古河电气工业株式会社的 S. Inao 等于 1979 年提出 [28]，但是直到 1994 年法国电信联合阿尔卡特公司设计开发了 4 芯单模光纤后才第一次进行了长距离通信实验 [29]。基于多芯光纤的空分复用技术，即多芯光纤的每个纤芯相当于一个独立的信道，这些独立的信道还可以分别进行波长、偏振复用或高阶调制。自多芯光纤的概念提出以来的四十年，日本和美国的光纤生产商在多芯光纤的设计与拉制方面积累了丰富的经验，用于信息传输的纤芯数量也从 7~9 芯提升至目前的 20~30 芯 [30,31]，可实用化多芯光纤的最大纤芯复用数可高达 30~50 芯 [32]。近几年，利用多芯光纤结合其他复用技术进行传输的实验也越来越趋于成熟。2011 年，Liu 等利用 7 芯光纤实现了 1.12Tbit/s 的 SDM-OFDM-32QAM 信号传输，传输距离 76.8km，单信道频谱效率 8.6bit/(s·Hz)，总频谱效率 60bit/(s·Hz)[33]。2012 年，Sakaguchi 等利用 19 芯光纤实现了 19×100×172Gbit/s 的 SDM-WDM-PDM-QPSK 的传输，传输距离和传输速率分别为 10.1km 和 305Tbit/s[34]；Chandrasekhar 等利用 7 芯光纤实现了传输速率为 10×128Gbit/s 的 PDM-QPSK 的 SDM-WDM 系统传输 [35]，传输距离达到 2688km，总频谱效率与传输距离乘积为 40320km·bit/(s·Hz)；Takara 等在 12 芯环状光纤中实现了 1.01Pbit/s 的 SDM-WDM-32QAM 系统传

输，传输距离为 52km，频谱效率达到 91.4bit/(s·Hz)[36]。2013 年，Takahashi 等在
7 芯光纤中传输了 40 × 128Gbit/s 的 PDM-QPSK 信号，传输距离和总速率分别
为 6160km 和 28.8Tbit/s，容量距离的乘积达到了 177(Pbit/s)·km[37]。2015 年，
Takeshima 等在 7 芯光纤中实现了 73×100Gbit/s DP-QPSK 信号的传输，传输
距离和总速率分别达到 2520km 和 51.1Tbit/s [38]。2017 年，Nooruzzaman 等通过
仿真提出了由 15 个节点组成的超长距离干线和分支潜艇网络架构体系，在该体
系中光纤线路系统由可延伸 18800km 的多芯光纤组成，连接了 15 个着陆点实现
了海底多芯光纤远距离的传输 [39]。同年，靳文星等将多芯光纤与无芯空气孔结构
结合设计了具有大模场面积的 19 芯双模光纤结构，并证明了具有大模场面积的
多芯双模光纤的基模弯曲损耗可小于 5×10dB/m [40]。2018 年，Kerrebrouck 等采
用自行研发的 BICMOS 芯片实验演示了 1km 7 芯光纤上每波长每芯 100Gbit/s
的双二进制信号实时传输，前向纠错误码率门限值 BER<2×10^{-4}，并且采用了光
色散补偿技术，在 10km 多芯传输范围内实现了每波长每芯 100Gbit/s 的非归零
码 (Non-Return-To-Zero, NRZ) 和双二进制信号的传输 (BER<3×10^{-3})，最后还
提出了未来工作的畅想，期待下一步与波分复用技术的结合 [41]。2019 年，Khalid
等采用递推最小二乘恒模算法实现了 6×6 MIMO 多芯光纤的 PDM-QPSK 信号
传输，传输距离为 75km，速率为 20Gbit/s，并且提出在未来工作中应完善在非
线性影响、链路损耗、模式复用等影响下的信号传输 [42]。同年，Sagae 等通过实
验证实了具有 −67dB/km 超低串扰的 4 芯光纤可支持 16QAM 信号的 10000km
传输 [43]。尽管多芯光纤传输技术近些年得到了一定的发展，但仍然有一些问题需
要进一步深入探讨，目前关于多芯光纤复用技术的研究主要集中在多芯光纤的设
计以及复用连接器等方向，图 1-7 为几种典型的多芯光纤结构图。

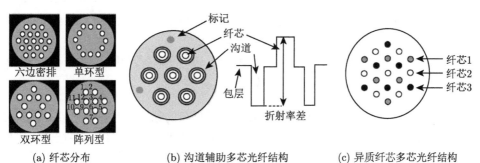

(a) 纤芯分布　　　　　(b) 沟道辅助多芯光纤结构　　　　(c) 异质纤芯多芯光纤结构

图 1-7 　典型的多芯光纤 [31]

1.2.2.2 模分复用技术

模分复用是一种利用多模光纤的 N 种空间模式作为数据通道来传输 N 个独
立的数据流的技术，它可以以将光纤的数据传输能力提高 N 倍。模分复用的概念

最早由法国 U.E.R. des Sciences 的 Berdagué 和 Facq 于 1982 年提出并在多模光纤 (Multi-Mode Fiber, MMF) 中实现 [44]，但是传输速率较低，且由于模式之间的相互耦合等因素，传输距离只有 10m，无法实现长距离传输，之后由于单模光纤通信系统的商用化，关于模分复用的研究一度处于停滞状态，直到最近十年，由于单模传输系统的香农极限，模分复用系统又引起研究人员的广泛兴趣。2011年，美国贝尔实验室的 Randel 等首先在 33km 的光纤上使用 6 个空间模式完成了 28G 波特的 QPSK 信号传输 [45]，第一次实现了长距离的模分复用系统传输，其系统结构原理如图 1-8 所示。

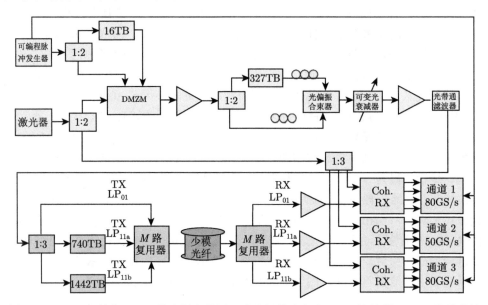

图 1-8　Randel 等在 33km 的光纤上使用 6 个空间模式完成 28 G 波特的 QPSK 信号传输的实验装置框图 [45]

DMZM: 双驱动马赫-曾德尔调制器；Coh.RX. 相干接收信号；GS/s: 示波器的采样率，即每秒 10^9 个采样点 (Sample)

由于模分复用技术不仅能够避免多芯光纤复杂的结构设计，还可以在同一光纤中传输多个模式信息，因此更有可能成为下一代光纤通信系统的备选方案。模分复用系统实现的挑战是需要设计出具有高模式选择性以及低插入损耗的模式复用解复用器。同时，研究者们在复用模数、传输距离、放大方式、增益均衡等方面取得了长足的进步 [46]。模分复用主要有基于线偏振 (Linearly Polarized, LP) 模式的少模复用 (Few-Mode Multiplexing, FMM) 以及基于轨道角动量 (Orbital Angular Momentum, OAM) 模式的 OAM 复用两种实现形式，下面分别来介绍少模复用技术和 OAM 复用技术。

1) 基于 LP 模的少模光纤复用技术

如前所述，基于 LP 模的少模复用是利用不同空间幅度分布的 LP 模式加载信号进行传输的一种空分复用技术，图 1-9 给出了几种典型的低阶 LP 模式的光场强度图样，其中 LP_{01} 模式为目前单模光纤通信系统中用来加载信号的模式，即为后面章节中的本征模式 HE_{11}，也被称为基模。

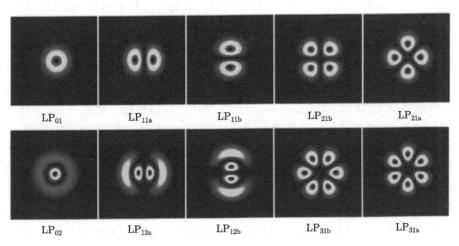

图 1-9　几种典型的低阶 LP 模式的光场强度图样

基于少模光纤 (Few Mode Fiber, FMF) 的 LP 模式复用是现在研究得较为深入且应用较为广泛的一种复用方式，对于 LP 模式复用的研究主要集中于降低 LP 模式之间的串扰和非线性效应，以及传输性能优良的新型少模光纤设计。按照是否需要大规模多输入多输出数字信号处理 (Multi-Input-Multi-Output Digital Signal Processing, MIMO-DSP) 均衡处理，可将少模光纤的设计分为弱耦合和强耦合两类[47]。弱耦合少模光纤通常采用阶跃式折射率分布，通过提高纤芯折射率以增加各 LP 模之间的有效折射率差与差分模式时延 (Differential Mode Delay, DMD)，从而降低模式串扰，实现对各 LP 模的独立探测与接收。强耦合少模光纤设计常采用渐变式折射率分布，对于所有 LP 模同时进行传输与检测接收，强耦合模式依靠接收端的均衡处理补偿 LP 模式间的耦合串扰。弱耦合少模光纤只需要小规模的 MIMO(2×2 或 4×4) 均衡来处理 LP 模的偏分复用与模式简并，但由于光纤损耗与非线性损伤的影响，其复用极限为 9 个 LP 模；强耦合少模光纤则需要较大规模的 MIMO-DSP 均衡处理，这制约了其所能进行复用的 LP 模式数，其复用极限为 12 个 LP 模[31]。

随着 LP 模式产生、少模光纤设计以及复用解复用等相关技术的不断成熟，基于 LP 模的少模复用技术在近几年迅速发展起来。2012 年，Ryf 等报道了六种空间模式以及偏振模式的少模复用传输[48]，每个模式均携带 40G 波特/s 的正交相移键控 (Quadrature Phase Shift Keying, QPSK) 信号，利用低差分群时延少模光纤传输了超过 96km 的距离，在接收端基于相干检测和 MIMO 技术对信号进行了离线数字信号处理并实现了信道恢复，其实验原理如图 1-10 所示。2013年，美国贝尔实验室的 Ryf 等报告了基于掺铒光纤放大器阵列光放大的 4-LP(6组传输模，考虑偏分复用为 12 个传输模式) 强耦合信号复用传输实验，他们在59km 的少模光纤环路中进行了 177km 的传输，采用 12×12 MIMO-DSP 进行均衡处理，32 波长 20Gbit/s DP-16QAM 的频谱效率达 32bit/(s·Hz)[49]。研究者们还将多芯光纤与模分复用技术结合起来，2014 年，付松年等设计了一种低串扰大模场面积的 LP 模式复用多芯光纤[50]，仿真结果显示模式间串扰低于 −45dB且有效模场面积大于 130μm²；van Uden 利用 7 芯光纤，完成了 3 个模式的WDM-SDM 传输实验，传输速率为 255Tbit/s，总频谱效率为 102bit/(s·Hz)[51]；Mizuno 等在 12 芯光纤中完成了 3 个模式的多芯少模传输[52]，传输距离和频谱利用率分别为 40km 和 248bit/(s·Hz)。2015 年，Sakaguchi 等实现了 36 芯 3个模式的 WDM-SDM 传输[53]；Igarashi 等在 19 芯 6 模式的弱耦合多芯光纤中实现了空间信道为 114 的 WDM-SDM 传输[54]。2016 年，Ryf 等又进一步进行了两个实验，一是在 87km 的强耦合少模光纤上实现 6-LP 模式 (10 组传输模式) 复用，采用速率为 30Gbit/s、调制格式为 16QAM 的信号并在接收端采用20×20 MIMO-DSP 均衡处理，最终达到了 67.5Tbit/s 的传输容量[55]；二是利用少模光纤中的拉曼增益效应实现了 2-LP 模式 (3 个传输模) 长达 1050km 的传输[56]。以上仿真以及实验成果均为基于 LP 模式的模分复用技术提供了研究基

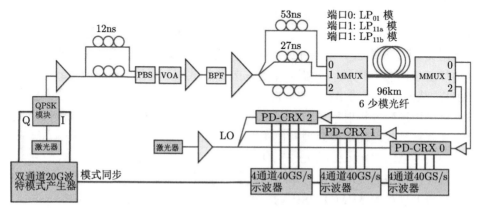

图 1-10   使用少模光纤进行 LP 模式复用的传输系统框图[48]

PBS: 光偏振分束器；VOA: 可变光衰减器；BPF: 带通滤波器；MMUX: M 路复用器；PD-CRX: 相干接收机的光电检测器；LO: 本振光

础,使得少模复用传输系统发展迅速。2018 年,Rademacher 等 [57] 完成了在单个 30km 跨度上 283Tbit/s 的 C+L 波段传输和在 1045km 渐变折射率三模光纤上 的 159Tbit/s 的循环环路传输实验,证明了在长距离少模传输中达到高数据速率 的可行性,但由于模式损耗和差模延迟,信号传输有很大的损耗,需进一步解决损 耗问题。同年,Benyahya 等 [58] 通过实验演示了利用模群复用和直接检测 (Direct Detection, DD) 技术的少模光纤超过 20km 的双向 200Gbit/s 的传输。2019 年, 张欢等 [59] 设计了在 C+L 波段支持包括 21 个空间模式、12 个 LP 模式的 6 个模 式组的少模光纤,具有低差模群时延 (Differential Mode Group Delay, DMGD)、 大有效面积和低弯曲损耗的性质,最大的差模群时延值为 0.106ps/m,色散范围为 16.5~24.5ps/(km·nm),有效面积为 150~485μm²,当弯曲半径大于 9mm 时,少模 光纤导模是无损的,最大的差模群时延值为 0.0413ps/m。该文献报道的 12-LP 模 式少模光纤可以有效降低非线性效应,具有实际应用于模分复用中增大倍道传输 容量的可能性。

2) 基于空间相位的 OAM 模式复用技术

拓扑荷为整数阶的 OAM 模群是一种基于空间相位的正交模基,它是利用与 空间相位有关的拓扑荷对应的不同光场加载不同信号来实现复用的一种新型模分 复用技术。理论上来说,由于拓扑荷可以取任意整数,因此可以进行无限复用,但 是,OAM 阶数的升高会造成模场有效面积增大,给实际系统的产生、光纤耦合 以及接收等带来很大的麻烦,并且考虑到模式间串扰或色散的影响,因此一般来 说系统中合适的模式会选用有限数量的低阶 OAM 模式,目前报道的 OAM 复用 传输系统模式数量大多在十几或二十几个。与基于 LP 模式的少模复用技术相比, OAM 模式复用不需要或者只需要很小规模的 MIMO 技术 [60],系统的复杂度较 低,因此最近几年倍受关注。

正如当年波分复用系统极大地提高了光纤通信系统的容量一样,OAM 复用 有可能再一次成为提高光纤通信系统容量和频谱利用率的新型复用技术,有望与 其他复用技术协调共用以解决当前带宽供需的矛盾,图 1-11 为利用 OAM 模式 复用技术来提高传输容量的原理示意图。

近年来,研究者们在模分复用技术方面取得的成果为模分复用在下一代光纤 通信系统中的实用化奠定了理论和实验基础。同时,基于 OAM 复用的模分复用 系统中还存在一些亟待解决的问题,如高纯度 OAM 模式的产生、OAM 光纤的 结构设计、高转换效率的 OAM 模式检测方式以及 OAM 模式在光纤传输过程中 的模式间色散和耦合等问题,这些内容将分别在后面的章节中详细阐述。

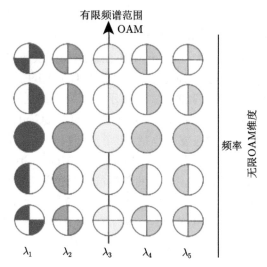

图 1-11   OAM 模式复用提高传输容量原理示意图

1.3   OAM 模式复用关键技术

1992 年，Allen 及其同事发现近轴光束除了携带自旋角动量之外，还携带 OAM，研究者们开始对具有 OAM 特性的光束的基础理论进行研究 [61-68]。近十多年，部分文献对 OAM 模式的产生，在自由空间或光纤中的传输、串扰以及接收检测的理论、仿真和实验进行了相关报道 [69-72]。另外，除了可以在自由空间和光纤中传输，OAM 复用技术还可以应用在水下通信，目前对于 OAM 水下通信的研究也很多。2018 年，Willner 等针对基于 OAM 复用的水下光通信性能进行了研究，分析了水下环境的各因素对 OAM 模式的产生和检测的影响，并提出了在接收端采用恒模算法 (Constant Modulus Algorithm, CMA) 的多通道均衡器来降低水下 OAM 串扰的影响的方法 [73]。本书主要关注 OAM 模式复用在光纤通信中的应用，关于其在水下通信中的应用就不再介绍。

1.3.1   光学 OAM 的基本概念

根据麦克斯韦理论，光既携带能量又携带动量，而动量同时具有与线性和角度相关的动量，其中角动量又包括与极化有关的自旋角动量 [74] 和与空间分布有关的 OAM [75]。关于光的自旋角动量的研究历史至少可以追溯到 1909 年，文献 [76] 预测到圆偏振光的角动量与能量的比值应该是 $\sigma\hbar$。关于光的 OAM 的研究也较早，大约从 20 世纪 50 年代开始，人们就认识到高阶跃迁，例如四极跃迁中发射光携带多个单位 $\hbar$ 的角动量，除了自旋角动量之外还有一个 OAM。但是，该 OAM 始终被认为是作用于半径矢量的位移线性动量，直到 1992 年 Allen 等

在文献 [61] 中指出，这种 OAM 是所有具有螺旋相位的光束的一种自然特性，并且通过实验证明了拉盖尔–高斯 (Laguerre-Gaussian, LG) 光束携带有与空间相位相关的 OAM。此后，具有 OAM 的光束近年来被广泛地用于成像 [77,78]、量子光学 [79]、遥感 [80,81]、光学捕获与操作 [82–84]、光通信 [85] 等领域。在光通信领域，人们已将 OAM 应用于自由空间光通信 [86]、光纤通信 [87]、水下通信 [88]、片上光子电路 [89]、光开关与光路由 [90]、射频通信 [91] 等诸多场景中。

关于 OAM 的基本理论将在第 2 章详细介绍。这里仅对与 OAM 模分复用技术相关的参数进行说明。OAM 模式的场分布增加了一个与空间相位有关的因子 $e^{jl\theta}$，等相位面变为螺旋面，其坡印亭矢量轨迹是螺旋线，因此强度分布呈现以 z 轴为对称轴的环状。图 1-12 分别给出了 $l = 0, 1, 2, 3$ 的 OAM 模式的等相位面、横截面上的相位以及强度分布。

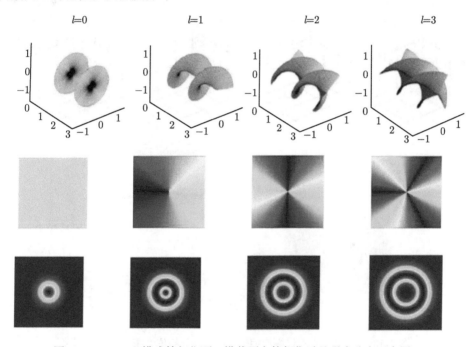

图 1-12　OAM 模式等相位面、横截面上的相位以及强度分布示意图

拓扑荷 l 是区别 OAM 本征模式的唯一变量，它可以在任意整数区间取值，这些相互正交的 OAM 模式能够作为光纤传输系统中新的复用维度，理论上可以进行无限复用，称之为 OAM 复用。在圆柱对称光纤中，还可以选择正交本征模式构成的完备模组 (Mode Group, MG) 作为具有明确总 (即自旋 + 轨道) 角动量 (Total Angular Momentum, TAM) 的 TAM 模式，并且在大多数光纤满足或接近满足的弱导条件下，这些 TAM 模式也近似为 OAM 模式，使得基于这种模式的

复用通常被认为是 OAM 模式复用。因此，原则上认为 OAM 模式复用可以在光纤通信系统中实现。

1.3.2　OAM 模式的产生

目前文献中介绍的 OAM 模式产生有多种方法[92]，下面将其中主要的几种做一个简单的介绍。

1.3.2.1　螺旋相位板法

螺旋相位板法是一种让平面光束通过具有螺旋相位的光学元件以产生具有 OAM 的螺旋光束的方法，如图 1-13 所示。相位板的光学厚度根据 $l\lambda\theta/2\pi(n-1)$ 随方位角 θ 位置的增加而增加，其中 l 是 OAM 光束的拓扑荷，λ 是光束的波长，n 是介质的折射率。由于产生的螺旋相位随着方位角 θ 的变化需要在波长 λ 的长度量级，所以这种方法要求螺旋表面的螺距非常精确，并且在制作螺旋相位板之前，光束的波长、拓扑荷以及介质的折射率需要提前确定，而且一旦确定也只能专门用于这种特定的情况，因此使用起来非常受限。

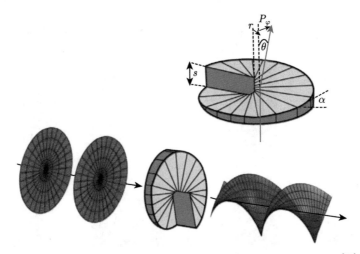

图 1-13　　高斯光束通过螺旋相位板产生螺旋相位光束原理示意图[92]

1.3.2.2　计算机全息图法

通过计算机生成的全息图同样可以使平面波光束产生螺旋相位，例如，一个高斯光束可通过计算机生成的全息图产生螺旋相位为 l (l=3) 的 OAM 光束，如图 1-14 所示。

由于计算机生成的全息图是光束的复杂远场衍射图，因此需要同时根据光束的相位和强度来定义，不过对于许多简单的光束，只需要定义相位即可。

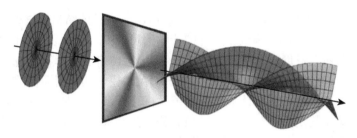

图 1-14 高斯光束通过计算机生成的全息图产生螺旋相位 (l=3) 光束原理示意图 [92]

1.3.2.3 基于纯相位空间光调制器的 OAM 模式产生方法

纯相位空间光调制器是一种利用随时间变化的电驱动信号或其他信号，将信息加载于一维或二维的光学数据场上，从而改变光束的空间相位分布或者把非相干光转化成相干光的器件。空间光调制器包括幅度相位空间光调制器和纯相位空间光调制器，由于在 OAM 光束的产生过程中仅需要实现相位的变化，因此选用纯相位空间光调制器。这种方法的好处是可以通过计算机编程的方法形成任意拓扑荷对应的相位板，加载到光束上以实现空间相位的变化，其基本原理也与螺旋相位板类似，但是与螺旋相位板不同的是，空间光调制器可以根据需求重复使用，因此更加普遍、灵活。纯相位空间光调制器的工作原理以及产生 OAM 光束的原理将在第 6 章详细讲解。

1.3.3 传输 OAM 模式的光纤结构

要实现 OAM 模式在模分复用系统中的应用，首先需要设计能够支持多个 OAM 模式稳定传输的光纤。能够稳定传输 OAM 模式的光纤需要满足以下特点：一是光纤结构与 OAM 模式的环形光场分布匹配；二是保证在光纤中传输的矢量本征模之间的有效折射率差足够大以避免在传输过程中简并为 LP 模式。目前，用于 OAM 模式复用的光纤结构主要有涡旋光纤、光子晶体光纤 [93-97] 和环状光纤等，如图 1-15 所示。

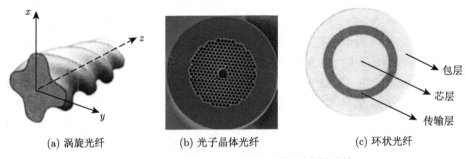

(a) 涡旋光纤   (b) 光子晶体光纤   (c) 环状光纤

包层
芯层
传输层

图 1-15 三种 OAM 模式复用新型光纤结构

2011 年，文献 [98] 首先提出了涡旋 (Vortex) 光纤的结构并进行了 1.1km 的传输实验，证明了 OAM 模式在光纤中传输的可能性。在此之后，研究者们陆续对涡旋光纤的研究进展进行了一些报道。例如，2016 年，Shi 等通过涡旋光纤实现了 20Gbit/s 信号的双向 (上行/下行) 多个 OAM 模式的复用通信 [99]。同年，华南师范大学的 Zhou 等还设计了一种光子晶体光纤，光纤有一个中心气孔和若干个具有圆对称结构的微型环形气孔，该光纤在工作波长 1.55μm 上能够支持拓扑荷 $l \leqslant 7$ 的 OAM 模式，具有更高的环芯–包层折射率对比度，在 OAM 模式分离和材料选择性方面也表现出更好的性能，但是损耗较大，只能应用于基于 OAM 的短距离空分复用系统中 [100]。一方面，涡旋光纤和光子晶体光纤制作工艺复杂、成本较高，不适合长距离传输。另一方面，环状光纤制造工艺简单，可低成本批量加工，更具有在模分复用光纤通信系统中实际应用的可能性，因此近年来在模分复用领域得到了迅猛发展。

环状光纤的结构最早是在 2012 年由美国南加利福尼亚大学的 Yue 等提出 [101]，这种结构与呈环状分布的 OAM 模式强度场高度契合，因此更适用于 OAM 模式的传输。目前文献中报道的环状光纤一般分为两种，一种是在环芯层以及内外包层中折射率均为均匀分布的阶跃型环状光纤，这种光纤的芯层折射率高于内外包层，并且通过在环芯边缘处设计多层折射率分布以使得需要的导波模式能够被更好地束缚在环芯层中传输；另一种是环芯层中折射率呈渐变型分布，同时芯层中的最小折射率仍然高于内外包层折射率的渐变型环状光纤，这种光纤能够有效减小模式之间的色散，更好地保证信号的传输质量，但是由于芯层中的渐变型折射率分布要通过多层掺杂来实现，因此加工工艺相对复杂，制造成本也比阶跃型环状光纤高。

近些年来，研究者们不断对光纤结构参数进行设计，并改进拉制工艺，以期达到降低光纤损耗、增加导模数量、减小模式间串扰和色散等目的。早期的研究主要集中在降低损耗以及提高模式数量方面，2014 年加拿大拉瓦尔大学的 Brunet 等设计并拉制了一种阶跃折射率分布环状光纤，其损耗高达几分贝每米，因此无法用于实际系统的信号传输 [102]。2015 年，Gregg 等设计制造了一种可以支持 12 个 OAM 模式的环状光纤，信号在该光纤中传输 1km 后仍有 8 个 OAM 模式可以保持高纯洁度，有望用于短距离通信 [103]。2018 年，中山大学的余思远课题组设计并拉制了可以传输高阶 OAM 模式的渐变折射率环形光纤，同时完成了携带 32G 波特 Nyquist-QPSK 信号的高阶 OAM 模式在 10km 光纤中的传输实验，并提出论证了基于 OAM 的环形光纤可扩展模分复用方案 [104]。随着研究的深入，人们还发现制约传输距离的因素除了损耗之外，还有模式间的串扰和色散。2018 年，中山大学余思远研究组设计了一种可支持多个 OAM 模式低串扰传输的阶跃折射率分布多环光纤，并且这些模式在 C 波段 (1535~1565nm) 的群速度色散 (Group

Velocity Dispersion, GVD) 较小 [105,106]。同年，余思远研究组还设计了一种可支持 5 个 OAM 模组的渐变折射率环状光纤，各组之间具有较大的有效折射率差，使得模组之间的耦合串扰较小 [107]。余思远团队还与华中科技大学的王健团队共同合作设计并拉制了一种模组之间的有效折射率差 Δn_{eff} 在 10^{-3} 数量级的阶跃折射率环状光纤，该光纤不仅能够有效地将高阶 OAM 模组分离出来，还能够抑制径向高阶模。2019 年，余思远团队又设计了一种最大芯与包层之间的相对折射率差 (δn) 仅为 0.008 的 OAM 环状光纤，其芯层较低的掺杂浓度保证了光纤的损耗低至 0.2dB/km，并且在环芯顶部设计了一个内外半径分别为 4.5μm 和 6.3μm、折射率差为 0.0072 的缺口，用来调节折射率分布以减小微扰所引起的模组间耦合，其耦合系数低于 -36dB/km，大大降低了相邻 OAM 模组之间的串扰，并且在 4 个波长上完成了传输距离和传输速率分别为 100km 和 128Gbit/s 的 OOK 信号的传输实验，首次证实了环状光纤用于长距离传输的可行性 [108]。

　　新型 OAM 光纤是实现基于 OAM 复用的模分复用系统的关键技术之一，其设计目标有降低传输损耗以增加传输距离、降低模式间的耦合和色散以提高信号的传输质量等，本书关于 OAM 模式复用技术的研究将主要围绕环状光纤展开。随着 OAM 光纤设计理论研究的突破以及环状光纤拉制工艺的不断改善，基于 OAM 复用的模分复用系统必将成为下一代长距离光纤通信系统的首选方案之一。

1.3.4　OAM 模分复用集成器件

　　如果下一步要实现 OAM 模式复用技术在光纤通信系统中的实用化，OAM 模式的产生、复用解复用、放大、接收等器件必须要向着集成化的方向发展。近几年陆续出现了一些关于 OAM 光束产生的集成器件的报道，如 2012 年中山大学余思远课题组在硅基光波导芯片上首次集成了"涡旋光束"发射器件阵列 [109]。2013 年，又完成了具有角向光栅结构的微型谐振器的集成光学涡旋光束发射器的理论模型 [110]，文献 [111] 还展示了一种可以产生回音壁模式的新型圆柱形光学涡旋光束发射器。2014 年，文献 [112] 利用 3D 打印技术设计实现了螺旋相位板，证明了 THz 传输速率下 OAM 通信的基本功能，并分别进行了自由空间中频谱效率为 95.7bit/(s·Hz) 和 1.1km 光纤中 1.6Tbit/s 的 OAM 传输实验。2016 年，华中科技大学的徐竞研究组根据回音壁模式原理以及现有环芯光纤的特性，设计制作了基于硅基微环谐振器的 OAM 光束发射器，并利用所制作的 OAM 光束发射器进行了 OAM 模式产生实验。实验结果表明该发射器能够稳定激发环状光纤中 6 阶 OAM 模式，与自由空间激发方案相比有效减小了装置的复杂度并提高了系统的稳定性 [113]。

　　另外，研究者们还陆续报道了部分 OAM 模式发射或复用解复用器件 [114,115]，并证明了它们与光纤耦合、与其他器件集成的可能性 [116,117]。2017 年，加拿大拉瓦尔大学的 Rusch 等提出了一种基于绝缘体硅片 (Silicon On Insulator, SOI) 的 OAM 发生器和 M 路复用器的设计和优化方法,提出的 OAM 发生器能够在目标圆偏振中产生左旋或者右旋 OAM 模式,产生的 OAM 模式可以直接与 OAM 光纤耦合,因此损耗和系统复杂性明显降低;提出的 M 路复用器可以比较容易地与波分复用滤波器、高速互补金属氧化物半导体–光子调制器和锗光电探测器等集成为用于超大容量光传输系统的片内集成 WDM-OAM 发射器和接收器 [116]。2019 年,南京邮电大学的陈鹤鸣研究组设计了一种硅基波导光子轨道角动量产生及复用器,该器件主要由非对称定向耦合器和带沟槽的波导两部分组成,首先基模 TE_{00} 通过非对称定向耦合器耦合成一阶模 TE_{10},带沟槽的波导调整两个正交本征模的相位差使其简并,可进一步将 TE_{10} 转换为多种 OAM 模式 (如拓扑荷为 +1、0、−1),这些模式还可以在第二个沟槽内进行复用。该器件结构紧凑,制作工艺简单,尺寸小于 $80\mu m \times 5.3\mu m$,损耗小于 0.24dB,易于集成,工作波长范围为 $1.47\sim1.58\mu m$,因此有望应用于光纤通信系统领域 [117]。

在 OAM 模式放大器方面的研究近几年也有了一定的进展 [118–123]。2015 年,英国南安普顿大学的 Kang 等在 C 波段工作波长下实现了在掺铒光纤中 12 个 OAM 模式的放大,且模式的差模增益仅为 0.25dB[118]。2017 年,南安普顿大学的 Jung 等首次用掺铒气孔光纤实现了拓扑荷 $|l|=1$ 的 OAM 模式的可控性放大 [119]。该放大器使用包层泵浦结构,在 $1555\sim1590$nm 范围内增益大于 10dB,而在 1565nm 处峰值增益达到了 15.7dB。2019 年,中山大学的 Liu 等实验实现了一种可用于 OAM 模式的分布式拉曼放大器,该放大器采用了一段基于后向拉曼泵浦结构的损耗为 0.2dB/km、长度为 25km 的环状光纤,在 $1530\sim1566$nm 工作波长范围内,拓扑荷分别为 $|l|=2$ 和 $|l|=3$ 的模组其平均开关增益分别为 4dB 和 3.8dB[120]。同年,华中科技大学的王健团队提出了两种 OAM 掺铒环芯光纤放大器实现方案 [121],一种是单层掺铒方案,另一种是双层掺铒方案,均能够在 C 波段对具有不同拓扑荷的 OAM 模式提供相对均衡的增益。理论分析和数值模拟表明,单层掺杂 OAM 掺铒光纤放大器 (OAM-EDFA) 在所有模式下都可以获得大于 20dB 的增益,而差分模式增益 (Differential Mode Gain, DMG) 小于 0.71dB;双层 OAM-EDFA 的性能更优,在所有模式下都能提供超过 21.5dB 的增益,整个 C 波段的 DMG 小于 0.27dB,噪声系数 (Noise Factor, NF) 小于 3.9dB。OAM 模分复用器件的研究必将推动基于 OAM 模分复用技术在下一代长距或短距光纤通信系统中的应用。

1.3.5　OAM 模式的耦合与色散

模式耦合 (或串扰) 是制约模分复用系统容量的一个非常重要的因素。由于光纤材料本身或结构设计以及加工工艺的不完美性或者外界引起的随机扰动,理想模式之间会发生耦合。比如，在实际的 OAM 光纤传输系统中，不同拓扑荷 $(l_1, l_2, \cdots, l_n)$ 对应的各个 OAM 复用本征模式的场分布会发生畸变，如图 1-16 所示。导致各模式不再正交，从而使得模式间发生能量交换，每个信道的 OAM 模式会受到其他信道信号的影响，即产生串扰。OAM 模式间串扰的存在会造成接收端信号的误码率增大，使光纤通信系统的性能严重下降，从而成为限制 OAM 复用技术在下一代光纤通信系统中应用的主要因素之一。

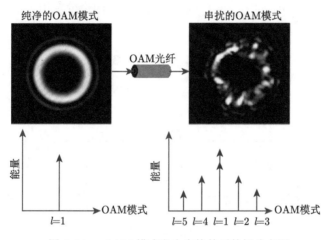

图 1-16   OAM 模式发生串扰前后的场分布图

模式色散是制约系统容量的另一个重要因素。在传输多个模式的光纤中，模式之间的色散会导致信号脉冲的展宽和变形，造成信号质量的下降以及信号之间的串扰。OAM 模式的色散指不同拓扑荷对应 OAM 模式之间的色散，不过在文献中处理拓扑荷为 $\pm l$ 的两个对称模式之间的色散时，实际上处理的是由这两个 OAM 模式线性叠加而成的正交奇偶模之间的色散，通常称为 OAM 模式的偏振模色散 [124](Polarization Mode Dispersion，PMD)，关于 OAM 模式之间的色散以及偏振模色散的研究目前还很少有人涉猎，未来有可能是一个可以深入探索的领域，这部分内容将在第 5 章详细阐述。

1.4   OAM 模分复用传输系统

携带轨道角动量的 OAM 光束因其特有的光学性质在光学镊子、微粒捕集器、显微镜检查、量子纠缠等方面有了一定的应用 [92]。近几年，基于拓扑荷为整数阶的 OAM 模式的复用技术由于可以在光通信系统中增加传输容量，并通过与其他复用技术协调共用来提升光谱效率而引起研究者们的广泛关注。OAM 复用技术可以在自由空间、光纤、水下以及无线通信领域应用，并且已在这些领域取得了

一定的突破和进展 [85−91]。本节主要对自由空间中以及光纤中的 OAM 模式复用
传输系统进行一个简要的介绍。

1.4.1   自由空间中的 OAM 模分复用传输系统

2004 年，格拉斯哥大学的 Gibson 等首次用实验证明了利用 OAM 进行编
码，在自由空间中通信的可行性 [86]。在此之后的十几年，有关 OAM 在自由空间
中的研究取得了很大的进步。基于 OAM 的自由空间空分复用通信系统的框图如
图 1-17 所示 [125]。

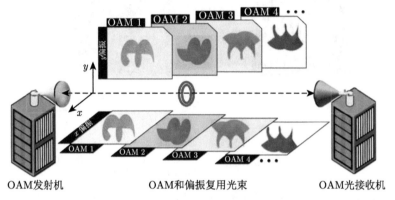

图 1-17   基于 OAM 的自由空间空分复用通信系统原理示意框图 [125]

2012 年，华中科技大学的王健课题组通过偏振复用与 OAM 复用技术相结
合，在自由空间数据链路中将频谱效率提高了一倍，其实验原理如图 1-18 所示。
在两个正交偏振的每一个上使用四种不同的 OAM(+4, +8, −8 和 +16) 光束 (总
共 8 个信道) 实现了 Tbit/s 的传输链路。使用与上述相同的方法对 8 种 OAM
光束进行复用和解复用。对 8 个 OAM 光束承载的信道间的串扰进行测量，最
大串扰约为 −18.5dB。每个光束采用 42.8G 波特的 16-QAM 信号编码，总容量
达到了 ~1.4Tbit/s。此外，经过扩展，该实验系统在自由空间中的通信容量可以
达到 2.56Tbit/s[70]，该结论给出了自由空间中 OAM 模式复用技术的容量提升
价值。

文献 [72] 和文献 [71] 分别在 2013 年和 2014 年报道了将 OAM 复用与波分
复用结合起来在自由空间中传输的实验。传输系统包含 42 个波长信道，每个波长
携带 24 个或 12 个 (每个 OAM 模式具有 2 个偏振态)OAM 模式，共有 1008 个
波长模式信道，分别实现了单信道传输速率为 100Gbit/s 的 QPSK 信号的复用与
解复用，自由空间通信链路中的总容量达到了 100.8Tbit/s，进一步证明了 OAM
作为一个新的复用维度与其他复用技术结合应用到光通信传输系统的可能性。

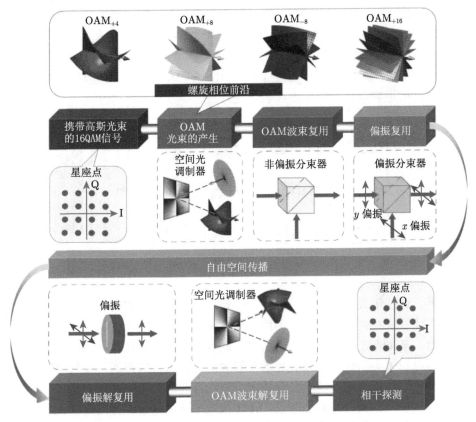

图 1-18 自由空间中 OAM 复用实验系统图 [70]

2018 年，南通大学的 Zou 等提出了一种使用 OAM 编码的高维自由空间光通信方案。发送器通过使用空间光调制器将高斯光束转换为 N 个 OAM 模式和高斯模式的叠加模式来对 N 位信息进行编码。接收器通过 OAM 模式分析仪对信息进行解码，该分析仪由带有旋转道威棱镜的马赫–曾德尔干涉仪、光电检测器和执行快速傅里叶变换的计算机组成。该方案可以实现高维自由空间光通信，并且可以快速准确地解码信息，利用 8(4) 个 OAM 模式和高斯模式完成了对 256 灰度 (16 灰度) 图片进行 256 进制 (16 进制) 编码并在自由空间中传输的实验，结果表明该方案实现了零误码率的良好性能 [126]。

2019 年，Yousif 等研究了基于湍流通道的空间模式复用 (Spatial-Mode Multiplexing，SMM) 系统 [127]，设计了一种使用 OAM 复用的自适应多输入多输出自由空间光链路，如图 1-19 所示。在该 SMM 系统中，利用空间模式分集 (Spatial-Mode Diversity，SMD) 与自适应 MIMO 技术结合来减轻大气湍流效应。实现了四路 100Gbit/s 的 OAM 复用 QPSK 信号的 2km 传输仿真实验，且在 BER=10^{-9} 时，经过 OAM-MIMO/SMM 均衡后，所有通道的功率损失可以降低 1~4dB。结果表明，使用基于 OAM 的 MIMO/SMM 和 SMD 复用的系统可通过自适应 MIMO/SMM 均衡获得出色的误码率性能，与 FSO 传输链路的传统 MIMO 相比，基于 MIMO/SMM 和 SMD 的 OAM 复用系统具有良好的传输性能，且在信道容量和信噪比方面表现更好。

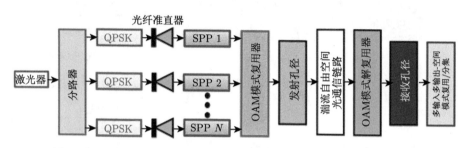

图 1-19　　使用 OAM 复用的自适应多输入多输出自由空间光通信链路

另外，近些年关于自由空间中 OAM 模式复用光通信的研究还集中在大气湍流对 OAM 模式相位的影响以及不同 OAM 光信号之间的串扰问题上。光在真空中传输时，其 OAM 是守恒量，沿传输方向保持不变。但是在大气中传输时，大气中的各种粒子会引起光的吸收和散射等效应，还有大气折射、大气湍流导致的光束的漂移、闪烁、相干性损失等效应 [128]，特别是大气湍流对 OAM 光的影响较大。研究表明，大气湍流会造成 OAM 模式光场的螺旋相位面随着大气湍流影响下折射率的随机抖动而发生畸变，初始 OAM 量子态向其他量子态转变，由此产生新的 OAM 模式分量，这在信息传输中意味着相邻信道不同 OAM 光信号之间的串扰 [129]，从而导致接收端误码率的增大，严重影响信号的传输质量，因此 OAM 模式复用信道之间的串扰有可能成为限制其长距离传输的主要因素。目前，已有关于 OAM 模式在大气中传输时的串扰及补偿问题的研究 [70,71,130]。

2008 年，Anguita 等通过数值分析，运用科尔莫戈罗夫模型模拟大气湍流，发现了大气湍流会导致功率衰减和信道间的串扰，并且证明了随着湍流强度的增加，总功率会降低 [129]。2013 年，南加利福尼亚大学的 Ren 课题组对自由空间光通信链路中的性能进行了实验研究，利用波前探测器 (Wavefront Sensor) 探测到大气湍流引起的高斯光束的波前相位畸变，这种畸变会引起 OAM 模式的串扰和功率损耗，实验还对 OAM 模式的波前相位畸变进行了反馈控制，从而实现了 100Gbit/s 信道中由大气湍流引起的 OAM 模式串扰的补偿 [131]。2014 年，该课题组又提出了直接探测 OAM 模式强度串扰的自适应光学补偿方案，利用随机并行梯度下降 (Stochastic Parallel Gradient Descent, SPGD) 算法实现了大气湍流引起的多个畸变 OAM 模式间的串扰补偿，图 1-20 为畸变的 OAM 模式的湍流补偿框图[132]。同年，南加利福尼亚大学的 Huang 等提出了利用外差检测 4×4 自适应 MIMO 均衡器的方法，在一个四通道 OAM 复用的自由空间光链路中实现了串扰的补偿，提高了信号质量和误码率[133]。2014 年，南京邮电大学的赵生妹小组提出了利用相位恢复算法来补偿大气湍流影响的方案，并进行了数值仿真验证，该方法很好地补偿了 OAM 串扰[134]。2016 年，南加利福尼亚大学 Ren 小组实现了 400Gbit/s OAM 复用在 120m 自由空间光链路中的传输，并分析了其性能，测量到通过 OAM 信道的接收功率和串扰分别为 4.5dB 和 5dB[135]。同年，华中科技大学王健课题组通过实验实现了基于 OAM 复用和 16QAM 信号的 260m 安全自由空间光链路的数据传输，并且研究了光束漂移、功率波动、信道串扰、误码率和链路的安全性[136]。美国亚利桑那大学的 Zhen 等通过低密度奇偶校验码(Low-Density Parity-Check Code，LDPC) 的 QPSK 信号结合 OAM 复用，设计并进行了一个高频谱效率、大容量的自由空间光传输系统。实验系统中，用空间光调制器模拟强大气湍流，使用波前传感自适应光学系统减少湍流模拟器引起的相位损伤，以及用大围长低密度奇偶校验码处理剩余信道损伤，并将 OAM 复用与波分复用相结合进一步提高数据速率，在强大气湍流信道上完成了 500Gbit/s 的传输速率[137]。2018 年，Li 等总结和分析了近几年 OAM 自由空间通信链路中湍流补偿的研究进展，并讨论了 OAM 复用在自由空间光通信链路中的关键技术及应用前景[138]。2019 年，Yousif 等提出了一种自适应 MIMO 自由空间光链路，该链路中使用了自适应 MIMO 技术来减轻大气湍流效应，给出了 4 个 OAM 多路复用信道在 2km 链路上传输的仿真实验结果，每种 OAM 模式都在单个波长信道 ($\lambda \sim 1550$nm) 上加载 100Gbit/s 的 QPSK 信号 (总计 400Gbit/s)。OAM-MIMO 信号的接收功率和通道间串扰波动 4.5~6dB。在保证 10^{-9} 的误码率条件下对 OAM-MIMO 信号进行均衡后，所有通道的功率损失均可以降低 1~4dB[139]。

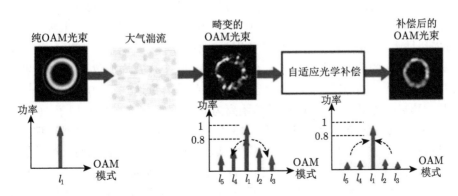

图 1-20　大气湍流作用下畸变的 OAM 模式相位补偿原理示意图[132]

1.4.2 光纤中的 OAM 模分复用传输系统

在早期的十年左右，研究者们对于 OAM 复用技术的研究基本停留在自由空间中，一直不能确定其是否能够应用到光纤通信系统中。直到 2011 年文献 [98] 报道了 OAM 模式在涡旋光纤中传输的实验，OAM 复用技术及其与其他复用技术协调并用的传输系统一直是一个研究热点。关于 OAM 模式的产生、光纤及器件设计等 OAM 复用关键技术已在 1.3 节进行了简要的介绍，本节主要从 OAM 复用光纤传输系统进展的角度给出研究现状。

如图 1-21 所示为 OAM 复用光纤传输系统原理框图。该传输系统共分为发射、传输、接收、信号处理四个部分。OAM 光信号发射部分 (图 1-21(a)) 包括基模光信号的调制以及 OAM 光信号的产生，首先激光器发出基模光送入调制器，同时信号发生器发出的电信号加载到光调制器上将光场调制成一定调制格式的基模光信号 (QPSK 或 16QAM 信号等)，然后该基模光信号通过空间相位的改变生成 OAM 光信号，空间相位的改变通常采用空间光调制器的方法实现，OAM 光信号的产生这部分将在后面的章节中专门讨论。

产生的多路 OAM 光信号经过 OAM 复用器复用为 OAM 复用光信号进入 OAM 光纤链路中传输，目前一般选用最常用的 OAM 环状光纤，OAM 光信号在传输过程中会存在损耗，其空间相位也会发生变化，同时还会受到模式色散以及模式间耦合等影响，造成信号的性能下降；在接收端首先经过 OAM 解复用器将 OAM 复用光信号解复用多路 OAM 光信号，每一路 OAM 光信号均可通过一个加载反相拓扑荷相位板的空间光调制器解调为传统的基模光信号，经过相干接收后送入数字信号处理模块进行数字信号处理 (图 1-21(b))，处理过程中除了要完成 OAM 光信号的空间相位恢复、模式色散和模式间耦合的处理，还要考虑通常基模信号会存在的频偏、载波相位畸变等，以最终完成 OAM 信号的性能恢复。

近几年，研究者陆续开始对 OAM 复用技术与其他复用技术相结合的多维复用系统进行研究，以期实现光通信传输系统总体容量的提升，比如以正交幅度调制为代表的高阶调制格式 (又称为符号复用)、偏振复用、波分复用技术等。2017 年，丹麦科技大学 Ingerslev 等将模分复用与波分复用技术相结合，使用 60 个频率间隔为 25GHz 的信道传输了 12 个 OAM 模式，每个模式均加载了 10G 波特的信号，接收端无须进行 MIMO 均衡处理，最终系统总容量达到了 10.56Tbit/s[140]。2019 年，Hirabe 等 [141] 在 E 波段链路距离为 40m 的现场实验中实现了 16 个多路复用 256QAM 信号的传输，其中包括 8 个 OAM 模式及其对应的 2 个偏振模式，频谱效率达到了 85.7bit/(s·Hz)，约为使用 1024QAM 的 2×2 MIMO 微波链路最大效率的 2.5 倍，下一步他们还计划在 D 波段无线电系统开发使用 OAM 模式复用技术。中山大学余思远团队和华中科技大学王健团队通过将 OAM 模组复用

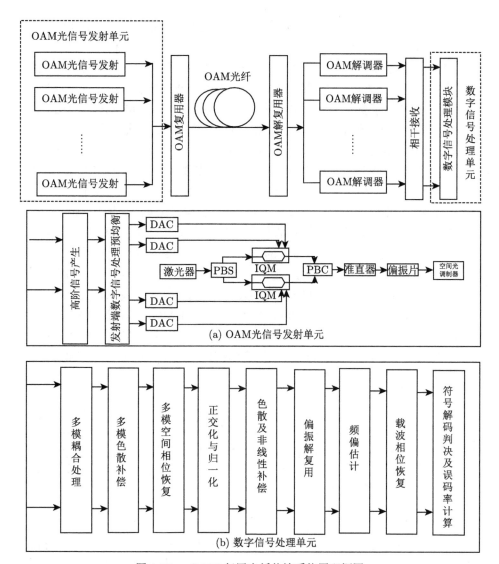

图 1-21　OAM 复用光纤传输系统原理框图

DAC: 数模转换器；PBS: 光偏振分束器；IQM: 同相正交调制器；PBC: 光偏振合束器

与波分复用技术相结合，在 112 个波分复用信道上用 OAM 模组加载 12.5G 波特 8QAM 信号，完成了 8.4Tbit/s 的低串扰传输实验，传输距离为 18km，且没有使用 MIMO 技术进行数字信号处理[107]。同年，余思远团队还在 4 个波长上完成了传输距离和传输速率分别为 100km 和 128Gbit/s 的 OOK 信号的 WDM-OAM 传输实验，证明了 OAM 复用技术能够与其他复用技术共同实现长距离传输[108]。同年，谭贺云等[142] 还在自由空间进行了基于单个超表面的 OAM 多路复用通信实验，利用 4 个 OAM 模式及其对应的 2 个偏振模式完成了 448Gbit/s 的数据传输实验，其中每个 OAM 模式均加载了 28G 波特的 QPSK 信号，证明了基于 OAM 模分复用技术可以在基于纳米技术的超薄超表面实现，具有可与其他复用技术集成的优势，说明了大容量 OAM 模分复用光通信系统实用化的可能性。

另外，从严格意义上来说，传统的多模或者少模光纤也可以传输 OAM 模式，这样的系统被称为基于多模/少模光纤的 OAM 模式光纤传输系统。例如，2015 年美国南加利福尼亚大学的 Huang 等在 *Scientific Reports* 上报道了一种利用 OAM 模式分类器装置在传统阶跃折射率分布少模光纤上传输 OAM 模式信号的实验，其结构原理如图 1-22 所示。OAM 模式分类器的模式选择性高于 15dB，插入损耗为无级联分束时的 $1/N$。实验利用 $OAM_{-1,0}$ 与 $OAM_{+1,0}$ 模式携带 20Gbit/s 的 PDM-QPSK 信号，并且在接收端利用规模为 4×4 的 MIMO-DSP 来缓解信道间串扰，实现了比特率为 40Gbit/s 的信号在长度为 5km 光纤上的稳定传输，在误码率为 2×10^{-3}(满足相干接收机前向纠错的阈值门限) 的情况下，功率损失小于 1.5dB[143]。2017 年，华中科技大学 Wang 等利用传统多模光纤实现了比特率为 40Gbit/s 的 OAM 信号在 2.6km 光纤上的无 MIMO 低串扰传输 [144]。2018 年，Wang 团队又基于 8.8km 的传统多模光纤完成了 6 个 OAM 模式的复用传输，在采用 2×2 和 4×4 的 MIMO-DSP 补偿模组内信道串扰的条件下实现了 OAM 信号 120Gbit/s 的传输速率 [145]。

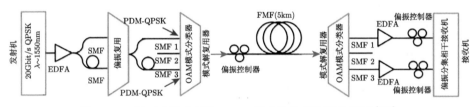

图 1-22　　基于少模光纤的 OAM 模式传输系统原理框图 [143]

目前国内外关于 OAM 模分复用光纤系统传输性能的研究还比较少，相关研究大多集中在光纤设计方面 [146-148]，比如通过光纤结构参数设计降低损耗，并通过增大模式间有效折射率来降低串扰，美国南加利福尼亚大学的 Alan E. Willner 和加拿大拉瓦尔大学的 Ung 等分别通过对 OAM 光纤进行结构设计 [146,147]，指出当 OAM 模式之间的有效折射率差满足 $\Delta n_{\mathrm{eff}} \geqslant 10^{-4}$ 时，可以实现多个 OAM 模式的低串扰传输，基于该参考原则，文献 [147] 设计的光纤实现了 16 个 OAM 模式的低串扰传输，同时该文献还指出，OAM 光纤的有效折射率差越高，其衰减系数也越高，如果光纤的传输距离达到 1km，则允许的最大衰减大约是 10dB/km，这无疑对于长距离传输是一种挑战。武汉光电国家研究中心的 Li 等还结合多芯光纤技术仿真设计了六芯超模光纤，以期最大限度地降低模式间的耦合、相关损耗以及非线性的影响 [148]。

但是 OAM 复用技术在光纤通信系统中的应用仍然面临着很多难题，比如高质量 OAM 模式的产生方式及其和光纤的耦合效率，适合 OAM 模式低损耗、低串扰传输的光纤结构设计，多个 OAM 模式信道的复用或编码方式，OAM 模式在进行长距离传输时需要的放大器件，OAM 模式的检测方式及其复用信道之间的串扰等，这些都是亟待解决的关键技术。无论是对传输 OAM 模式的光纤结构参数进行设计，还是对光纤中模式的传输性能进行研究，其共同目标都是通过降低传输损耗以增加传输距离、降低模式间的耦合和色散以增加 OAM 复用信道数量并提升信号的传输质量，最终实现 OAM 复用与其他复用技术协调共用以完成下一代基于模分复用多维复用技术的光纤通信系统的实用化进程。

参 考 文 献

[1] Kao K C, Hockham G A. Dielectric-fibre surface waveguides for optical frequencies [J]. Proceedings of the Institution of Electrical Engineers, 1966, 113(7): 1151-1158.

[2] Kerdock R S, Wolaver D H. Atlanta fiber system experiment: results of the Atlanta experiment [J]. The Bell System Technical Journal, 1978, 57(6):1857-1879.

[3] Yu J, Chi N. Digital Signal Processing in High-speed Optical Fiber Communication Principle and Application [M]. Singapore: Springer, 2020.

[4] 余少华, 胡先志. 超高速超大容量超长距离光纤传输系统前沿研究 [M]. 北京: 科学出版社, 2015.

[5] 余建军, 迟楠, 陈林. 基于数字信号处理的相干光通信技术 [M]. 北京: 人民邮电出版社, 2013.

[6] Winzer P J, Neilson D T, Chraplyvy A R. Fiber-optic transmission and networking: the previous 20 and the next 20 years [J]. Optics Express, 2018, 26(18): 24190-24239.

[7] 顾畹仪. 光纤通信系统 [M]. 3 版. 北京: 北京邮电大学出版社, 2013.

[8] Richardson D J, Fini J M, Nelson L E. Space-division multiplexing in optical fibres [J]. Nature Photonics, 2013, 7(5): 354-362.

[9] 白成林, 冯敏, 罗清龙. 光通信中的 OFDM [M]. 北京: 电子工业出版社, 2011.

[10] Winzer P J, Neilson D T. From scaling disparities to integrated parallelism: a decathlon for a decade [J]. Journal of Lightwave Technology, 2017, 35(5): 1099-1115.

[11] Winzer P J. Spatial multiplexing in fiber optics: the $10\times$ scaling of metro/core capacities [J]. Bell Labs Technical Journal, 2014, 19: 22-30.

[12] Desurvire E B. Capacity demand and technology challenges for lightwave systems in the next two decades [J]. Journal of Lightwave Technology, 2006, 24(12): 4697-4710.

[13] Tkach R W. Scaling optical communications for the next decade and beyond [J]. Bell Labs Technical Journal, 2010, 14(4): 3-9.

[14] Cisco. 思科可视化网络指数: 预测和方法, 2016—2021 年 [R]. 2017.

[15] 傅旭. 李克强敦促 "提网速""降网费" [EB/OL]. 新京报, (2015-4-15) [2021-5-30]. http:// politics.people.com.cn/n/2015/0415/ c70731-26845015.html.

[16] Cisco. Cisco Annual Internet Report (2018—2023) [R]. 2018.

[17] Tucker R S . Green optical communications—Part II: energy limitations in networks [J]. IEEE Journal of Selected Topics in Quantum Electronics, 2011, 17(2): 261-274.

[18] Winzer P J. Making spatial multiplexing a reality [J]. Nature Photonics, 2014, 8(5): 345-348.

[19] Essiambre R J, Kramer G, Winzer P J, et al. Capacity limits of optical fiber networks [J]. Journal of Lightwave Technology, 2010, 28(4): 662-701.

[20] Mitra P P, Stark J B. Nonlinear limits to the information capacity of optical fiber communications [J]. Nature, 2001, 411(6841): 1027-1030.

[21] Essiambre R J, Foschini G J, Kramer G, et al. Capacity limits of information transport in fiber-optic networks [J]. Physical Review Letters, 2008, 101(16): 163901.

[22] Chraplyvy A R. Plenary paper: the coming capacity crunch [C]//2009 35th European Conference on Optical Communication (ECOC), September 20-24, 2009, Vienna, Austria, IEEE.

[23] Winzer P J. Scaling optical fiber networks: challenges and solutions [J]. Optics & Photonics News, 2015, 26(3): 28-35.

[24] Tucker R S. Green optical communications — Part I: energy limitations in transport [J]. IEEE Journal of Selected Topics in Quantum Electronics, 2011, 17(2): 245-260.

[25] Winzer P J. Spatial multiplexing: the next frontier in network capacity scaling [C]// European Conference on Optical Communications (ECOC), London, United Kingdom, 2013: 372-374.

[26] Korotky S K. Price-points for components of multi-core fiber communication systems in backbone optical networks [J]. Journal of Optical Communications and Networking, 2012, 4(5): 426-435.

[27] Brunet C, Rusch L A. Optical fibers for the transmission of orbital angular momentum modes [J]. Optical Fiber Technology, 2017, 35: 2-7.

[28] Inao S, Sato T, Sentsui S, et al. Multicore optical fiber [J]. Lightwave, 1979: 321-352.

[29] Le Noane G, Boscher D, Grosso P, et al. Ultra high cables using a new concept of bunched multicore monomode fibers: a key for the future FTTH networks [C]// International Wire & Cable Symposium Proceedings, 1994: 203-210.

[30] Mizuno T, Takara H, Sano A, et al. Dense space-division multiplexed transmission systems using multi-core and multi-mode fiber [J]. Journal of Lightwave Technology, 2016, 34(2): 582-592.

[31] 赖俊森, 汤瑞, 吴冰冰, 等. 光纤通信空分复用技术研究进展分析 [J]. 电信科学, 2017, (9): 118-135.

[32] Matsuo S, Takenaga K, Sasaki Y, et al. High-spatial-multiplicity multicore fibers for future dense space-division-multiplexing systems [J]. Journal of Lightwave Technology, 2016, 34(6): 1464-1475.

[33] Liu X, Chandrasekhar S, Chen X, et al. 1.12-Tb/s 32-QAM-OFDM superchannel with 8.6-b/s/Hz intrachannel spectral efficiency and space-division multiplexing with 60-

b/s/Hz aggregate spectral efficiency [C]//European Conference on Optical Communications (ECOC), Geneva, Switzerland, 2011.

[34] Sakaguchi J, Puttnam B J, Klaus W, et al. 19-core fiber transmission of 19×100×172-Gb/s SDM-WDM-PDM-QPSK signals at 305Tb/s [C]// OFC/NFOEC. IEEE, Los Angeles, CA, USA, 2012.

[35] Chandrasekhar S, Gnauck A, Liu X, et al. WDM/SDM transmission of 10×128-Gb/s PDM-QPSK over 2688-km 7-core fiber with a per-fiber net aggregate apectral-efficiency distance product of 40,320km·b/s/Hz [J]. Optics Express, 2012, 20(2): 706-711.

[36] Takara H, Sano A, Kobayashi T, et al. 1.01-Pb/s (12 SDM/222 WDM/456Gb/s) crosstalk-managed transmission with 91.4-b/s/Hz aggregate spectral efficiency [C]//European Conference on Optical Communications (ECOC), Amsterdam, Netherlands, 2012: pp. Th.3.C.

[37] Takahashi H, Tsuritani T, Gabory E L T, et al. First demonstration of MC-EDFA-repeatered SDM transmission of 40×128-Gbit/s PDM-QPSK signals per core over 6,160-km 7-core MCF [J]. Optics Express, 2013, 21(1): 789-795.

[38] Takeshima K, Tsuritani T, Tsuchida Y, et al. 51.1-Tbit/s MCF transmission over 2,520km using cladding pumped 7-core EDFAs [C]//Optical Fiber Communication Conference, Los Angeles, California, USA, 2015: W3G.1.

[39] Nooruzzaman M, Morioka T. Multi-core fiber undersea transmission systems [C]//European Conference on Networks and Communications (EuCNC), Oulu, Finland, IEEE, 2017.

[40] 靳文星, 任国斌, 裴丽, 等. 环绕空气孔结构的双模大模场面积多芯光纤的特性分析 [J]. 物理学报, 2017, 66(002): 196-203.

[41] Lin R, van Kerrebrouck J, Pang X, et al. Real-time 100Gbps/λ/core NRZ and EDB IM/DD transmission over multicore fiber for intra-datacenter communication networks [J]. Optics Express, 2018, 26(8):10519-10526.

[42] Khalid H A, Ullah R, Liu B, et al. Polarization-based 6×6 MIMO transmission over 75km few-mode multicore fiber using recursive least squares constant modulus algorithm [J]. Optical Engineering, 2019, 58(2): 020501.

[43] Sagae Y, Matsui T, Nakajima K. Ultra-low-XT multi-core fiber with standard 125-µm cladding for long-haul transmission [C]//2019 24th OptoElectronics and Communications Conference (OECC) and 2019 International Conference on Photonics in Switching and Computing (PSC), Fukuoka, Japan, 2019.

[44] Berdagué S, Facq P. Mode division multiplexing in optical fibers [J]. Applied Optics, 1982, 21(11): 1950-1955.

[45] Randel S, Ryf R, Sierra A, et al. 6×56-Gb/s mode-division multiplexed transmission over 33-km few-mode fiber enabled by 6×6 MIMO equalization [J]. Optics Express, 2011, 19(17): 16697-16707.

[46] 童维军, 唐明, 付松年, 等. 新一代光网络传输媒质——少模/多芯光纤 [C]//第六届中国通信光电线缆产业峰会, 武汉, 2013: 84-92.

[47] Sillard P. Next-generation fibers for space-division-multiplexed transmissions [J]. Journal of Lightwave Technology, 2015, 33(5): 1092-1099.

[48] Ryf R, Randel S, Gnauck A H, et al. Mode-division multiplexing over 96km of few-mode fiber using coherent 6×6 MIMO processing [J]. Journal of Lightwave Technology, 2012, 30(4): 521-531.

[49] Ryf R, Randel S, Fontaine N K, et al. 32-bit/s/Hz spectral efficiency WDM transmission over 177-km few-mode fiber [C]//Optical Fiber Communication Conference and Exposition and the National Fiber Optic Engineers Conference (OFC/NFOEC), 2013.

[50] 杨芳, 唐明, 李博睿, 等. 低串扰大模场面积多芯光纤的设计与优化 [J]. 光学学报, 2014, (1): 58-62.

[51] van Uden R G H, Correa R A, Lopez E A, et al. Ultra-high-density spatial division multiplexing with a few-mode multicore fibre [J]. Nature Photonics, 2014, 8(11): 865-870.

[52] Mizuno T, Kobayashi T, Takara H, et al. 12-core×3-mode dense space division multiplexed transmission over 40 km employing multi-carrier signals with parallel MIMO equalization [C]// Optical Fiber Communication (OFC) Conference, San Francisco, CA, USA, 2014: Th5B.2.

[53] Sakaguchi J, Klaus W, Mendinueta J M D, et al. Realizing a 36-core, 3-mode fiber with 108 spatial channels [C]//Optical Fiber Communication (OFC) Conference, Los Angeles, CA, USA, 2015: Th5C.2.

[54] Igarashi K, Souma D, Wakayama Y, et al. 114 space-division-multiplexed transmission over 9.8-km weakly-coupled-6-mode uncoupled-19-core fibers [C]// Optical Fiber Communication (OFC) Conference, Los Angeles, CA, USA, 2015: Th5C.4.

[55] Chen H, Ryf R, Fontaine N K, et al. High spectral efficiency mode-multiplexed transmission over 87-km 10-mode fiber [C]// Optical Fiber Communication (OFC) Conference, Anaheim, USA, 2016.

[56] Esmaeelpour M, Ryf R, Fontaine N, et al. Transmission over 1050-km few-mode fiber based on bidirectional distributed raman amplification [J]. Journal of Lightwave Technology, 2016, 34(8): 1864-1871.

[57] Rademacher G, Luis R S, Puttnam B J, et al. High capacity transmission with few-mode fibers [J]. Journal of Lightwave Technology, 2018, 37(2): 425-432.

[58] Benyahya K, Simonneau C, Ghazisaeidi A, et al. 200Gb/s Transmission over 20km of fmf fiber using mode group multiplexing and direct detection [C]// 2018 European Conference on Optical Communication (ECOC), 2018.

[59] Zhang H, Zhao J, Yang Z, et al. Low-DMGD, large-effective-area and low-bending-loss 12-LP-mode fiber for mode-division-multiplexing [J]. IEEE Photonics Journal, 2019, 11(4):7203808.

[60] Rusch L A, Rad M, Allahverdyan K, et al. Carrying data on the orbital angular momentum of light [J]. IEEE Communications Magazine, 2018, 56(2): 219-224.

[61] Allen L, Beijersbergen M W, Spreeuw R J C, et al. Orbital angular momentum of light

and the transformation of Laguerre-Gaussian laser modes [J]. Physical Review A, 1992, 45(11): 8185-8189.

[62] Picón A, Mompart J, de Aldara J R, et al. Photoionization with orbital angular momentum beams [J]. Optics Express, 2010, 18(4): 3660-3671.

[63] Zhang J, Luo Z, Luo H, et al. Steering asymmetric spin splitting in photonic spin hall effect by orbital angular momentum [J]. Acta Optica Sinica, 2013, 33(11): 1126002.

[64] Liu M. Novel method to detect the orbital angular momentum in optical vortex beams [J]. Acta Optica Sinica, 2013 (3): 278-284.

[65] Yang S, Wang T, Li C. Angular momentum characteristics of cylindrical vector beams [J]. Acta Optica Sinica, 2012, 32(6): 0626002.

[66] Li D, Pu J, Wang X. Optical torques upon a micro object illuminated by a vortex beam [J]. Chinese Journal of Lasers, 2012, 39(s1): s102012.

[67] Shi L, Tian L, Chen X. Characterizing topological charge of optical vortex using non-uniformly distributed multi-pinhole plate [J]. Chinese Optics Letters, 2012, 10(12): 120501.

[68] Jentschura U D, Serbo V G. Generation of high-energy photons with large orbital angular momentum by Compton backscattering [J]. Physical Review Letters, 2011, 106: 013001.

[69] Anguita J A, Neifeld M A, Vasic B V. Turbulence-induced channel crosstalk in an orbital angular momentum-multiplexed free-space optical link [J]. Applied Optics, 2008, 47(13): 2414-2429.

[70] Wang J, Yang J Y, Fazal I M, et al. Terabit free-space data transmission employing orbital angular momentum multiplexing [J]. Nature Photonics, 2012, 6(7): 488-496.

[71] Huang H, Xie G, Yan Y, et al. 100Tbit/s free-space data link enabled by three-dimensional multiplexing of orbital angular momentum, polarization, and wavelength [J]. Optics Letters, 2014, 39(2):197-200.

[72] Huang H, Xie G, Yan Y, et al. 100Tbit/s free-space data link using orbital angular momentum mode division multiplexing combined with wavelength division multiplexing [C]//Optical Fiber Communication (OFC) Conference, Anaheim, CA, USA, 2013: OTh4G. 5.

[73] Willner A E, Zhao Z, Ren Y, et al. Underwater optical communications using orbital angular momentum-based spatial division multiplexing [J]. Optics Communications, 2018, 408: 21-25.

[74] Mandel L, Wolf E. Optical Coherence and Quantum Optics: Elements of Probability Theory [M]. Cambridge: Cambridge University Press, 1995.

[75] Yao A M, Padgett M J. Orbital angular momentum: origins, behavior and applications [J]. Advances in Optics & Photonics, 2011, 3(2): 161-204.

[76] Poynting J H. The wave motion of a revolving shaft, and a suggestion as an agular momentum in a beam of circularly polarized beam [J]. Proceedings of the Royal Society of London, 1909, 82(557): 560-567.

[77] Foo G, Palacios D M, Swartzlander G A. Optical vortex coronagraph [J]. Optics Letters, 2005, 30(24): 3308-3310.

[78] Fürhapter S, Jesacher A, Bernet S, et al. Spiral phase contrast imaging in microscopy [J]. Optics Express, 2005, 13(3): 689-694.

[79] Mair A, Vaziri A, Weihs G, et al. Entanglement of the orbital angular momentum states of photons [J]. Nature, 2001, 412(6844): 313-316.

[80] Tamburini F, Thidé B, Molina-Terriza G, et al. Twisting of light around rotating black holes [J]. Nature Physics, 2011, 7(3): 195-197.

[81] Cvijetic N, Milione G, Ip E, et al. Detecting lateral motion using light's orbital angular momentum [J]. Scientific Reports, 2015, 5: 15422.

[82] Chen M, Mazilu M, Arita Y, et al. Dynamics of microparticles trapped in a perfect vortex beam [J]. Optics Letters, 2013, 38(22): 4919-4922.

[83] Padgett M, Bowman R. Tweezers with a twist [J]. Nature Photonics, 2011, 5(6): 343-348.

[84] Padgett M J. Orbital angular momentum 25 years on [Invited] [J]. Optics Express, 2017, 25(10): 11265-11274.

[85] Trichili A, Park K H, Zghal M, et al. Communicating using spatial mode multiplexing: potentials, challenges and perspectives [J]. IEEE Communications Surveys & Tutorials, 2019, 21(4): 3175-3203.

[86] Gibson G, Courtial J, Padgett M, et al. Free-space information transfer using light beams carrying orbital angular momentum [J]. Optics Express, 2004, 12(22): 5448-5456.

[87] Liu J, Chen Y, Yu S. Recent progress in mode division multiplexed optical fibre communications using orbital angular momentum modes [C]//Asia Communications and Photonics Conference (ACP), Chengdu, China, 2019: T3G.3.

[88] Wang A, Zhu L, Zhao Y, et al. Adaptive water-air-water data information transfer using orbital angular momentum [J]. Optics Express, 2018, 26(7): 8669-8678.

[89] Zhang D, Feng X, Huang Y. Encoding and decoding of orbital angular momentum for wireless optical interconnects on chip [J]. Optics Express, 2012, 20(24): 26986-26995.

[90] Lei T, Gao S, Li Z, et al. Fast-switchable OAM-based high capacity density optical router [J]. IEEE Photonics Journal, 2017, 9(1): 1-9.

[91] Bu X, Zhang Z, Chen L, et al. Implementation of vortex electromagnetic waves high-resolution synthetic aperture radar imaging [J]. IEEE Antennas & Wireless Propagation Letters, 2018, 17(5): 764-767.

[92] Yao A M, Padgett M J. Orbital angular momentum: origins, behavior and applications [J]. Advances in Optics and Photonics, 2011, 3(2): 161-204.

[93] Li H, Zhang H, Zhang X, et al. Design tool for circular photonic crystal fibers supporting orbital angular momentum modes [J]. Applied Optics, 2018, 57(10):2474-2481.

[94] Zhang H, Zhang X, Li H, et al. The orbital angular momentum modes supporting fibers based on the photonic crystal fiber structure [J]. Crystals, 2017, 7(10): 286.

[95] Tian W, Zhang H, Zhang X, et al. A circular photonic crystal fiber supporting 26 OAM modes [J]. Optical Fiber Technology, 2016, 30:184-189.

[96] Zhang H, Zhang X, Li H, et al. A design strategy of the circular photonic crystal fiber supporting good quality orbital angular momentum mode transmission [J]. Optics Communications, 2017, 397: 59-66.

[97] Zhang H, Zhang W, Xi L, et al. A new type circular photonic crystal fiber for orbital angular momentum mode transmission [J]. IEEE Photonics Technology Letters, 2016, 28(3): 1426-1429.

[98] Bozinovic N, Kristensen P, Ramachandran S. Are orbital angular momentum (OAM/ Vortex) states of light long-lived in fibers [C]// Laser Science, San Jose, California, USA, 2011: LWL3.

[99] Shi C, Liu J, Zhao Y, et al. Experimental demonstration of full-duplex data transmission link using twisted lights multiplexing over 1.1-km orbital angular momentum (OAM) fiber [C]// European Conference on Optical Communication (ECOC), Dusseldorf, Germany, 2016: 1160-1162.

[100] Zhou G, Zhou G, Chen C, et al. Design and analysis of a microstructure ring fiber for orbital angular momentum transmission [J]. IEEE Photonics Journal, 2016, 8(2): 1-12.

[101] Yue Y, Yan Y, Ahmed N, et al. Mode properties and propagation effects of optical orbital angular momentum (OAM) modes in a ring fiber [J]. Photonics Journal, 2012, 4(2): 535-543.

[102] Brunet C, Vaity P, Messaddeq Y, et al. Design, fabrication and validation of an OAM fiber supporting 36 states [J]. Optics Express, 2014, 22(21): 26117-26127.

[103] Gregg P, Kristensen P, Ramachandran S. Conservation of orbital angular momentum in air core optical fibers [J]. Optica, 2015, 2(3): 267-270.

[104] Du C, Zhu G, Zhu J, et al. Scalable mode division multiplexed transmission over a 10-km ring-core fiber using high-order orbital angular momentum modes [J]. Optics Express, 2018, 26(2):594-604.

[105] Zhu G, Hu Z, Wu X, et al. Scalable mode division multiplexed transmission over a 10-km ring-core fiber using high-order orbital angular momentum modes [J]. Optics Express, 2018, 26(2): 594-604.

[106] Zhang J, Zhu G, Liu J, et al. Orbital-angular-momentum mode-group multiplexed transmission over a graded-index ring-core fiber based on receive diversity and maximal ratio combining [J]. Optics Express, 2018, 26(4): 4243-4257.

[107] Zhu L, Zhu G, Wang A, et al. 18km low-crosstalk OAM+WDM transmission with 224 individual channels enabled by a ring-core fiber with large high-order mode group separation [J]. Optics Letters, 2018, 43(8): 1890-1893.

[108] Shen L, Zhang J, Liu J, et al. MIMO-free WDM-MDM transmission over 100-kM single-span ring-core fibre [C]//45th European Conference on Optical Communication (ECOC), Dublin, Ireland, 2019.

[109] Cai X, Wang J, Strain M J, et al. Integrated compact optical vortex beam emitters [J].

Science, 2012, 338(6105): 363-366.

[110] Zhu J, Cai X, Chen Y, et al. Theoretical model for angular grating-based integrated optical vortex beam emitters [J]. Optics Letters, 2013, 38(8): 1343-1345.

[111] Cai X, Wang J, Strain M, et al. Integrated emitters of cylindrically structured light beams [C]//IEEE 15th International Conference on Transparent Optical Networks (IC-TON), Cartagena, Spain, 2013.

[112] Guan B, Qin C, Scott R P, et al. Polarization-diversified, multichannel orbital angular momentum (OAM) coherent communication link demonstration using 2D-3D hybrid integrated devices for free-space OAM multiplexing and demultiplexing [C]// Conference on Lasers and Electro-Optics (CLEO), San Jose, CA, USA, 2014.

[113] Wang J, Zhao D, Xu J, et al. High-order mode rotator on the SOI integrated platform [J]. IEEE Photonics Journal, 2016, 8(2): 1-8.

[114] Zhang H, Han D, Xi L, et al. Two-layer erbium-doped air-core circular photonic crystal fiber amplifier for orbital angular momentum mode division multiplexing system [J]. Crystals, 2019, 9(3): 156.

[115] Zhang H, Wang Z, Xi L, et al. All-fiber broadband multiplexer based on an elliptical ring core fiber structure mode selective coupler [J]. Optics Letters, 2019, 44(12): 2994-2997.

[116] Chen Y, Rusch L A, Shi W. Integrated circularly polarized oam generator and multiplexer for fiber transmission [J]. IEEE Journal of Quantum Electronics, 2017, 54(2), 8400109.

[117] Cao H, Chen H, Bai X. Orbital angular momentum modes generator and multiplexer based on silicon waveguides [J]. Acta Photonica Sinica, 2019, 48(12): 1248003.

[118] Kang Q, Gregg P, Jung Y, et al. Amplification of 12 OAM states in an air-core EDF [J]. Optical Fiber Communications Conference and Exhibition (OFC), Los Angeles, CA, USA, 2015.

[119] Jung Y, Kang Q, Sidharthan R, et al. Optical orbital angular momentum amplifier based on an air-hole erbium-doped fiber [J]. Journal of Lightwave Technology, 2017, 35(3): 430-436.

[120] Liu J, Zhang J, Tan H, et al. Demonstration of orbital angular momentum distributed raman amplifier over 25-km low-loss ring-core fiber [C]//Asia Communications and Photonics Conference (ACP), Chengdu, China, 2019: M3H.3.

[121] Ma J, Xia F, Chen S, et al. Amplification of 18 OAM modes in a ring-core erbium-doped fiber with low differential modal gain [J]. Optics Express, 2019, 27(26): 38087-38097.

[122] Han D, Zhang H, Xi L, et al. Two-layer erbium doped annular photonic crystal fiber amplifier for orbital angular momentum multiplexing system [C]// Asia Communications and Photonics Conference (ACP), Hangzhou, 2019.

[123] Deng Y F, Zhang H, Li H, et al. Erbium-doped amplification in circular photonic crystal fiber supporting orbital angular momentum modes [J]. Applied Optics, 2017, 56(6): 1748-1752.

[124] Wang L, Vaity P, Chatigny S, et al. Orbital-angular-momentum polarization mode

dispersion in optical fibers [J]. Journal of Lightwave Technology, 2016, 34(8): 1661-1671.

[125] Willner A E, Ren Y, Xie G, et al. Recent advances in high-capacity free-space optical and radio-frequency communications using orbital angular momentum multiplexing [J]. Philosophical Transactions, 2017, 375(2087): 20150439.

[126] Zou L, Gu X, Wang L. High-dimensional free-space optical communications based on orbital angular momentum coding [J]. Optics Communications, 2018, 410: 333-337.

[127] Yousif B B, Elsayed E E. Performance enhancement of an orbital-angular-momentum-multiplexed free-space optical link under atmospheric turbulence effects using spatial-mode multiplexing and hybrid diversity based on adaptive MIMO equalization [J]. IEEE Access, 2019, 7: 84401-84412.

[128] 黄桂勇. 改进环光纤结构中轨道角动量模式特性研究 [D]. 杭州：浙江工业大学, 2015.

[129] Anguita J A, Neifeld M A, Vasic B V. Turbulence-induced channel crosstalk in an orbital angular momentum-multiplexed free-space optical link [J]. Applied Optics, 2008, 47(13): 2414-2429.

[130] Willner A E, Wang J. Optical communications using light beams carrying orbital angular momentum [C]//2012 Conference on Lasers and Electro-Optics (CLEO), San Jose, CA, USA, 2012.

[131] Ren Y, Huang H, Xie G, et al. Atmospheric turbulence effects on the performance of a free space optical link employing orbital angular momentum multiplexing [J]. Optics Letters, 2013, 38(20): 4062-4065.

[132] Ren Y, Xie G, Huang H, et al. Adaptive optics compensation of multiple orbital angular momentum beams propagating through emulated atmospheric turbulence [J]. Optics Letters, 2014, 39(10): 2845-2848.

[133] Huang H, Cao Y, Xie G, et al. Crosstalk mitigation in a free-space orbital angular momentum multiplexed communication link using 4×4 MIMO equalization [J]. Optics Letters, 2014, 39(15): 4360-4363.

[134] 邹丽，赵生妹，王乐. 大气湍流对轨道角动量态复用系统通信性能的影响 [J]. 光子学报, 2014, 43(9): 52-57.

[135] Ren Y, Wang Z, Liao P, et al. Experimental characterization of a 400Gbit/s orbital angular momentum multiplexed free-space optical link over 120m [J]. Optics Letters, 2016, 41(3): 622-625.

[136] Zhao Y, Liu J, Du J, et al. Experimental demonstration of 260-meter security free-space Optical data transmission using 16-QAM carrying orbital angular momentum (OAM) beams multiplexing [C]//2016 Optical Fiber Communications Conference and Exhibition (OFC), Anaheim, CA, USA, 2016.

[137] Qu Z, Djordjevic I B. 500Gb/s free-space optical transmission over strong atmospheric turbulence channels [J]. Optics Letters, 2016, 41(14): 3285-3288.

[138] Li S, Chen S, Gao C, et al. Atmospheric turbulence compensation in orbital angular momentum communications: advances and perspectives [J]. Optics Communications,

2018, 408(2): 68-81.

[139] Yousif B B, Elsayed E E. Performance enhancement of an orbital-angular-momentum-multiplexed free-space optical link under atmospheric turbulence effects using spatial-mode multiplexing and hybrid diversity based on adaptive MIMO equalization [J]. IEEE Access, 2019, 7: 84401-84412.

[140] Ingerslev K, Gregg P, Galili M, et al. 12 mode, WDM, MIMO-free orbital angular momentum transmission [J]. Optics Express, 2018, 26(16): 20225-20232.

[141] Hirabe M, Zenkyu R, Miyamoto H, et al. 40M transmission of oam mode and polarization multiplexing in E-band [C]//2019 IEEE Globecom Workshops (GC Wkshps), Waikoloa, HI, USA, IEEE, 2019.

[142] Tan H, Deng J, Zhao R, et al. A free-space orbital angular momentum multiplexing communication system based on a metasurface [J]. Laser & Photonics Reviews, 2019, 13(6): 1800278.1-1800278.8.

[143] Huang H, Milione G, Lavery M P J, et al. Mode division multiplexing using an orbital angular momentum mode sorter and MIMO-DSP over a graded-index few-mode optical fibre [J]. Scientific Reports, 2015, 5: 14931.

[144] Zhu L, Wang A, Chen S. et al. Orbital angular momentum mode groups multiplexing transmission over 2.6-km conventional multi-mode fiber [J]. Optics Express, 2017, 25(21): 25637-25645.

[145] Wang A, Zhu L, Wang L, et al. Directly using 88-km conventional multi-mode fiber for 6-mode orbital angular momentum multiplexing transmission [J]. Optics Express, 2018, 26(8): 10038-10047.

[146] Yue Y, Yan Y, Ahmed N, et al. Mode properties and propagation effects of optical orbital angular momentum (OAM) modes in a ring fiber [J]. Photonics Journal, 2012, 4(2): 535-543.

[147] Brunet C, Ung B, Messaddeq Y, et al. Design of an optical fiber supporting 16 OAM modes [C]//Optical Fiber Communication Conference (OFC), 2014: Th1A.24.

[148] Li S, Wang J. Design of supermode fiber for orbital angular momentum (OAM) multiplexing[C] //Conference on Lasers and Electro-Optics (CLEO), San Jose, CA, USA, 2015.

第 2 章 光学轨道角动量理论

光学角动量包括自旋角动量 (SAM) [1,2] 和轨道角动量 (OAM)[3,4]。尽管对光学 OAM 的研究要比自旋角动量晚将近一个世纪,但事实上 OAM 和自旋角动量都包含在统一的电磁场角动量理论中。电磁场的角动量密度有两种不同的表示 [5-8]。第一种是通过角动量和动量的普遍关系,由电磁场动量密度 $\boldsymbol{p} = \varepsilon_0 \boldsymbol{E} \times \boldsymbol{B}$ 导出角动量密度 $\boldsymbol{j} = \boldsymbol{r} \times \boldsymbol{p}$;第二种则是从空间旋转对称性出发得到相应的守恒量,并由此导出角动量密度。以上两种形式的角动量密度表达式并不相同,但对于实际的物理场 (在无穷远处衰减得足够快),两者在全空间的积分 (即整个电磁场的角动量) 是一致的。尽管两种光学角动量理论的差异还存在一些未解决的问题 [9-12],但是基本上并不影响它们的实际适用性。本章,我们首先利用第一种理论形式研究标量波近似下的光学自旋角动量和 OAM,并分别讨论模分复用技术中两种典型的 OAM 光束,然后采用第二种角动量密度形式,给出了严格的矢量光场角动量理论。

2.1 光学轨道角动量

本节主要介绍标量电磁波近似下的光学轨道角动量的基本概念和基本理论。严格的矢量电磁波的角动量理论将在 2.3 节讨论。

2.1.1 亥姆霍兹方程和标量电磁波近似

自由空间中,角频率为 ω 的单色电磁波 $\boldsymbol{E}(\boldsymbol{r})\mathrm{e}^{\mathrm{i}\omega t}$,$\boldsymbol{B}(\boldsymbol{r})\mathrm{e}^{\mathrm{i}\omega t}$ 满足麦克斯韦方程组

$$\nabla \times \boldsymbol{E}\left(\boldsymbol{r}\right) = -\mathrm{i}\omega \boldsymbol{B}\left(\boldsymbol{r}\right)$$

$$\nabla \times \boldsymbol{B}\left(\boldsymbol{r}\right) = \mathrm{i}\frac{\omega}{c^2}\boldsymbol{E}\left(\boldsymbol{r}\right) \tag{2.1.1}$$

$$\nabla \cdot \boldsymbol{E}\left(\boldsymbol{r}\right) = 0$$

$$\nabla \cdot \boldsymbol{B}\left(\boldsymbol{r}\right) = 0 \tag{2.1.2}$$

对于非零 ω (本书中总假定 $\omega \neq 0$,因为实际上不存在零频率的电磁波),式 (2.1.2) 中两个散度方程可由式 (2.1.1) 中两个旋度方程导出,即只有两个旋度方程是独立的,因此一般都把式 (2.1.1) 作为单色波麦克斯韦方程组。利用矢量分析公式,

能够证明式 (2.1.1) 等价于式 (2.1.3)~(2.1.5)，即电场强度的亥姆霍兹方程

$$\nabla^2 \boldsymbol{E}\left(\boldsymbol{r}\right) + \left(\frac{\omega}{c}\right)^2 \boldsymbol{E}\left(\boldsymbol{r}\right) = 0 \tag{2.1.3}$$

电场强度的横向条件

$$\nabla \cdot \boldsymbol{E}\left(\boldsymbol{r}\right) = 0 \tag{2.1.4}$$

以及由电场强度决定磁感应强度 $\boldsymbol{B}\left(\boldsymbol{r}\right)$ 的方程

$$\boldsymbol{B}\left(\boldsymbol{r}\right) = -\frac{1}{\mathrm{i}\omega}\nabla \times \boldsymbol{E}\left(\boldsymbol{r}\right) \tag{2.1.5}$$

同时，由式 (2.1.3)~(2.1.5) 能进一步证明 $\boldsymbol{B}\left(\boldsymbol{r}\right)$ 也满足亥姆霍兹方程

$$\nabla^2 \boldsymbol{B}\left(\boldsymbol{r}\right) + \left(\frac{\omega}{c}\right)^2 \boldsymbol{B}\left(\boldsymbol{r}\right) = 0 \tag{2.1.6}$$

最初，携带 OAM 的涡旋光束是在标量电磁波近似下进行研究的。所谓标量电磁波近似是指电磁场偏振方向近似不随空间位置变化，其基本概念定量解释如下。考虑总体沿 z 方向传播、电场强度为

$$\boldsymbol{E}\left(\boldsymbol{r}\right) = \left[u\left(\boldsymbol{r}\right)\boldsymbol{n} + \eta\left(\boldsymbol{r}\right)\boldsymbol{e}_z\right]\mathrm{e}^{-\mathrm{i}\beta z} \tag{2.1.7}$$

的光束，其中 $\boldsymbol{n}$ 为 xy 平面内的单位常矢量，而且 $\beta \approx k_0 = \dfrac{\omega}{c}$，而 u 和 η 是 x, y, z 的缓变函数，即

$$\begin{aligned}\beta\left|u\right| &\gg \left|\frac{\partial u}{\partial x}\right|, \left|\frac{\partial u}{\partial y}\right|, \left|\frac{\partial u}{\partial z}\right| \\ \beta\left|\eta\right| &\gg \left|\frac{\partial \eta}{\partial x}\right|, \left|\frac{\partial \eta}{\partial y}\right|, \left|\frac{\partial \eta}{\partial z}\right|\end{aligned} \tag{2.1.8}$$

由横向条件式 (2.1.4)，有

$$\begin{aligned}0 &= \nabla \cdot \boldsymbol{E} \\ &= \mathrm{e}^{-\mathrm{i}\beta z}\left[\boldsymbol{n} \cdot \nabla_\perp u - \mathrm{i}\beta\eta + \frac{\partial \eta}{\partial z}\right] \\ &\approx \mathrm{e}^{-\mathrm{i}\beta z}\left[\boldsymbol{n} \cdot \nabla_\perp u - \mathrm{i}\beta\eta\right]\end{aligned} \tag{2.1.9}$$

其中

$$\nabla_\perp \equiv \boldsymbol{e}_x\frac{\partial}{\partial x} + \boldsymbol{e}_y\frac{\partial}{\partial y} \tag{2.1.10}$$

为横向平面的梯度算子，且 $\dfrac{\partial E_z}{\partial z}$ 已经根据式 (2.1.8) 略去 $\dfrac{\partial \eta}{\partial z}$。于是有

$$\eta \approx -\frac{\mathrm{i}}{\beta}\boldsymbol{n} \cdot \nabla_\perp u \tag{2.1.11}$$

即

$$E\left(r\right) \approx \left\{ u\left(r\right)n - \frac{\mathrm{i}}{\beta}\left[n \cdot \nabla_\perp u\left(r\right)\right]e_z \right\}\mathrm{e}^{-\mathrm{i}\beta z} \tag{2.1.12}$$

显然，若函数 $U\left(r\right) = u\left(r\right)\mathrm{e}^{-\mathrm{i}\beta z}$ 满足亥姆霍兹方程

$$\nabla^2 U\left(r\right) + \left(\frac{\omega}{c}\right)^2 U\left(r\right) = 0 \tag{2.1.13}$$

则式 (2.1.12) 中的 $E\left(r\right)$ 满足亥姆霍兹方程 (2.1.3)。最后，根据方程 (2.1.5)，磁感应强度 B 为

$$B\left(r\right) \approx \frac{1}{c}\left[\frac{\beta}{k}u\left(r\right)e_z \times n - \frac{1}{\mathrm{i}k}\nabla_\perp u\left(r\right) \times n\right]\mathrm{e}^{-\mathrm{i}\beta z}, \quad k = \frac{\omega}{c} \tag{2.1.14}$$

其中已经依据近轴条件式 (2.1.8) 略去 xy 分量中正比于 $\frac{1}{\beta}\nabla_\perp\left(n \cdot \nabla_\perp u\right)$ 的项。根据以上分析，只要标量函数 $U\left(r\right) = u\left(r\right)\mathrm{e}^{-\mathrm{i}\beta z}$ 满足近轴条件式 (2.1.8) 和亥姆霍兹方程 (2.1.13)，则由式 (2.1.12) 和 (2.1.14) 表示的电磁场就近似满足单色波麦克斯韦方程组 (2.1.3)~(2.1.5)(和式 (2.1.1) 等价)。式 (2.1.12) 和 (2.1.14) 中电场和磁场的横向 (xy) 偏振在全空间是 (近似) 恒定的，整个电磁场实际上能够通过标量函数 $U\left(r\right) = u\left(r\right)\mathrm{e}^{-\mathrm{i}\beta z}$ 表示，因此称为"标量电磁波"。通常，标量电磁波近似只有在近轴条件式 (2.1.8) 下才有效，而根据式 (2.1.8)，标量电磁场式 (2.1.12) 和 (2.1.14) 的纵向 (z) 分量比横向分量小得多，但我们即将看到，该纵向分量对于光学轨道角动量 $(z$ 分量$)$ 的存在是必不可少的。

2.1.2 轨道角动量

如绪论中所述，光学轨道角动量跟电磁场相位随方位角的变化密切相关，而光学自旋角动量由电磁场的偏振决定。在标量电磁波近似下，可以先将电磁场的偏振设为线偏振 (自旋角动量为零)，从而更精准地研究轨道角动量的来源，然后再讨论轨道角动量和自旋角动量同时存在的情形。本节将在标量电磁波近似下阐述光学轨道角动量的基本概念和数学表示，而更严格和普遍的矢量电磁场角动量理论将在 2.3 节介绍。

根据麦克斯韦理论，单色电磁场绕原点的角动量密度 (今后除非特别提及，动量、角动量和能量均指一个振荡周期内的平均值) 为

$$\begin{aligned} j &= r \times p \\ p &= \frac{\varepsilon_0}{2}\mathrm{Re}\left(E^* \times B\right) \end{aligned} \tag{2.1.15}$$

其中 p 为电磁场的动量密度，而且本书中的电磁场量 (电场强度 E，磁感应强度 B，以及后面的磁场强度 H 等) 所使用的复数表示 $G = E, B, H, \cdots$ 和真实物

理量 $G^{(真实)}$ 之间的关系为

$$G^{(真实)}(r, t) = \frac{1}{2}[G(r, t) + G^*(r, t)] \tag{2.1.16}$$

我们主要关心的是光束在总体传播方向 (即 z 向) 上的角动量分量 j_z, 而式 (2.1.15) 表明, 如果电场 E 和磁场 B 均没有 z 分量, 则 j_z 必定为零, 因此也就不存在相应的轨道角动量. 不过, 对于自旋角动量, 问题比以上的简单说明要更复杂, 我们将在 2.3 节进一步论述.

将式 (2.1.12) 中的 E 和式 (2.1.14) 中的 B 代入式 (2.1.15), 得

$$j = \frac{\varepsilon_0}{2}\mathrm{Re}\left(r \times \left[\left(u^*n^* + \frac{i}{\beta}(n^* \cdot \nabla_\perp u^*)e_z\right) \times \frac{1}{c}\left(\frac{\beta}{k}ue_z \times n - \frac{1}{ik}\nabla_\perp u \times n\right)\right]\right) \tag{2.1.17}$$

由此可推导出 j_z 在柱坐标系 (ρ, φ, z) 下的表达式

$$j_z = -\frac{\varepsilon_0}{2}\frac{1}{\omega}\mathrm{Im}\left(u^*\frac{\partial u}{\partial \varphi}\right) + \frac{\varepsilon_0}{2}\frac{1}{\omega}\rho\frac{\partial |u|^2}{\partial \rho}\mathrm{Im}\left(n_\rho^* n_\varphi\right) \tag{2.1.18}$$

其中 n_ρ 和 n_φ 是 xy 平面内单位常矢量 n 在径向和方位角方向的分量. 需要指出的是, 尽管 n 不随位置变化, 但 n_ρ 和 n_φ 却是 x、y 的函数, 这是因为径向和方位角方向的单位矢量 e_ρ 和 e_φ 均随着位置变化

$$\begin{aligned} e_\rho &= \frac{1}{\sqrt{2}}(\cos\varphi e_x + \sin\varphi e_y) \\ e_\varphi &= \frac{1}{\sqrt{2}}(-\sin\varphi e_x + \cos\varphi e_y) \end{aligned} \tag{2.1.19}$$

方程 (2.1.18) 给出的是电磁场的总角动量密度, 即轨道和自旋角动量密度的总和. 当电磁场在 xy 平面内为线偏振时, $n_\rho^* n_\varphi$ 必定为实数, 方程 (2.1.18) 右边第二项为零. 此时, 角动量只包含轨道部分, 其表达式简化为

$$j_z = -\frac{\varepsilon_0}{2}\frac{1}{\omega}\mathrm{Im}\left(u^*\frac{\partial u}{\partial \varphi}\right) \tag{2.1.20}$$

进一步将函数 u 分解为幅度和相位部分 $u(r) = a(r)\mathrm{e}^{-i\Psi(r)}$ (其中 a 和 Ψ 均为实函数), 并注意到幅度 a 的微分对式 (2.1.20) 右边 $u^*\frac{\partial u}{\partial \varphi}$ 的虚部没有贡献, 即可得

$$j_z = \frac{\varepsilon_0}{2}\frac{1}{\omega}|u|^2\frac{\partial \Psi}{\partial \varphi} \tag{2.1.21}$$

式 (2.1.21) 清楚地表明, 电磁场的轨道角动量 (z 分量) 来源于相位 Ψ 随 xy 平面方位角 φ 的变化.

一般而言，电磁场的轨道角动量正比于能量，因此更有意义的是单位能量的轨道角动量。根据麦克斯韦理论，单色电磁场的能量密度为

$$w = \frac{\varepsilon_0}{4} \left| \boldsymbol{E}\left(\boldsymbol{r}\right) \right|^2 + \frac{1}{4\mu_0} \left| \boldsymbol{B}\left(\boldsymbol{r}\right) \right|^2 \qquad (2.1.22)$$

对于式 (2.1.12) 和 (2.1.14) 中的标量电磁波，将 $\boldsymbol{E}$ 和 $\boldsymbol{B}$ 代入上式，化简后得到

$$w = \frac{\varepsilon_0}{2} \left| u \right|^2 \qquad (2.1.23)$$

其中已经使用了近似 $\beta \approx k$, $\left(\dfrac{\nabla_\perp u}{k} \right)^2 \ll 1$。最后，式 (2.1.20) 中的轨道角动量密度和式 (2.1.23) 中能量密度的比值即为单位能量的轨道角动量

$$\frac{j_z}{w} = -\frac{1}{\omega} \frac{\mathrm{Im}\left(u^* \dfrac{\partial u}{\partial \varphi} \right)}{\left| u \right|^2} \qquad (2.1.24)$$

若 u 满足 $\dfrac{\partial u}{\partial \varphi} = -\mathrm{i}mu$, 即

$$u\left(\boldsymbol{r}\right) = \tilde{u}\left(\rho, z\right) \exp\left(-\mathrm{i}m\varphi\right) \qquad (2.1.25)$$

其中 m 必须为整数 (物理场的方位角函数必须以 2π 为周期)，则在空间所有位置上单位能量的轨道角动量均为

$$\frac{j_z}{w} = \frac{m}{\omega} \qquad (2.1.26)$$

因此通常认为，在标量波近似下，式 (2.1.25) 形式的电磁波为轨道角动量的本征态。根据量子力学，单个光子的能量为 $\hbar\omega$，则方程 (2.1.26) 表示每个光子的轨道角动量为

$$\frac{m}{\omega}\left(\hbar\omega\right) = m\hbar \qquad (2.1.27)$$

这与量子力学中角动量的量子化本征值相一致，进一步印证了将式 (2.1.25) 所代表的电磁波视作轨道角动量本征态的合理性。

因此，在标量波近似下，若单色电磁场为线偏振 (自旋角动量为零)，而场的相位随着方位角变化，则该电磁波携带 (z 方向的) 轨道角动量。当相位对方位角的依赖为 $\exp\left(-\mathrm{i}m\varphi\right)$ 时，电磁场为轨道角动量的本征态，即每个光子携带数值为 $m\hbar$ 的轨道角动量，或者用经典语言，单位能量的轨道角动量为 $\dfrac{m}{\omega}$。

另外，值得指出的是，对于式 (2.1.25) 中的轨道角动量本征态电磁场，如果 $m \neq 0$，则 z 轴上的电磁场必定为零，否则在横向平面上从不同的方向趋近 z 轴时会得到不同的极限，从而与电磁场的单值性相矛盾。这种三维空间中光强为零

的孤立曲线 (一个平面内为孤立的点) 称为光学相位奇异线 (点)，因为在这条线 (点) 上，电磁场的相位是奇异的。相位的奇异性不仅仅表现在电磁场为零时相位的不确定，更重要的是，在距离这类曲线 (点) 任意近的周围绕一圈，相位将变化 $2m\pi$。基于这种相位旋转的特性，通常把相位奇异线 (点) 称为光学涡旋，而携带轨道角动量的光束称为涡旋光。

2.1.3　自旋角动量

在式 (2.1.18) 的角动量表达式中，右边第二项

$$s_z = \frac{\varepsilon_0}{2}\frac{1}{\omega}\rho\frac{\partial\,|u|^2}{\partial\rho}\mathrm{Im}\left(n_\rho^* n_\varphi\right) \tag{2.1.28}$$

与偏振有关。对于线偏振，$n_\rho^* n_\varphi$ 必为实数，导致该项为零，因此自旋角动量为零。而对于右 (左) 旋圆偏振

$$\boldsymbol{n} = \frac{1}{\sqrt{2}}\left(\boldsymbol{e}_x \mp \mathrm{i}\boldsymbol{e}_y\right) = \frac{1}{\sqrt{2}}\left(\boldsymbol{e}_\rho \mp \mathrm{i}\boldsymbol{e}_\varphi\right)\mathrm{e}^{\mp\mathrm{i}\varphi} \tag{2.1.29}$$

显然有 $n_\rho^* n_\varphi = \mp\frac{1}{2}\mathrm{i}$，从而给出非零的自旋角动量密度

$$s_z = \mp\frac{\varepsilon_0}{4}\frac{1}{\omega}\rho\frac{\partial\,|u|^2}{\partial\rho} \tag{2.1.30}$$

一般认为，右 (左) 旋圆偏振光是自旋角动量为 $\pm\hbar$ 的本征态，所以似乎应该有 $\frac{s_z}{w} = \pm\frac{1}{\omega}$。但是，比较式 (2.1.23) 和 (2.1.30)，并不能得出这样的结论。更令人困惑的是，对于圆偏振的平面电磁波，电磁场的强度恒定，$\frac{\partial\,|u|^2}{\partial\rho} = 0$，根据式 (2.1.30) 自旋角动量密度 s_z 为零，显然与圆偏振光具有自旋角动量的认知及实验相矛盾。关于这个悖论，通常的解释是，理想平面波并不存在，实际的电磁场总会在距离 z 轴足够远处衰减，而衰减区域中的场强必定不是均匀的，所以 $\frac{\partial\,|u|^2}{\partial\rho} \neq 0$，从而导致非零的自旋角动量密度。更定量地看，式 (2.1.30) 中的 s_z 在整个 xy 平面内的积分为 z 轴单位长度上的自旋角动量

$$\begin{aligned}
S_z &= \int_0^{2\pi}\mathrm{d}\varphi\int_0^\infty \mathrm{d}\rho\rho s_z\left(\rho,\varphi\right) \\
&= \mp\frac{\varepsilon_0}{4}\frac{1}{\omega}\int_0^{2\pi}\mathrm{d}\varphi\int_0^\infty \mathrm{d}\rho\rho^2\frac{\partial\,|u|^2}{\partial\rho} \\
&= \mp\frac{\varepsilon_0}{4}\frac{1}{\omega}\int_0^{2\pi}\mathrm{d}\varphi\left(\rho^2\,|u|^2\Big|_{\rho=0}^{\rho=\infty} - 2\int_0^\infty \mathrm{d}\rho\rho\,|u|^2\right)
\end{aligned}$$

$$= \pm \frac{\varepsilon_0}{2} \frac{1}{\omega} \left(\int_0^{2\pi} \mathrm{d}\varphi \int_0^{\infty} \mathrm{d}\rho\rho \left| u \right|^2 \right) \tag{2.1.31}$$

其中已经对 ρ 进行分部积分并假设了电磁场随着 ρ 的增大而下降得足够快, 即当 $\rho \to \infty$ 时, $\rho^2 u \to 0$。另一方面, 对式 (2.1.23) 中的 w 在 xy 平面内进行积分得到的是 z 向单位长度上场的能量

$$\begin{aligned} W &= \int_0^{2\pi} \mathrm{d}\varphi \int_0^{\infty} \mathrm{d}\rho\rho w \left(\rho, \varphi \right) \\ &= \frac{\varepsilon_0}{2} \left(\int_0^{2\pi} \mathrm{d}\varphi \int_0^{\infty} \mathrm{d}\rho\rho \left| u \right|^2 \right) \end{aligned} \tag{2.1.32}$$

比较式 (2.1.31) 和式 (2.1.32) 即得到在垂直于 z 的平面上单位能量的自旋角动量为

$$\frac{S_z}{W} = \pm \frac{1}{\omega} \tag{2.1.33}$$

据此可以认为, 对于右 (左) 旋圆偏振光, 每个光子携带的自旋角动量为 $\pm\hbar$。值得注意的是, 和式 (2.1.26) 中轨道角动量的结论有所不同, 这里的圆偏振光并非在空间每点上单位能量的自旋角动量都相同, 而是只有在横向平面内对自旋角动量密度和能量密度分别积分后才有式 (2.1.33) 的关系。

尽管上述讨论从实际的角度解释了圆偏振平面电磁波具有 $\pm\hbar$ 的自旋角动量与式 (2.1.30) 之间的矛盾, 但该解释仍然与圆偏振平面电磁波中任意一点均具有非零的自旋角动量的认知不一致。应该说, 这个问题至今为止并没有一个完全令人满意的答案。在 2.3 节介绍光学轨道和自旋角动量的矢量严格理论时, 我们将对这个问题做进一步的探讨。

最后, 对于椭圆偏振, 根据式 (2.1.30), 同样假设电磁场随着 ρ 的增大而下降得足够快, 则在任意与 z 轴垂直的平面内单位能量的自旋角动量为

$$\frac{S_z}{W} = -\frac{1}{\omega} 2\mathrm{Im} \left(n_\rho^* n_\varphi \right) = -\frac{1}{\omega} 2\mathrm{Im} \left(n_x^* n_y \right) \tag{2.1.34}$$

表明每个光子携带的平均自旋角动量由偏振的椭圆率决定。当光束为圆偏振时, 自旋角动量绝对值最大 (等于 $\hbar$); 当光束为线偏振时, 自旋角动量为零。

2.2 典型的 OAM 光束

本节主要介绍两种典型的携带轨道角动量的光束 (简称 OAM 光束), 即拉盖尔–高斯光束和贝塞尔光束。OAM 光束的种类很多, 但拉盖尔–高斯光束和贝塞尔光束对本书所阐述的光通信模分复用技术尤其重要, 因此本节专门讨论这两种 OAM 光束。

2.2.1　拉盖尔–高斯光束

拉盖尔–高斯光束是最早被研究的 OAM 光束 [3]，其电磁场分布满足近轴近似下的标量亥姆霍兹方程。这里有必要说明一下，2.1 节中标量电磁场的概念实际已经包含了近轴近似，但亥姆霍兹方程 (2.1.13) 本身并没有涉及近轴近似。

考虑总体沿 z 方向传播的电磁场 $U = u(x,y,z)\,\mathrm{e}^{-\mathrm{i}kz}$，将其代入亥姆霍兹方程 (2.1.13)，并根据近轴近似略去正比于 u 对 z 二次导数的项，即得近轴近似下的亥姆霍兹方程

$$\frac{\partial^2 u(x,y,z)}{\partial x^2} + \frac{\partial^2 u(x,y,z)}{\partial y^2} - 2\mathrm{i}ku(x,y,z) = 0 \tag{2.2.1}$$

拉盖尔–高斯光束是方程 (2.2.1) 在柱坐标系下的一组正交完备解，有时也称为拉盖尔–高斯模式。这里，正交性是指集合中任意两个不同模式的空间共轭重叠积分为零，而完备性指的是所有频率为 $\omega = kc$ 的近轴标量单色电磁波，即方程 (2.2.1) 的任意满足合理的物理边界条件的解所代表的电磁场 $u(x,y,z)\,\mathrm{e}^{-\mathrm{i}kz}$ 都能表示为拉盖尔–高斯模式的线性叠加。

拉盖尔–高斯模式的具体数学表达式为

$$\begin{aligned}
&u_{pm}(\rho,\varphi,z) \\
&= \sqrt{\frac{2p!}{\pi(p+|m|)!}}\frac{1}{w(z)}\left[\frac{\sqrt{2}\rho}{w(z)}\right]^{|m|}\exp\left(-\frac{\rho^2}{w^2(z)}\right)L_p^{|m|}\left(\frac{2\rho^2}{w^2(z)}\right)\exp(-\mathrm{i}m\varphi) \\
&\quad\times \exp\left(-\mathrm{i}\frac{k\rho^2 z}{2(z^2+z_{\mathrm{R}}^2)}\right)\exp\left\{\left[\mathrm{i}(2p+|m|+1)\arctan\left(\frac{z}{z_{\mathrm{R}}}\right)\right]\right\}
\end{aligned} \tag{2.2.2}$$

其中 $w(z) = w(0)\sqrt{1+z^2/z_{\mathrm{R}}^2}$，$w(0)$ 为束腰半径，z_{R} 为瑞利长度，$(2p+|m|+1)\arctan\left(\frac{z}{z_{\mathrm{R}}}\right)$ 为古伊相位，$L_p^{|m|}(x)$ 为由拉盖尔多项式 $L_{p+|m|}(x)$ 导出的连带拉盖尔多项式

$$L_p^{|m|}(x) = (-1)^{|m|}\frac{\mathrm{d}^{|m|}}{\mathrm{d}x^{|m|}}L_{p+|m|}(x) \tag{2.2.3}$$

u_{pm} 的下标中，$m = 0, \pm 1, \pm 2, \cdots$ 为方位角指标，根据 2.1.2 节的分析，m 代表该光束每个光子携带数值为 $m\hbar$ 的 OAM，而 $p = 0,1,2,\cdots$ 为径向指标，p 为横向平面内光强分布在径向上的节点个数。图 2-1 中给出了几个典型的拉盖尔–高斯光束的横向平面光强和相位分布图。

在第一篇研究 OAM 的文章中 [3]，Allen 等提出一个利用圆柱透镜产生拉盖尔–高斯光束的方法。将一束厄米–高斯光束垂直入射至圆柱透镜，调节厄米–高斯光束使其横向平面光场的对称轴与圆柱透镜轴线成 45°，并选取适当的透镜参

数，就能够使经过透镜的光场成为拉盖尔–高斯光束。其原理如图 2-2 所示，45°
的厄米–高斯光束可以分解为几个 0° 或者 90° 厄米–高斯光束的叠加，而这几个
厄米–高斯光束通过透镜的时候会积累不同的古伊相位；当透镜的参数设置恰好
能给出合适的相对相位时，这几个厄米–高斯光束会再次叠加，成为拉盖尔–高斯
光束。

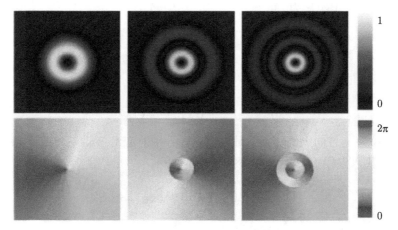

图 2-1　拉盖尔–高斯光束的归一化强度 (上) 和相位 (下) 横向平面分布图 [13]

从左到右分别为 u_{01}，u_{11} 和 u_{21}

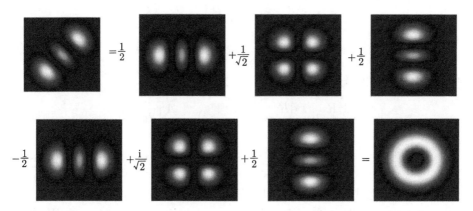

图 2-2　厄米–高斯光束透过圆柱透镜产生拉盖尔–高斯光束的原理图 [13]

2.2.2　贝塞尔光束

贝塞尔光束 [14-17] 是单色波麦克斯韦方程 (2.1.1) 在柱坐标下的分离变量解，
为典型的 OAM 光束。理想的贝塞尔光束是一种非衍射光束，不会随着传播而发
散。当然，理想的贝塞尔光束并不存在，因为其能量在任何一个横向平面上的积

分均为无穷大 (所有理想非衍射光束都有这个特点)。然而，近似的贝塞尔光束能够传播一段很长的距离而基本不发散，因此它的非衍射性有实际的意义。贝塞尔光束的 OAM 特性和非衍射性使其在光学及相关领域中得到广泛的应用。

我们先在这一节中研究标量波近似下的贝塞尔光束，而将单色波麦克斯韦方程 (2.1.1) 的严格矢量解所表示的矢量贝塞尔光束留至 2.3 节。在柱坐标系下，亥姆霍兹方程 (2.1.13) 化为

$$\frac{1}{\rho}\frac{\partial}{\partial\rho}\left(\rho\frac{\partial U}{\partial\rho}\right) + \frac{1}{\rho^2}\frac{\partial^2 U}{\partial\varphi^2} + \frac{\partial^2 U}{\partial z^2} + k^2 U = 0 \qquad (2.2.4)$$

考虑如下形式的分离变量解

$$U(\rho,\varphi,z) = u(\rho,\varphi)\exp(\mp\mathrm{i}\beta z) \qquad (2.2.5)$$

其中 $\beta \geqslant 0$ 为 z 方向上的传播常数，负正号分别对应沿 z 轴正向或反向传播。将式 (2.2.5) 代入方程 (2.2.4)，并注意到

$$\frac{\mathrm{d}^2}{\mathrm{d}z^2}\exp(\mp\mathrm{i}\beta z) = -\beta^2\exp(\mp\mathrm{i}\beta z) \qquad (2.2.6)$$

最终在方程两边消去 $\exp(\mp\mathrm{i}\beta z)$，得

$$\left[\frac{1}{\rho}\frac{\partial}{\partial\rho}\left(\rho\frac{\partial}{\partial\rho}\right) + \frac{1}{\rho^2}\frac{\partial^2}{\partial\varphi^2} + (k^2 - \beta^2)\right]u(\rho,\varphi) = 0 \qquad (2.2.7)$$

进一步将 $u(\rho,\varphi)$ 分离变量

$$u(\rho,\varphi) = R(\rho)\Phi(\varphi) \qquad (2.2.8)$$

并代入方程 (2.2.7)，导出 R 和 Φ 的本征方程

$$\frac{\mathrm{d}^2 R}{\mathrm{d}\rho^2} + \frac{1}{\rho}\frac{\mathrm{d}R}{\mathrm{d}\varphi} + \left[(k^2 - \beta^2) - \frac{\Lambda}{\rho^2}\right]R = 0 \qquad (2.2.9)$$

$$\frac{\mathrm{d}^2\Phi}{\mathrm{d}\varphi^2} + \Lambda\Phi = 0 \qquad (2.2.10)$$

若只做数学上的考虑，常数 Λ 可以取任意复数值，而 $\Phi(\varphi)$ 两个线性无关解为 $\exp(-\mathrm{i}m_\pm\varphi)$，$m_\pm$ 为 Λ 的两个平方根 $m_- = -m_+$。计及 $\Phi(\varphi)$ 的周期性物理条件

$$\Phi(\varphi + 2\pi) = \Phi(\varphi) \qquad (2.2.11)$$

则 $m_\pm$ 只能取整数，从而 Λ 的可能取值为 $m^2, m = 0, \pm 1, \pm 2, \cdots$，而整数 m 对应的解 $\Phi(\varphi)$ 为

$$\Phi(\varphi) = \exp(-\mathrm{i}m\varphi) \qquad (2.2.12)$$

将 $\Lambda = m^2$ 代入方程 (2.2.9)，得

$$\frac{\mathrm{d}^2 R}{\mathrm{d}\rho^2} + \frac{1}{\rho}\frac{\mathrm{d}R}{\mathrm{d}\rho} + \left[\left(k^2 - \beta^2\right) - \frac{m^2}{\rho^2}\right]R = 0 \tag{2.2.13}$$

当 $\beta^2 \leqslant k^2$，即 $0 \leqslant \beta \leqslant k$ 时，令

$$R\left(\rho\right) = \bar{R}\left(\mu\rho\right), \quad \mu = \sqrt{k^2 - \beta^2} \tag{2.2.14}$$

则式 (2.2.13) 可化为标准的贝塞尔方程

$$\frac{\mathrm{d}^2 \bar{R}\left(\rho\right)}{\mathrm{d}\rho^2} + \frac{1}{\rho}\frac{\mathrm{d}\bar{R}\left(\rho\right)}{\mathrm{d}\rho} + \left(1 - \frac{m^2}{\rho^2}\right)\bar{R}\left(\rho\right) = 0 \tag{2.2.15}$$

根据 2.4.1 节，方程 (2.2.15) 的两个线性无关解为第一类和第二类 m 阶贝塞尔函数 $J_m\left(\rho\right)$ 和 $Y_m\left(\rho\right)$。然而，$Y_m\left(\rho\right)$ 在原点 $\rho = 0$ 处发散，不能作为物理解。于是，方程 (2.2.15) 的解为

$$\bar{R}\left(\rho\right) = J_m\left(\rho\right) \tag{2.2.16}$$

并根据式 (2.2.14) 得到式 (2.2.13) 的解

$$R\left(\rho\right) = J_m\left(\mu\rho\right) \tag{2.2.17}$$

将式 (2.2.17) 和 (2.2.12) 代入式 (2.2.5) 和 (2.2.8) 即得亥姆霍兹方程在柱坐标下的分离变量解

$$U = B_{m,\mu}^{(\pm)}\left(\rho, \varphi, z\right) \equiv J_m\left(\mu\rho\right)\exp\left(-\mathrm{i}m\varphi\right)\exp\left(\mp\mathrm{i}\beta z\right)$$

$$m = 0, \pm 1, \pm 2, \cdots, \quad \mu = \left(k^2 - \beta^2\right)^{\frac{1}{2}}, \quad 0 \leqslant \beta \leqslant k \tag{2.2.18}$$

该解所表示的光束称为 m 阶 (标量) 贝塞尔光束，显然其强度 $\left(\propto |B_{m,\mu}\left(\rho, \varphi, z\right)|^2\right)$ 与 z 无关，即其横向平面的光强分布在传播过程中保持不变，满足无衍射特性。另一方面，根据 2.1 节的结论，m 阶贝塞尔光束的每个光子携带数值为 $m\hbar$ 的 OAM，为典型的涡旋光束。图 2-3 为 $m = 3, 4$ 两个贝塞尔光束的横向平面光强和相位分布图。从图中可以看到，对于非零 m，贝塞尔光束的光强在中心点为零，沿中心绕一圈相位变化 $2m\pi$，因此该中心点为 m 阶涡旋点。

式 (2.2.18) 中的贝塞尔光束是在 $\beta^2 \leqslant k^2$ 的条件下得到的。对于 $\beta^2 > k^2$ 的情形，R 的方程 (2.2.9) 可写成

$$\frac{\mathrm{d}^2 R}{\mathrm{d}\rho^2} + \frac{1}{\rho}\frac{\mathrm{d}R}{\mathrm{d}\rho} - \left[\tilde{\mu}^2 + \frac{m^2}{\rho^2}\right]R = 0$$

$$\tilde{\mu} = \sqrt{\beta^2 - k^2} \tag{2.2.19}$$

通过变换 $R(\rho) = \bar{R}(\mu\rho)$，上式可化为标准的变形贝塞尔方程

$$\frac{\mathrm{d}^2\bar{R}}{\mathrm{d}\rho^2} + \frac{1}{\rho}\frac{\mathrm{d}\bar{R}}{\mathrm{d}\rho} - \left(1 + \frac{m^2}{\rho^2}\right)\bar{R} = 0 \qquad (2.2.20)$$

根据 2.4.1 节，方程 (2.2.20) 的两个线性无关解为第一和第二类变形贝塞尔函数 $I_m(\rho)$ 和 $K_m(\rho)$，分别在无穷远处和零点处发散，均不能作为全空间的物理解。因此，对于 $\beta^2 > k^2$，不存在整个自由空间的光场。

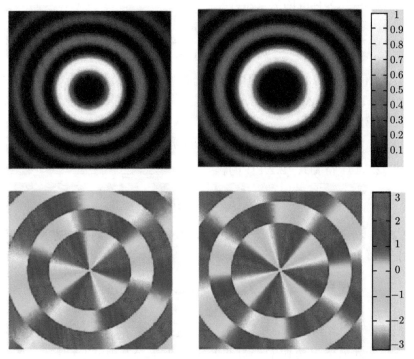

图 2-3　　$m = 3$(左) 和 $m = 4$(右) 的贝塞尔光束的归一化强度 (上) 和相位 (下) 的横向平面分布图 [16]

与拉盖尔–高斯光束类似,式 (2.2.18) 中的贝塞尔模式集构成亥姆霍兹方程 (2.2.4) 的一组正交完备基，方程 (2.2.4) 在全空间的任意物理解 (即频率为 $\omega = kc$ 的任意标量电磁波解) 均可展开成为式 (2.2.18) 中贝塞尔模式的叠加。值得注意的是，拉盖尔–高斯光束仅满足近轴近似下的亥姆霍兹方程 (2.2.1)，而贝塞尔光束满足严格的亥姆霍兹方程 (2.2.4)。不过，如 2.1 节所述，标量波近似一般只在近轴近似下成立，因此标量贝塞尔光束仍然属于近轴近似下的电磁场。在 2.3 节中，我们将研究矢量光场的严格贝塞尔函数解。

由于贝塞尔光场对本书的主要内容之一的 OAM 光纤模式理论极为重要，我

们在此详细地讨论标量贝塞尔光束的正交完备性。根据贝塞尔函数 $J_m(\mu\rho)$ 和 2π-周期函数 $\exp(-im\varphi)$ 的正交完备关系，即 2.4.1 节中方程 (2.4.27) 和 (2.4.28)，以及

$$
\begin{aligned}
&\frac{1}{2\pi}\int_{\varphi_0}^{\varphi_0+2\pi}\mathrm{d}\varphi\exp\left[-\mathrm{i}\left(m-m'\right)\varphi\right]=\delta_{mm'}\\
&\frac{1}{2\pi}\sum_{m=0,\pm1,\pm2,\cdots}\exp\left[-\mathrm{i}m\left(\varphi-\varphi'\right)\right]=\delta\left(\varphi-\varphi'\right)\\
&\varphi_0\leqslant\varphi,\quad\varphi'\leqslant\varphi_0+2\pi,\quad\varphi_0\text{ 为任意给定实数}
\end{aligned}
\tag{2.2.21}
$$

容易得出 $J_m(\mu\rho)\mathrm{e}^{-im\varphi}$ 的正交完备关系

$$
\begin{aligned}
&\frac{1}{2\pi}\int_{\varphi_0}^{\varphi_0+2\pi}\mathrm{d}\varphi\int_0^\infty\mathrm{d}\rho\rho\left[J_m(\mu\rho)\mathrm{e}^{-im\varphi}\right]^*\left[J_{m'}\left(\mu'\rho\right)\mathrm{e}^{-im'\varphi}\right]\\
&=\frac{1}{\mu}\delta\left(\mu-\mu'\right)\delta_{mm'},\quad\varphi_0\leqslant\varphi,\varphi'\leqslant\varphi_0+2\pi
\end{aligned}
\tag{2.2.22}
$$

$$
\begin{aligned}
&\frac{1}{2\pi}\sum_{m=0,\pm1,\pm2,\cdots}\int_0^\infty\mathrm{d}\mu\mu\left[J_m(\mu\rho)\mathrm{e}^{-im\varphi}\right]^*\left[J_m\left(\mu\rho'\right)\mathrm{e}^{im\varphi'}\right]\\
&=\frac{1}{\rho}\delta\left(\rho-\rho'\right)\delta\left(\varphi-\varphi'\right),
\end{aligned}
\tag{2.2.23}
$$

进一步由式 (2.2.22) 能够证明式 (2.2.18) 中的贝塞尔光束 $B_{m,\mu}^{(\pm)}(\rho,\varphi,z)$ 相互正交

$$
\begin{aligned}
&\frac{1}{2\pi L}\int_{-\frac{L}{2}}^{\frac{L}{2}}\mathrm{d}z\int_0^{2\pi}\mathrm{d}\varphi\int_0^\infty\mathrm{d}\rho\rho B_{m,\mu}^{(\tau)*}\left(\rho,\varphi,z\right)B_{m',\mu'}^{(\tau')}\left(\rho,\varphi,z\right)\\
&=\frac{1}{\mu}\delta\left(\mu-\mu'\right)\delta_{mm'}\delta_{\tau\tau'}
\end{aligned}
\tag{2.2.24}
$$

其中 $\tau,\tau'=$ "+" 或 "−"，且对变量 z 的函数 $\exp(\mp\mathrm{i}\beta z)$ 采用了 "箱归一化"，即在足够大 (无穷大) 的归一化长度 L 上要求周期边界条件

$$
\exp\left(\pm\mathrm{i}\beta\frac{L}{2}\right)=\exp\left(\mp\mathrm{i}\beta\frac{L}{2}\right)
\tag{2.2.25}
$$

另一方面，如 2.4.2 节中所述，$J_m(\mu\rho)\mathrm{e}^{-im\varphi}$ 的完备性 (2.2.23) 保证了 $B_{m,\mu}^{(\pm)}(\rho,\varphi,z)$ 构成整个自由空间中角频率为 $\omega=ck$ 的单色标量光场的一组完备基，即标量亥姆霍兹方程 (2.2.4) 的任意物理解 $U(\rho,\varphi,z)$ 均可展开为

$$
U(\rho,\varphi,z)
$$

$$= \sum_{m=-\infty}^{\infty} \int_0^k \mathrm{d}\mu \mu a_m^{(+)}(\mu) \, B_{m,\mu}^{(+)}(\rho,\varphi,z) + \sum_{m=-\infty}^{\infty} \int_0^k \mathrm{d}\mu \mu a_m^{(-)}(\mu) \, B_{m,\mu}^{(-)}(\rho,\varphi,z)$$

$$(2.2.26)$$

我们通常把式 (2.2.26) 称为贝塞尔光束的完备性。实际上，贝塞尔光束的正交完备性的证明过程显示，式 (2.2.24) 和 (2.2.26) 直接源于横向平面坐标函数 $J_m(\mu\rho)\mathrm{e}^{-\mathrm{i}m\varphi}$ 的正交完备关系式 (2.2.22) 和 (2.2.23)，因此通常也把式 (2.2.22) 和 (2.2.23) 当作贝塞尔光束的正交完备性。

根据 2.4.3 节中方程 (2.4.40)，可以将式 (2.2.18) 贝塞尔光场的横向平面坐标的函数用角频谱积分来表示

$$J_m(\mu\rho) \exp(-\mathrm{i}m\varphi)$$

$$= \frac{1}{2\pi} \int_0^{2\pi} \mathrm{d}\theta \exp\left[-\mathrm{i}m\left(\theta - \frac{\pi}{2}\right)\right] \exp\left[-\mathrm{i}\mu\rho\left(\cos\theta\cos\varphi + \sin\theta\sin\varphi\right)\right] \quad (2.2.27)$$

这实际上是贝塞尔光束在柱坐标下的平面波展开

$$B_{m,\mu}^{(\pm)}(\rho,\varphi,z)$$

$$= J_m(\mu\rho) \exp(-\mathrm{i}m\beta) \exp(\mp\mathrm{i}\beta z)$$

$$= \frac{1}{2\pi} \int_0^{2\pi} \mathrm{d}\theta \mathrm{e}^{-\mathrm{i}m\left(\theta - \frac{\pi}{2}\right)} \exp\left[-\mathrm{i}\mu\rho\left(\cos\theta\cos\varphi + \sin\theta\sin\varphi\right) \mp \mathrm{i}\sqrt{k^2 - \mu^2}\, z\right]$$

$$= \frac{1}{2\pi} \int_0^{2\pi} \mathrm{d}\theta \int_0^{\infty} \mathrm{d}q q \frac{\delta(q - \mu)}{\mu} \mathrm{e}^{-\mathrm{i}m\left(\theta - \frac{\pi}{2}\right)}$$

$$\times \exp\left[-\mathrm{i}q\rho\left(\cos\theta\cos\varphi + \sin\theta\sin\varphi\right) \mp \mathrm{i}\sqrt{k^2 - q^2}\, z\right] \quad (2.2.28)$$

其中 $\dfrac{\delta(q - \mu)}{\mu}\mathrm{e}^{-\mathrm{i}m\left(\theta - \frac{\pi}{2}\right)}$ 是波矢为 $\left(q\cos\theta, q\sin\theta, \pm\sqrt{k^2 - q^2}\right)$ 的平面波组分的振幅，q 和 $\sqrt{k^2 - q^2}$ 分别为波矢的横向及纵向分量的大小，θ 为波矢的方位角。以上振幅表达式中的 δ 函数表明，只有波矢横向分量大小为 μ、纵向分量大小为 $\beta = \sqrt{k^2 - \mu^2}$ 的平面波组分的振幅才不为零，因此贝塞尔光束所有组分平面波的波矢都位于一个以 z 轴为轴线、锥角为 $\vartheta_0 = \arctan\dfrac{\mu}{\beta}$ 的圆锥面上。事实上，这个结论不仅适用于贝塞尔光束，而且对亥姆霍兹方程 (2.1.13) 的所有形如

$$U(x,y,z) = u(x,y) \exp(\mp\mathrm{i}\beta z) \quad (2.2.29)$$

的非衍射光束解 (如 Mathieu 光束) 均成立，即横向平面坐标函数 $u(x,y)$ 能够用角频谱的积分来表示

$$u(x,y) = \int_0^{2\pi} \mathrm{d}\theta A(\theta) \exp\left[-\mathrm{i}\mu\left(x\cos\theta + y\sin\theta\right)\right]$$

$$\mu = \sqrt{k^2 - \beta^2} \quad (2.2.30)$$

而整个光场函数 $U(x, y, z)$ 的平面波展开为

$$U(x, y, z)$$
$$= \int_0^{2\pi} d\theta \int_0^{\infty} dq q \frac{\delta(q - \mu)}{\mu} A(\theta) \exp\left[-iq(x \cos\theta + y \sin\varphi) \mp i\sqrt{k^2 - q^2} z\right]$$

$$(2.2.31)$$

这里，我们将普通空间位置用直角坐标表示，若转换至圆柱坐标系中，即可得到和式 (2.2.28) 类似的积分形式。式 (2.2.31) 平面波展开中 δ 函数的形式和贝塞尔光束中完全一样，同样说明所有组分平面波的波矢矢量都位于一个以 z 轴为轴线、锥角为 $\vartheta_0 = \arctan\frac{\mu}{\beta}$ 的圆锥面上。显然，对于贝塞尔光束，有

$$A(\theta) = \frac{1}{2\pi} \exp\left[-im\left(\theta - \frac{\pi}{2}\right)\right] \qquad (2.2.32)$$

原则上，各阶贝塞尔光束都能够通过"螺旋相位板-环缝-透镜"系统产生。实验装置如图 2-4 所示，一个环缝 (半径为 R) 的衍射屏左边紧靠着一个螺旋相位板 (相位阶跃为 $2m\pi$)，衍射屏右边距离 f 处放置一个薄凸透镜，f 为透镜的焦距。一束平面波从螺旋相位板左边垂直入射，在透镜右边产生 m 阶贝塞尔光束。该装置是原本用于产生零阶贝塞尔光束的装置 [18] 的推广 (增加了螺旋相位板)，其机制详述如下。由菲涅耳衍射公式，对于自左向右传播的单色波，紧靠透镜左边的横向平面 ($z = f^-$，横向直角坐标 η, ξ) 和紧靠衍射屏右边的横向平面 ($z = 0^+$，横向直角坐标 x, y) 的光场之间通过以下积分变换联系：

$$U(x, y, z = f^-)$$
$$= -\frac{ke^{-ikf}}{i2\pi f} e^{-i\frac{k}{2f}(x^2 + y^2)} \int\int d\xi d\eta U(\xi, \eta, z = 0^+) e^{-i\frac{k}{2f}(\xi^2 + \eta^2)} e^{i\frac{k}{f}(x\xi + y\eta)}$$

$$(2.2.33)$$

计入薄凸透镜的传输函数

$$T(x, y) = \exp\left[i\frac{k}{2f}(x^2 + y^2)\right] \qquad (2.2.34)$$

即可得到紧靠透镜右边横向平面 ($z = f^+$，横向直角坐标 x, y) 的光场分布

$$U(x, y, z = f^+)$$
$$= -\frac{ke^{-ikf}}{i2\pi f} \int\int d\xi d\eta U(\xi, \eta, z = 0^+) e^{-i\frac{k}{2f}(\xi^2 + \eta^2)} e^{i\frac{k}{f}(x\xi + y\eta)} \qquad (2.2.35)$$

或在圆柱坐标系中写为

$$U\left(\rho, \varphi, z = f^+\right)$$
$$= -\frac{k e^{-ikf}}{i2\pi f} \int_0^{2\pi} \mathrm{d}\theta \int_0^\infty \mathrm{d}\mu\mu U\left(\mu, \theta, z = 0^+\right) e^{-i\frac{k}{2f}\mu^2} e^{i\frac{k}{f}\mu\rho(\cos\varphi\cos\theta + \sin\varphi\sin\theta)}$$

$$(2.2.36)$$

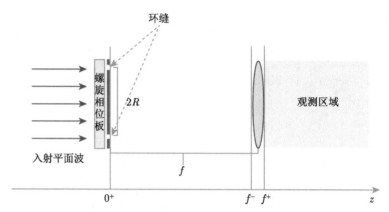

图 2-4　　产生贝塞尔光束的螺旋相位板–环缝–透镜装置示意图 [16]

取一束平面波自左向右垂直入射至螺旋相位板上，则有

$$U\left(\rho, \varphi, z = 0^+\right) = \frac{U_0}{R}\delta\left(\mu - R\right)\exp\left(-im\theta\right) \tag{2.2.37}$$

其中 U_0 为反映入射光强度的常数，δ 函数描述无限窄的环形狭缝，而 e 指数表征螺旋相位板的作用。将式 (2.2.37) 代入式 (2.2.36) 得到

$$U\left(\rho, \varphi, z = f^+\right)$$
$$= -\frac{U_0 k e^{-ik\left(f + \frac{R^2}{2f}\right)}}{i2\pi f} \int_0^{2\pi} \mathrm{d}\theta \exp\left(-im\theta\right) \exp\left(i\frac{k}{f}R\rho\left(\cos\varphi\cos\theta + \sin\varphi\sin\theta\right)\right)$$

$$(2.2.38)$$

应用 2.4 节中的式 (2.4.40) 可得式 (2.2.38) 中积分的解析解

$$U\left(\rho, \varphi, z = f^+\right) = C_m J_m\left(\frac{kR}{f}\rho\right)\exp\left(-im\varphi\right) \tag{2.2.39}$$

其中 $C_m = -i^{m-1}\dfrac{U_0 k}{f} e^{-ik\left(f + \frac{R^2}{2f}\right)}$。于是，在透镜右边 $(z > f)$，光场为向右传播的 m 阶贝塞尔光束 (见 2.4.2 节中方程 (2.4.38) 和 (2.4.39))

$$U\left(\rho,\varphi,z>f\right)=C_m\mathrm{e}^{\mathrm{i}\beta_R f}J_m\left(\mu_R\rho\right)\exp\left(-\mathrm{i}m\varphi\right)\exp\left(-\mathrm{i}\beta_R z\right)$$

$$\mu_R=\frac{kR}{f},\quad \beta_R=\sqrt{k^2-\mu_R^2} \tag{2.2.40}$$

这里已经假设 $R<f$，从而 β_R 为实数，相应的贝塞尔光场为行波。如果 $R>f$，则 β_R 为虚数，对应倏逝波贝塞尔光束 [16]。

以上分析的是理想的情形，其中假定了环缝的宽度为零 (因此入射光的强度必须为无穷大，产生的贝塞尔光束强度才不为零)，而且薄透镜的横向半径为无穷大。这两个假设显然是不现实的，但原则上，只要缝宽足够小而薄透镜的横向半径足够大，就能实现一束传播相当长距离而大致不发散的近似贝塞尔光束。

对于以上螺旋相位板-环缝-透镜系统产生贝塞尔光束的机制，可以根据光线的几何结构并结合贝塞尔光束的角频谱表示式 (2.2.27) 和 (2.2.28) 加以直观说明。由于衍射屏在薄凸透镜的焦平面上，因此由环缝发出的光线经过透镜后其传播方向与 z 轴成固定的夹角，表明透镜右边光场的所有组分平面波波矢处在一个以 z 轴为轴线的圆锥面上，而相位板刚好提供了式 (2.2.27) 和 (2.2.28) 中这些具有不同方向波矢的平面波的相位与方位角的依赖关系 $\exp\left(-\mathrm{i}m\theta\right)$，从而产生所需要的贝塞尔光束。同时，由几何分析，也可以算出在透镜的横向半径 a 有限的情况下，近似的贝塞尔光束能够传播多长的距离而大致不发散。图 2-4 中，当透镜右边从环缝各点过来的光线在空间不再重叠时，贝塞尔光束将崩塌，这大致发生在图中透镜右边距离 $z_{\max}=\dfrac{a}{R}f$ 处，这距离一般被称作 "最大准直距离"。

实际上，产生贝塞尔光束的方法很多，以上 "螺旋相位板–环缝–透镜" 法的优点是比较直观地反映了贝塞尔光束角频谱的关键特征，因此对贝塞尔光束的研究有重要的理论意义。

2.3 光学 OAM 的矢量场理论

本节我们研究矢量贝塞尔光束，即单色波麦克斯韦方程组 (2.1.1) 在柱坐标下分离变量的严格解 [19]。在近轴近似下，光场可以在全空间有相同的偏振，因此能够使用标量波近似。然而，即便是近轴近似，也存在偏振随空间明显变化的情形，因此有必要讨论严格的矢量光场解。在后面的章节中，将把这里对自由空间中矢量贝塞尔光束的处理方法推广至光纤的模式理论中。

2.3.1 柱坐标下麦克斯韦方程组的贝塞尔解

考虑沿 z 轴正向传播的单色波 $\boldsymbol{E}\left(\rho,\varphi\right)\mathrm{e}^{-\mathrm{i}\beta z}$ 与 $\boldsymbol{H}\left(\rho,\varphi\right)\mathrm{e}^{-\mathrm{i}\beta z}$(沿 z 轴反向传播的情况可类似处理)，将其代入自由空间中单色波的麦克斯韦方程组 (2.1.1)，

并在柱坐标系中写出六个分量方程

$$\frac{1}{\rho}\frac{\partial E_z\left(\rho,\varphi\right)}{\partial\varphi}+\mathrm{i}\beta E_\varphi\left(\rho,\varphi\right)=-\mathrm{i}\omega\mu_0 H_\rho\left(\rho,\varphi\right) \tag{2.3.1}$$

$$-\mathrm{i}\beta E_\rho\left(\rho,\varphi\right)-\frac{\partial E_z\left(\rho,\varphi\right)}{\partial\rho}=-\mathrm{i}\omega\mu_0 H_\varphi\left(\rho,\varphi\right) \tag{2.3.2}$$

$$\frac{1}{\rho}E_\varphi\left(\rho,\varphi\right)+\frac{\partial E_\varphi\left(\rho,\varphi\right)}{\partial\rho}-\frac{1}{\rho}\frac{\partial E_\rho\left(\rho,\varphi\right)}{\partial\varphi}=-\mathrm{i}\omega\mu_0 H_z\left(\rho,\varphi\right) \tag{2.3.3}$$

$$\frac{1}{\rho}\frac{\partial H_z\left(\rho,\varphi\right)}{\partial\varphi}+\mathrm{i}\beta H_\varphi\left(\rho,\varphi\right)=\mathrm{i}\omega\varepsilon_0 E_\rho\left(\rho,\varphi\right) \tag{2.3.4}$$

$$-\mathrm{i}\beta H_\rho\left(\rho,\varphi\right)-\frac{\partial H_z\left(\rho,\varphi\right)}{\partial\rho}=\mathrm{i}\omega\varepsilon_0 E_\varphi\left(\rho,\varphi\right) \tag{2.3.5}$$

$$\frac{1}{\rho}H_\varphi\left(\rho,\varphi\right)+\frac{\partial H_\varphi\left(\rho,\varphi\right)}{\partial\rho}-\frac{1}{\rho}\frac{\partial H_\rho\left(\rho,\varphi\right)}{\partial\varphi}=\mathrm{i}\omega\varepsilon_0 E_z\left(\rho,\varphi\right) \tag{2.3.6}$$

其中，为了让方程形式上更对称，我们用磁场强度 $\boldsymbol{H}=\mu_0^{-1}\boldsymbol{B}$ 代替磁感应强度 $\boldsymbol{B}$，而且在推导过程中应用了 $\dfrac{\mathrm{d}}{\mathrm{d}z}\exp\left(-\mathrm{i}\beta z\right)=-\mathrm{i}\beta\exp\left(-\mathrm{i}\beta z\right)$，并最终在所有方程两边消去 $\exp\left(-\mathrm{i}\beta z\right)$。这里 ε_0 和 μ_0 分别是真空介电常数和真空磁导率，它们和真空中光速 c 的关系是 $\varepsilon_0\mu_0=\dfrac{1}{c^2}$。

将方程 (2.3.1) 和 (2.3.5) 联立，方程 (2.3.2) 和 (2.3.4) 联立，分别通过消元法可得

$$E_\rho\left(\rho,\varphi\right)=-\frac{\mathrm{i}}{\sigma^2}\left(\beta\frac{\partial E_z\left(\rho,\varphi\right)}{\partial\rho}+\frac{\mu_0\omega}{\rho}\frac{\partial H_z\left(\rho,\varphi\right)}{\partial\varphi}\right) \tag{2.3.7}$$

$$E_\varphi\left(\rho,\varphi\right)=-\frac{\mathrm{i}}{\sigma^2}\left(\frac{\beta}{\rho}\frac{\partial E_z\left(\rho,\varphi\right)}{\partial\varphi}-\mu_0\omega\frac{\partial H_z\left(\rho,\varphi\right)}{\partial\rho}\right) \tag{2.3.8}$$

$$H_\rho\left(\rho,\varphi\right)=-\frac{\mathrm{i}}{\sigma^2}\left(-\frac{\omega\varepsilon_0}{\rho}\frac{\partial E_z\left(\rho,\varphi\right)}{\partial\varphi}+\beta\frac{\partial H_z\left(\rho,\varphi\right)}{\partial\rho}\right) \tag{2.3.9}$$

$$H_\varphi\left(\rho,\varphi\right)=-\frac{\mathrm{i}}{\sigma^2}\left(\omega\varepsilon_0\frac{\partial E_z\left(\rho,\varphi\right)}{\partial\rho}+\frac{\beta}{\rho}\frac{\partial H_z\left(\rho,\varphi\right)}{\partial\varphi}\right) \tag{2.3.10}$$

其中

$$\sigma=\sqrt{k^2-\beta^2},\quad k=\frac{\omega}{c} \tag{2.3.11}$$

然后，将方程 (2.3.7) 和 (2.3.8) 代入式 (2.3.3)，方程 (2.3.9) 和 (2.3.10) 代入式 (2.3.6)，得到

$$\left[\frac{1}{\rho}\frac{\partial}{\partial\rho}\left(\rho\frac{\partial}{\partial\rho}\right)+\frac{1}{\rho^2}\frac{\partial^2}{\partial\varphi^2}+\sigma^2\right]E_z\left(\rho,\varphi\right)=0 \tag{2.3.12}$$

$$\left[\frac{1}{\rho}\frac{\partial}{\partial\rho}\left(\rho\frac{\partial}{\partial\rho}\right) + \frac{1}{\rho^2}\frac{\partial^2}{\partial\varphi^2} + \sigma^2\right] H_z\left(\rho,\varphi\right) = 0 \qquad (2.3.13)$$

由式 (2.3.7)～(2.3.10) 可以看出，电磁场的横向分量 E_ρ、E_φ、H_ρ 与 H_φ 完全由纵向分量 E_z 与 H_z 决定，因此一旦确定了 E_z 与 H_z 的函数形式，整个电磁场便完全确定了。同时，式 (2.3.12) 和 (2.3.13) 表明，E_z 与 H_z 分别满足和标量贝塞尔光束同样的方程 (2.2.7)。基于和标量贝塞尔光束相同的分析，E_z 与 H_z 的解为

$$E_z\left(\rho,\varphi\right) \propto J_m\left(\sigma\rho\right)\exp\left(-\mathrm{i}m\varphi\right) \qquad (2.3.14)$$

$$H_z\left(\rho,\varphi\right) \propto J_m\left(\sigma\rho\right)\exp\left(-\mathrm{i}m\varphi\right) \qquad (2.3.15)$$

其中要求 $\sigma = \sqrt{k^2 - \beta^2}$ 为实数，即 $0 \leqslant \beta \leqslant k$。方程 (2.3.7)～(2.3.15) 所确定的电磁波解是单色波麦克斯韦方程组 (2.1.1) 的严格矢量场解，它所代表的光场称为矢量贝塞尔光束，是标量贝塞尔光束的推广，或者反过来，标量贝塞尔光束是矢量贝塞尔光束在近轴条件下的一种近似。

由于方程 (2.3.7)～(2.3.13) 为线性方程，因此其所有解均可分解为 $E_z = 0$，$H_z \neq 0$ 的横电 (TE) 波和 $E_z \neq 0, H_z = 0$ 的横磁 (TM) 波。因为纵向分量的电场和磁场中有一个为零，所以 TE 和 TM 矢量贝塞尔光束有相对比较简单的形式。接下来我们分别讨论这两种矢量贝塞尔光束。

将 $E_z = 0$ 和 $H_z = J_m\left(\sigma\rho\right)\mathrm{e}^{-\mathrm{i}m\varphi}$ (式 (2.3.15)) 代入方程 (2.3.7)～(2.3.10) 中，可得 TE 贝塞尔光束的电磁场横向分量

$$E_\rho^{(\mathrm{TE})}\left(\rho,\varphi\right) = -\frac{\mu_0\omega}{2\sigma}\left[J_{m-1}\left(\sigma\rho\right) + J_{m+1}\left(\sigma\rho\right)\right]\exp\left(-\mathrm{i}m\varphi\right) \qquad (2.3.16)$$

$$E_\varphi^{(\mathrm{TE})}\left(\rho,\varphi\right) = \frac{\mathrm{i}\mu_0\omega}{2\sigma}\left[J_{m-1}\left(\sigma\rho\right) - J_{m+1}\left(\sigma\rho\right)\right]\exp\left(-\mathrm{i}m\varphi\right) \qquad (2.3.17)$$

$$H_\rho^{(\mathrm{TE})}\left(\rho,\varphi\right) = -\frac{\mathrm{i}\beta}{2\sigma}\left[J_{m-1}\left(\sigma\rho\right) - J_{m+1}\left(\sigma\rho\right)\right]\exp\left(-\mathrm{i}m\varphi\right) \qquad (2.3.18)$$

$$H_\varphi^{(\mathrm{TE})}\left(\rho,\varphi\right) = -\frac{\beta}{2\sigma}\left[J_{m-1}\left(\sigma\rho\right) + J_{m+1}\left(\sigma\rho\right)\right]\exp\left(-\mathrm{i}m\varphi\right) \qquad (2.3.19)$$

其中，用到了贝塞尔函数的递推关系 (见 2.4 节中公式 (2.4.19))

$$\begin{aligned}
\frac{2m}{x}J_m\left(x\right) &= J_{m-1}\left(x\right) + J_{m+1}\left(x\right) \\
\frac{\mathrm{d}}{\mathrm{d}x}J_m\left(x\right) &= \frac{1}{2}\left[J_{m-1}\left(x\right) - J_{m+1}\left(x\right)\right]
\end{aligned} \qquad (2.3.20)$$

结合 $E_z = 0$ 和式 (2.3.16)、(2.3.17) 可以将 TE 波的电场强度矢量表示为

$$\boldsymbol{E}^{(\mathrm{TE})}\left(\rho,\varphi\right)$$

$$= E_\rho^{(\mathrm{TE})}(\rho,\varphi)\,\boldsymbol{e}_\rho + E_\varphi^{(\mathrm{TE})}(\rho,\varphi)\,\boldsymbol{e}_\varphi + E_z^{(\mathrm{TE})}(\rho,\varphi)\,\boldsymbol{e}_z$$

$$= -\frac{\mu_0\omega}{\sqrt{2}\sigma}J_{m+1}(\sigma\rho)\exp\left[-\mathrm{i}(m+1)\varphi\right]\boldsymbol{e}_+ - \frac{\mu_0\omega}{\sqrt{2}\sigma}J_{m-1}(\sigma\rho)\exp\left[-\mathrm{i}(m-1)\varphi\right]\boldsymbol{e}_-$$

$$(2.3.21)$$

其中

$$\boldsymbol{e}_\pm = \frac{\boldsymbol{e}_x \pm \mathrm{i}\boldsymbol{e}_y}{\sqrt{2}} \tag{2.3.22}$$

分别代表左旋 (+) 和右旋 (−) 圆偏振, 且在第二步中应用了圆柱坐标系与直角坐标系的坐标变换关系

$$\begin{aligned}
\boldsymbol{e}_\rho &= \cos\varphi\boldsymbol{e}_x + \sin\varphi\boldsymbol{e}_y \\
\boldsymbol{e}_\varphi &= -\sin\varphi\boldsymbol{e}_x + \cos\varphi\boldsymbol{e}_y
\end{aligned} \quad \Leftrightarrow \quad \begin{aligned}
\boldsymbol{e}_x &= \cos\varphi\boldsymbol{e}_\rho - \sin\varphi\boldsymbol{e}_\varphi \\
\boldsymbol{e}_y &= \sin\varphi\boldsymbol{e}_\rho + \cos\varphi\boldsymbol{e}_\varphi
\end{aligned} \tag{2.3.23}$$

同理, 结合 $H_z = J_m(\sigma\rho)\mathrm{e}^{-\mathrm{i}m\varphi}$ 和式 (2.3.18)~(2.3.19) 可以将 TE 波的磁场强度矢量表示为

$$\boldsymbol{H}^{(\mathrm{TE})}(\rho,\varphi)$$

$$= H_\rho^{(\mathrm{TE})}(\rho,\varphi)\,\boldsymbol{e}_\rho + H_\varphi^{(\mathrm{TE})}(\rho,\varphi)\,\boldsymbol{e}_\varphi + H_z^{(\mathrm{TE})}(\rho,\varphi)\,\boldsymbol{e}_z$$

$$= \frac{\mathrm{i}\beta}{\sqrt{2}\sigma}J_{m+1}(\sigma\rho)\exp\left[-\mathrm{i}(m+1)\varphi\right]\boldsymbol{e}_+ - \frac{\mathrm{i}\beta}{\sqrt{2}\sigma}J_{m-1}(\sigma\rho)\exp\left[-\mathrm{i}(m-1)\varphi\right]\boldsymbol{e}_-$$

$$+ J_m(\sigma\rho)\exp\left(-\mathrm{i}m\varphi\right)\boldsymbol{e}_z \tag{2.3.24}$$

当 $\beta \approx k$(近轴条件) 时, $\sigma = \sqrt{k^2 - \beta^2} \ll \beta$, 总体上有 $|H_z| \ll |H_{\rho,\varphi}|$, 这种情况下, 能量主要来自电磁场的横向分量。

类似地, 结合 $H_z = 0$, $E_z = J_m(\sigma\rho)\mathrm{e}^{-\mathrm{i}m\varphi}$ (式 (2.3.14)) 和方程 (2.3.17)~(2.3.10), 可以推出 TM 贝塞尔光束电磁场的各横向分量为

$$E_\rho^{(\mathrm{TM})}(\rho,\varphi) = -\frac{\mathrm{i}\beta}{2\sigma}\left[J_{m-1}(\sigma\rho) - J_{m+1}(\sigma\rho)\right]\exp\left(-\mathrm{i}m\varphi\right) \tag{2.3.25}$$

$$E_\varphi^{(\mathrm{TM})}(\rho,\varphi) = -\frac{\beta}{2\sigma}\left[J_{m-1}(\sigma\rho) + J_{m+1}(\sigma\rho)\right]\exp\left(-\mathrm{i}m\varphi\right) \tag{2.3.26}$$

$$H_\rho^{(\mathrm{TM})}(\rho,\varphi) = \frac{\omega\varepsilon_0}{2\sigma}\left[J_{m-1}(\sigma\rho) + J_{m+1}(\sigma\rho)\right]\exp\left(-\mathrm{i}m\varphi\right) \tag{2.3.27}$$

$$H_\varphi^{(\mathrm{TM})}(\rho,\varphi) = -\frac{i\omega\varepsilon_0}{2\sigma}\left[J_{m-1}(\sigma\rho) - J_{m+1}(\sigma\rho)\right]\exp\left(-\mathrm{i}m\varphi\right) \tag{2.3.28}$$

以及电场和磁场强度的矢量形式

$$\boldsymbol{E}^{(\mathrm{TM})}(\rho,\varphi)$$

$$= E_\rho^{(\mathrm{TM})}(\rho,\varphi)\,\boldsymbol{e}_\rho + E_\varphi^{(\mathrm{TM})}(\rho,\varphi)\,\boldsymbol{e}_\varphi + E_z^{(\mathrm{TM})}(\rho,\varphi)\,\boldsymbol{e}_z$$

$$= \frac{\mathrm{i}\beta}{\sqrt{2}\sigma} J_{m+1}(\sigma\rho)\exp\left[-\mathrm{i}(m+1)\varphi\right]\boldsymbol{e}_+ - \frac{\mathrm{i}\beta}{\sqrt{2}\sigma} J_{m-1}(\sigma\rho)\exp\left[-\mathrm{i}(m-1)\varphi\right]\boldsymbol{e}_-$$

$$+ J_m(\sigma\rho)\exp\left(-\mathrm{i}m\varphi\right)\boldsymbol{e}_z \tag{2.3.29}$$

$$\boldsymbol{H}^{(\mathrm{TM})}(\rho,\varphi)$$

$$= H_\rho^{(\mathrm{TM})}\boldsymbol{e}_\rho + H_\varphi^{(\mathrm{TM})}\boldsymbol{e}_\varphi + H_z^{(\mathrm{TM})}\boldsymbol{e}_z$$

$$= \frac{\omega\varepsilon_0}{\sqrt{2}\sigma} J_{m+1}(\sigma\rho)\exp\left[-\mathrm{i}(m+1)\varphi\right]\boldsymbol{e}_+ + \frac{\omega\varepsilon_0}{\sqrt{2}\sigma} J_{m-1}(\sigma\rho)\exp\left[-\mathrm{i}(m-1)\varphi\right]\boldsymbol{e}_-$$

$$\tag{2.3.30}$$

由式 (2.3.21)，(2.3.24)，(2.3.29) 及 (2.3.30) 可知，无论是 TE 模式还是 TM 模式，电磁场的横向分量均为函数 $\mathrm{e}^{-\mathrm{i}(m\pm1)\varphi}$ 和单位矢量 $\boldsymbol{e}_\pm$ 乘积的不同组合之和，且电场 (TM) 或磁场 (TE) 的 z 分量正比于函数 $\mathrm{e}^{-\mathrm{i}m\varphi}$。根据 2.1 节的电磁场的角动量理论可以大致推知 TE 波和 TM 波都包含具有不同 OAM 与自旋角动量的光子。当然，2.1 节中的结果只适用于标量电磁波，若要定量地研究矢量贝塞尔光束的轨道和自旋角动量，则需要建立更严格的光学角动量理论 (见 2.3.2 节)。尽管如此，标量电磁波的角动量理论在直观、定性的讨论中仍然是有意义的。

为了得到更接近 OAM 和自旋角动量的本征态 (尽量减少不同的 $\mathrm{e}^{-\mathrm{i}(m\pm1)\varphi}\boldsymbol{e}_\pm$ 组合)，比较自然的想法是将 TE 波与 TM 波作线性叠加，形成电场强度矢量 $\boldsymbol{E}$ 只包含左旋 $\boldsymbol{e}_+$ 或右旋 $\boldsymbol{e}_-$ 偏振的两个独立模式 (以下用下标 $\pm$ 来表示)，即令

$$\boldsymbol{E}^{(\pm)}(\rho,\varphi) = \boldsymbol{E}^{(\mathrm{TM})}(\rho,\varphi) + \alpha_\pm \boldsymbol{E}^{(\mathrm{TE})}(\rho,\varphi)$$
$$\boldsymbol{H}^{(\pm)}(\rho,\varphi) = \boldsymbol{H}^{(\mathrm{TM})}(\rho,\varphi) + \alpha_\pm \boldsymbol{H}^{(\mathrm{TE})}(\rho,\varphi) \tag{2.3.31}$$

选取适当的 $\alpha_\pm$，使得 $\boldsymbol{E}^{(\pm)}$ 只包含关于 $\boldsymbol{e}_\pm$ 的项。将式 (2.3.21)，(2.3.24)，(2.3.29) 及 (2.3.30) 代入，即可求得 $\alpha_\pm = \mp\dfrac{\mathrm{i}\beta}{\mu_0\omega}$，从而有

$$\boldsymbol{E}^{(-)}(\rho,\varphi)$$
$$= -\frac{\mathrm{i}\sqrt{2}\beta}{\sigma} J_{m-1}(\sigma\rho)\exp\left[-\mathrm{i}(m-1)\varphi\right]\boldsymbol{e}_- + J_m(\sigma\rho)\exp\left(-\mathrm{i}m\varphi\right)\boldsymbol{e}_z$$
$$\boldsymbol{H}^{(-)}(\rho,\varphi) \tag{2.3.32}$$
$$= \frac{\sqrt{2}\left(\mu_0\omega^2\varepsilon_0 + \beta^2\right)}{2\sigma\mu_0\omega} J_{m-1}(\sigma\rho)\exp\left[-\mathrm{i}(m-1)\varphi\right]\boldsymbol{e}_-$$
$$+ \frac{\sqrt{2}\left(\mu_0\omega^2\varepsilon_0 - \beta^2\right)}{2\sigma\mu_0\omega} J_{m+1}(\sigma\rho)\exp\left[-\mathrm{i}(m+1)\varphi\right]\boldsymbol{e}_+$$

$$+ \frac{\mathrm{i}\beta}{\mu_0\omega} J_m\left(\sigma\rho\right)\exp\left(-\mathrm{i}m\varphi\right)\boldsymbol{e}_z$$

以及

$$\boldsymbol{E}^{(+)}\left(\rho,\varphi\right)$$
$$= \frac{\mathrm{i}\sqrt{2}\beta}{\sigma} J_{m+1}\left(\sigma\rho\right)\exp\left[-\mathrm{i}\left(m+1\right)\varphi\right]\boldsymbol{e}_+ + J_m\left(\sigma\rho\right)\exp\left(-\mathrm{i}m\varphi\right)\boldsymbol{e}_z$$
$$\boldsymbol{H}^{(+)}\left(\rho,\varphi\right)$$
$$= \frac{\sqrt{2}\left(\mu_0\omega^2\varepsilon_0-\beta^2\right)}{2\sigma\mu_0\omega} J_{m-1}\left(\sigma\rho\right)\exp\left[-\mathrm{i}\left(m-1\right)\varphi\right]\boldsymbol{e}_- \tag{2.3.33}$$
$$+ \frac{\sqrt{2}\left(\mu_0\omega^2\varepsilon_0+\beta^2\right)}{2\sigma\mu_0\omega} J_{m+1}\left(\sigma\rho\right)\exp\left[-\mathrm{i}\left(m+1\right)\varphi\right]\boldsymbol{e}_+$$
$$- \frac{\mathrm{i}\beta}{\mu_0\omega} J_m\left(\sigma\rho\right)\exp\left(-\mathrm{i}m\varphi\right)\boldsymbol{e}_z$$

显然，± 两种模式的电场强度矢量的横向分量仅包含 $\boldsymbol{e}_\pm$ 成分，且相应的空间方位角的函数分布为 $\mathrm{e}^{-\mathrm{i}(m\pm1)\varphi}$，但是，磁场强度的横向分量仍然包含 $\mathrm{e}^{-\mathrm{i}(m\pm1)\varphi}$ 和 $\boldsymbol{e}_\pm$ 的不同组合，且电场和磁场的 z 分量均正比于 $\mathrm{e}^{-\mathrm{i}m\varphi}$。因此，± 两种矢量贝塞尔模式仍然不是 OAM 和自旋角动量的本征态。接下来，我们将把光学角动量的基本理论应用到严格的矢量光场中，研究矢量贝塞尔函数的轨道和自旋角动量。

值得注意的是，以上矢量贝塞尔光束的表达式实际上并没有使用正确的量纲，比如 TE 模式的磁场强度函数和 TM 模式的电场强度函数都是无量纲的。然而，电场强度和磁场强度的相对量纲是正确的，因此这些表达式正确地描述了矢量贝塞尔光束的电磁场空间分布。相应地，在 2.3.2 节的角动量分析中，角动量和能量 (及其密度) 的公式实际上都没有使用正确的量纲，但它们的比值，即单位能量的角动量的表达式是完全正确的。

2.3.2　矢量电磁场的轨道和自旋角动量

2.1.2 节中提到，单色电磁场的角动量密度 $\boldsymbol{j}$ 由式 (2.1.15) 给出。电磁场的角动量为角动量密度在空间的积分

$$\boldsymbol{J} = \iiint \mathrm{d}V \boldsymbol{j}\left(\boldsymbol{r}\right) = \iiint \mathrm{d}V \boldsymbol{r}\times\boldsymbol{p}\left(\boldsymbol{r}\right)$$
$$\boldsymbol{p} = \frac{\varepsilon_0}{2}\mathrm{Re}\left(\boldsymbol{E}^*\times\boldsymbol{B}\right) = \frac{1}{4}\frac{\varepsilon_0}{\omega}k\mathrm{Re}\left(\boldsymbol{E}^*\times c\boldsymbol{B}\right) \tag{2.3.34}$$

式 (2.1.15) 的角动量密度和式 (2.3.34) 的角动量表达式本身并不区分轨道和自旋角动量，而在 2.1.2 节中，在标量波近似 (因此必须也是近轴近似) 下，结果很自然地分成与相位随方位角变化相关的轨道角动量和与偏振状态相关的自旋角动

量。然而，对更一般、更严格的矢量电磁场，由坡印亭矢量出发得到的角动量密度式 (2.1.15) 和角动量式 (2.3.34) 并不能直接分成轨道和自旋两部分。光学轨道角动量和自旋角动量分离是一个长期争论的理论问题，迄今为止没有得到完满 (即同时满足洛伦兹不变性和规范不变性) 的解决。这里我们采用一个能够直观地将轨道角动量和自旋角动量分开的理论方案，尽管该方案不满足洛伦兹不变性，但基本不影响理论的自洽性和实用性。

首先将式 (2.3.34) 中的动量密度分为轨道动量和自旋动量两部分 [7,8]

$$
\begin{aligned}
\boldsymbol{p} &= \boldsymbol{p}^{(\mathrm{o})} + \boldsymbol{p}^{(\mathrm{s})} \\
\boldsymbol{p}^{(\mathrm{o})} &= -\frac{1}{4}\frac{\varepsilon_0}{\omega}\mathrm{Im}\left[(\nabla\boldsymbol{E})\cdot\boldsymbol{E}^* + \frac{\mu_0}{\varepsilon_0}(\nabla\boldsymbol{H})\cdot\boldsymbol{H}^*\right] \\
\boldsymbol{p}^{(\mathrm{s})} &= \frac{1}{2}\nabla\times\boldsymbol{s} \\
\boldsymbol{s} &= -\frac{1}{4}\frac{\varepsilon_0}{\omega}\mathrm{Im}\left[\boldsymbol{E}^*\times\boldsymbol{E} + \frac{\mu_0}{\varepsilon_0}\boldsymbol{H}^*\times\boldsymbol{H}\right]
\end{aligned}
\tag{2.3.35}
$$

则光场的角动量密度式 (2.1.15) 自然地分为轨道 $\boldsymbol{l}$ 和自旋 $\boldsymbol{j}^{(\mathrm{s})}$ 两部分

$$
\begin{aligned}
\boldsymbol{j} &= \boldsymbol{l} + \boldsymbol{j}^{(\mathrm{s})} \\
\boldsymbol{l} &= \boldsymbol{r}\times\boldsymbol{p}^{(\mathrm{o})} \\
\boldsymbol{j}^{(\mathrm{s})} &= \boldsymbol{r}\times\boldsymbol{p}^{(\mathrm{s})} = \frac{1}{2}\boldsymbol{r}\times(\nabla\times\boldsymbol{s})
\end{aligned}
\tag{2.3.36}
$$

然而，一般认为，自旋角动量是 "内禀" 的，与原点的选取无关，这似乎和上式中的 $\boldsymbol{j}^{(\mathrm{s})}$ 的表达式相矛盾。实际上，更符合自旋内禀性质的角动量表达式为

$$
\boldsymbol{j} = \boldsymbol{l} + \boldsymbol{s}
\tag{2.3.37}
$$

其中 $\boldsymbol{l}$ 和 $\boldsymbol{s}$ 在式 (2.3.35) 和 (2.3.36) 中定义，分别视为轨道角动量和自旋角动量。显然，$\boldsymbol{s}$ 和式 (2.3.36) 中的 $\boldsymbol{j}^{(\mathrm{s})}$ 并不相同，而 $\boldsymbol{j}^{(\mathrm{s})}$ 实际上是由 $\boldsymbol{s}$ 形成的宏观 "自旋" 动量产生的角动量密度。尽管 $\boldsymbol{s}$ 和 $\boldsymbol{j}^{(\mathrm{s})}$ 作为密度函数并不相同，但对于在远处下降得足够快的光场，能够通过分部积分证明两者在空间的积分相等

$$
\int \mathrm{d}V\boldsymbol{j}^{(\mathrm{s})}(\boldsymbol{r}) = \int \mathrm{d}V\boldsymbol{s}(\boldsymbol{r})
\tag{2.3.38}
$$

或者说两种定义下的自旋角动量相等。但是对于一些理想的、实际上并不能严格实现的光场，式 (2.3.38) 不一定成立。比如，对于沿 z 轴传播的右旋平面波，$\boldsymbol{s}(\boldsymbol{r}) = \frac{w_0}{\omega}\boldsymbol{e}_z$ 在全空间均匀分布 (w_0 为平面波的能量密度)，从而 $\boldsymbol{j}^{(\mathrm{s})} = 0$，因此式 (2.3.38) 显然不成立。一般认为，这个矛盾可以从实际光场在空间的分布总是有限的观点加以解释：只要光场在某个区域之外迅速下降到零，则 $\boldsymbol{s}$ 在区域边界附近不再均

匀分布，$\boldsymbol{j}^{(s)} \neq 0$，从而保证式 (2.4.38) 成立。然而，按这种观点，若将 $\boldsymbol{j}^{(s)}$ 视为自旋角动量密度，则自旋角动量只分布在区域边界附近，而在区域中心光强均匀的地方不存在自旋角动量，这和置于光场中心区域的介质小球会因受到力矩而自旋的事实相矛盾，而这事实又和将 $\boldsymbol{s}$ 视为自旋角动量密度的观点相一致。因此，我们将式 (2.3.37) 作为光场轨道和自旋角动量的基本表达式。为了不引起混淆，我们将 $\boldsymbol{j}$, $\boldsymbol{l}$ 和 $\boldsymbol{s}$ 分别称为总角动量密度、轨道角动量密度和自旋角动量密度。

接下来，根据式 (2.3.37)，我们定量地分析矢量贝塞尔光束的轨道和自旋角动量。跟 2.1 节一样，我们主要关注角动量在总体传播方向 (z 方向) 上的分量。

2.3.3 "±" 模式矢量贝塞尔光束的轨道和自旋角动量

对于 "−" 模式的贝塞尔光场，将式 (2.3.32) 代入式 (2.3.35) 中 $\boldsymbol{p}^{(o)}$ 的表达式中，并在圆柱坐标下计算其方位角分量

$$p_\varphi^{(-)(o)} = \frac{\varepsilon_0 (m-1) \left(4\omega^2\beta^2 + c^2 \left(\mu_0\varepsilon_0\omega^2 + \beta^2\right)^2\right)}{8\rho\sigma^2\omega^3} J_{m-1}^2 (\sigma\rho)$$
$$+ \frac{(m+1)\sigma^2 c^2 \varepsilon_0}{8\rho\omega^3} J_{m+1}^2 (\sigma\rho) + \frac{m\varepsilon_0 (\omega^2 + c^2\beta^2)}{4\rho\omega^3} J_m^2 (\sigma\rho) \qquad (2.3.39)$$

由此可得，该模式的 OAM 密度 z 分量为

$$l_z^{(-)} = \rho p_\varphi^{(-)(o)}$$
$$= \frac{\varepsilon_0 (m-1) \left(4\omega^2\beta^2 + c^2 \left(\mu_0\varepsilon_0\omega^2 + \beta^2\right)^2\right)}{8\sigma^2\omega^3} J_{m-1}^2 (\sigma\rho)$$
$$+ \frac{m\varepsilon_0 (\omega^2 + c^2\beta^2)}{4\omega^3} J_m^2 (\sigma\rho) + \frac{(m+1)\sigma^2 c^2 \varepsilon_0}{8\omega^3} J_{m+1}^2 (\sigma\rho) \qquad (2.3.40)$$

而将式 (2.3.32) 代入式 (2.3.35) 中的 $\boldsymbol{s}$ 表达式，直接计算其自旋角动量密度的 z 分量

$$s_z^{(-)} = \left[\frac{\varepsilon_0\beta^2}{2\omega\sigma^2} + \frac{(\mu_0\varepsilon_0\omega^2 + \beta^2)^2}{8\mu_0\sigma^2\omega^3}\right] J_{m-1}^2 (\sigma\rho) - \frac{\sigma^2}{8\mu_0\omega^3} J_{m+1}^2 (\sigma\rho) \qquad (2.3.41)$$

显然，对于给定的模式，角动量密度应该正比于电磁场的能量，因此更有意义的是单位能量中的轨道角动量与自旋角动量，这就需要计算电磁场的能量密度。单色电磁场的能量密度由式 (2.1.22)，即

$$w = \frac{\varepsilon_0}{4} \boldsymbol{E}^* \cdot \boldsymbol{E} + \frac{\mu_0}{4} \boldsymbol{H}^* \cdot \boldsymbol{H} \qquad (2.3.42)$$

给出。将式 (2.3.32) 代入式 (2.3.42)，可以将 "−" 模式贝塞尔光场的能量密度表示为

$$w^{(-)} = w^{(-)(m-1)} + w^{(-)(m)} + w^{(-)(m+1)} \qquad (2.3.43)$$

其中

$$w^{(-)(m-1)} = \left[\frac{\varepsilon_0 \beta^2}{2\sigma^2} + \frac{(\mu_0\varepsilon_0\omega^2 + \beta^2)^2}{8\mu_0\sigma^2\omega^2} \right] J_{m-1}^2 (\sigma\rho) \tag{2.3.44}$$

$$w^{(-)(m)} = \frac{\varepsilon_0 (\omega^2 + c^2\beta^2)}{4\omega^2} J_m^2 (\sigma\rho) \tag{2.3.45}$$

$$w^{(-)(m+1)} = \frac{\sigma^2}{8\mu_0\omega^2} J_{m+1}^2 (\sigma\rho) \tag{2.3.46}$$

式 (2.3.44)~(2.3.46) 三部分分别来自电磁场的 e_-，e_z 和 e_+ 的分量。比较式 (2.3.40) 和式 (2.3.44)~(2.3.46)，可将该模式 OAM 密度 (z 分量) 表示为

$$l_z^{(-)} = \frac{m-1}{\omega} w^{(-)(m-1)} + \frac{m}{\omega} w^{(-)(m)} + \frac{m+1}{\omega} w^{(-)(m+1)} \tag{2.3.47}$$

式 (2.3.47) 具有直观的物理意义，即 "$-$" 模式贝塞尔光束是三种 OAM 本征态的叠加，其能量是三种 OAM 本征态的能量之和：$w^{(-)(m-1)}$、$w^{(-)(m)}$、$w^{(-)(m+1)}$ 的能量对应于 OAM 为 $(m-1)\hbar$、$m\hbar$、$(m+1)\hbar$ 的光子。对于自旋角动量，比较式 (2.3.41) 和式 (2.3.44)~(2.3.46)，可将该模式的自旋角动量密度表示为

$$s_z^{(-)} = \frac{1}{\omega} w^{(-)(m-1)} - \frac{1}{\omega} w^{(-)(m+1)} \tag{2.3.48}$$

说明光束里有 $w^{(-)(m-1)}$ 和 $w^{(-)(m+1)}$ 的能量分别对应于自旋角动量为 $\hbar$ 和 $-\hbar$ 的光子。能量 $w^{(-)(m)}$ 没有对应的自旋角动量，这是因为 $w^{(-)(m)}$ 来源于电磁场的 z 分量，它对自旋角动量的 z 分量没有贡献。将式 (2.3.47) 与 (2.3.48) 相加即得 "$-$" 模式贝塞尔光束的总角动量密度

$$l_z^{(-)} + s_z^{(-)} = \frac{m}{\omega} w^{(-)} \tag{2.3.49}$$

由此可知所有能量均对应总角动量 (轨道 + 自旋) 为 $m\hbar$ 的光子，即该模式为总角动量的本征态。

若 β 接近于 k(即近轴条件)，$\sigma = \sqrt{k^2 - \beta^2} \ll k, \beta$，因此 $w^{(-)(m-1)}$ 远大于 $w^{(-)(m)}$ 或 $w^{(-)(m+1)}$，此时 "$-$" 模式贝塞尔光束主要包含 OAM 为 $(m-1)\hbar$ 而自旋角动量为 $\hbar$ 的光子，因而近似为 OAM=$(m-1)\hbar$、自旋角动量 $\hbar$ 的本征态。

类似地，可以推导 "$+$" 模式贝塞尔光场的角动量和能量密度：

$$l_z^{(+)} = \frac{m-1}{\omega} w^{(+)(m-1)} + \frac{m}{\omega} w^{(+)(m)} + \frac{m+1}{\omega} w^{(+)(m+1)} \tag{2.3.50}$$

$$s_z^{(+)} = \frac{1}{\omega} w^{(+)(m-1)} - \frac{1}{\omega} w^{(+)(m+1)} \tag{2.3.51}$$

$$j_z^{(+)} = l_z^{(+)} + s_z^{(+)} = \frac{m}{\omega} w^{(+)} \tag{2.3.52}$$

$$w^{(+)} = w^{(+)(m-1)} + w^{(+)(m)} + w^{(+)(m+1)} \tag{2.3.53}$$

其中

$$w^{(+)(m-1)} = \frac{\sigma^2}{8\mu_0\omega^2} J_{m-1}^2(\sigma\rho)$$

$$w^{(+)(m)} = \frac{\varepsilon_0(\omega^2 + c^2\beta^2)}{4\omega^2} J_m^2(\sigma\rho) \tag{2.3.54}$$

$$w^{(+)(m+1)} = \left[\frac{\varepsilon_0\beta^2}{2\sigma^2} + \frac{(\mu_0\varepsilon_0\omega^2 + \beta^2)^2}{8\mu_0\sigma^2\omega^2}\right] J_{m+1}^2(\sigma\rho)$$

由此可以看出，"+" 模式分别有 $w^{(+)(m-1)}$、$w^{(+)(m)}$、$w^{(+)(m+1)}$ 的能量对应于 OAM 为 $(m-1)\hbar$、$m\hbar$、$(m+1)\hbar$ 的光子，分别有 $w^{(+)(m-1)}$ 与 $w^{(+)(m+1)}$ 的能量对应于自旋角动量为 $\hbar$ 与 $-\hbar$ 的光子，而所有的能量均对应于总角动量为 $m\hbar$ 的光子，即 "+" 模式贝塞尔光束也是总角动量的本征态，其本征值和 "−" 模式相同。在近轴情况下，$w^{(+)(m+1)}$ 远大于 $w^{(+)(m-1)}$ 或 $w^{(+)(m)}$，因此 "+" 模式主要包含 OAM 为 $(m+1)\hbar$，自旋角动量为 $-\hbar$ 的光子，可近似认为该模式是 OAM 为 $(m+1)\hbar$，自旋角动量为 $-\hbar$ 的本征态。

2.3.4　TE/TM 模式矢量贝塞尔光束的轨道和自旋角动量

2.3.3 节，我们研究了 "±" 模式矢量贝塞尔光束的轨道和自旋角动量，发现 "±" 模式既不是 OAM 的本征态，也不是自旋角动量的本征态，而是总角动量的本征态。而在近轴情况下，" ±" 模式均可近似视为 OAM 和自旋角动量的共同本征态，OAM 的本征值为 $(m\pm1)\hbar$，自旋角动量为 $\mp\hbar$，而总角动量本征值为 $m\hbar$。

在自由空间中，更经常碰到 TE 和 TM 模式，它们与 "±" 模式的关系由式 (2.3.32) 和 (2.3.33) 给出，因此 TE 和 TM 模式也能够写成 "±" 模式的线性组合。既然 "±" 模式都是总角动量的本征态，而且本征值相同，所以 TE 和 TM 模式也应该是总角动量的本征态。但我们将看到，在近轴情况下，"±" 模式和 TE/TM 模式有重要的差别。

与 "±" 模式推导过程一样,将 TE 和 TM 贝塞尔光束的电磁场表达式 (2.3.21)，(2.3.24), (3.2.29), (2.3.30) 代入轨道角动量和自旋角动量密度的表达式 (2.3.37) 以及能量密度的表达式 (2.3.42)，可得

$$l_z^{(\mathrm{TE/TM})} = \frac{m-1}{\omega} w^{(\mathrm{TE/TM})(m-1)} + \frac{m}{\omega} w^{(\mathrm{TE/TM})(m)} + \frac{m+1}{\omega} w^{(\mathrm{TE/TM})(m+1)} \tag{2.3.55}$$

$$s_z^{(\mathrm{TE/TM})} = \frac{1}{\omega} w^{(\mathrm{TE/TM})(m-1)} - \frac{1}{\omega} w^{(\mathrm{TE/TM})(m+1)} \tag{2.3.56}$$

$$j_z^{(\text{TE}/\text{TM})} = l_z^{(\text{TE}/\text{TM})} + s_z^{(\text{TE}/\text{TM})} = \frac{m}{\omega} w^{(\text{TE}/\text{TM})} \tag{2.3.57}$$

$$w^{(\text{TE}/\text{TM})} = w^{(\text{TE}/\text{TM})(m-1)} + w^{(\text{TE}/\text{TM})(m)} + w^{(\text{TE}/\text{TM})(m+1)} \tag{2.3.58}$$

其中

$$
\begin{aligned}
w^{(\text{TE})(m-1)} &= \frac{\mu_0 \left(\varepsilon_0 \mu_0 \omega^2 + \beta^2\right)}{8\sigma^2} J_{m-1}^2\left(\sigma\rho\right) \\
w^{(\text{TE})(m)} &= \frac{\mu_0}{4} J_m^2\left(\sigma\rho\right) \\
w^{(\text{TE})(m+1)} &= \frac{\mu_0 \left(\varepsilon_0 \mu_0 \omega^2 + \beta^2\right)}{8\sigma^2} J_{m+1}^2\left(\sigma\rho\right)
\end{aligned}
\tag{2.3.59}
$$

以及

$$
\begin{aligned}
w^{(\text{TM})(m-1)} &= \frac{\varepsilon_0 \left(\varepsilon_0 \mu_0 \omega^2 + \beta^2\right)}{8\sigma^2} J_{m-1}^2\left(\sigma\rho\right) \\
w^{(\text{TM})(m)} &= \frac{\varepsilon_0}{4} J_m^2\left(\sigma\rho\right) \\
w^{(\text{TM})(m+1)} &= \frac{\varepsilon_0 \left(\varepsilon_0 \mu_0 \omega^2 + \beta^2\right)}{8\sigma^2} J_{m+1}^2\left(\sigma\rho\right)
\end{aligned}
\tag{2.3.60}
$$

由上述结果可见，与 "±" 模式类似，TE 和 TM 模式贝塞尔光束均包含不同的 OAM 和自旋角动量的光子，但它们都是总角动量的本征态。然而，与 "±" 模式不同的是，在近轴情况下，虽然也有 $w^{(\text{TE}/\text{TM})(m)} \ll w^{(\text{TE}/\text{TM})(m-1)}, w^{(\text{TE}/\text{TM})(m+1)}$，但 $w^{(\text{TE}/\text{TM})(m-1)}, w^{(\text{TE}/\text{TM})(m+1)}$ 的大小在一个量级，所以此时 TE 和 TM 模式仍然包含 OAM 为 $(m \pm 1)\hbar$ 和自旋角动量为 $\mp\hbar$ 的不同光子，并不能近似为 OAM 和自旋角动量的本征态。

2.4　附　录

2.4.1　贝塞尔函数及其性质

本节介绍四类贝塞尔函数及其性质，主要目的是提供书中处理贝塞尔光场时所需要的基本数学定理和公式，不涉及详细的证明过程。感兴趣的读者可以阅读相关的特殊函数文献 [20]。

2.4.1.1　贝塞尔方程和变形贝塞尔方程的解

贝塞尔函数是贝塞尔方程

$$\frac{\mathrm{d}^2 y}{\mathrm{d}x^2} + \frac{1}{x}\frac{\mathrm{d}y}{\mathrm{d}x} + \left(1 - \frac{\nu^2}{x^2}\right) y = 0 \tag{2.4.1}$$

的解, 其中 ν 可以是任何复常数。利用级数展开解法可以得到 ν 为非整数时该方程的两个线性无关的解

$$J_{\pm\nu}(x) = \sum_{k=0}^{\infty} \frac{(-1)^k}{k!} \frac{1}{\Gamma(\pm\nu+k+1)} \left(\frac{x}{2}\right)^{2k\pm\nu} \tag{2.4.2}$$

这里 Γ 为伽马函数, 而 $J_{\pm\nu}(x)$ 称为第一类 $\pm\nu$ 阶贝塞尔函数。当 ν 为非负的整数 m 时, 相应的 $J_{m\geqslant 0}(x)$ 为

$$J_{m\geqslant 0}(x) = \sum_{k=0}^{\infty} \frac{(-1)^k}{k!\,(m+k)!} \left(\frac{x}{2}\right)^{2k+m} \tag{2.4.3}$$

其中用到了 $\Gamma(m+k+1) = (m+k)!$。然而, 对于负整数 $\nu = -m(m>0)$, 对于 $k<m$, 有 $\Gamma(-m+k+1) = \infty$, 因此求和应该从 $k=m$ 开始

$$J_{-m}(x) = \sum_{k=m}^{\infty} \frac{(-1)^k}{k!\,(-m+k)!} \left(\frac{x}{2}\right)^{2k-m} \tag{2.4.4}$$

在式 (2.4.4) 中作变换 $k' = k - m$, 容易证明

$$J_{-m}(x) = (-1)^m J_m(x) \tag{2.4.5}$$

因此 $J_{\pm m}(x)$ 两个解线性相关。为了得到方程 (2.4.1) 另外一个与 $J_m(x)$ 线性无关的解, 先引入第二类 ν 阶 (ν 为非整数) 贝塞尔函数

$$Y_{\nu}(x) = \frac{\cos(\nu\pi) J_{\nu}(x) - J_{-\nu}(x)}{\sin(\nu\pi)} \tag{2.4.6}$$

而第二类整数阶贝塞尔函数为

$$Y_m(x) = \lim_{\nu\to m} Y_{\nu}(x) \tag{2.4.7}$$

且可以证明

$$Y_{-m}(x) = (-1)^m Y_m(x) \tag{2.4.8}$$

上述定义的 $Y_{\nu}(x)$, 无论 ν 是否为整数, 均可作为贝塞尔方程 (2.4.1) 的与 $J_{\nu}(x)$ 线性无关的另外一个解。

变形贝塞尔函数是变形贝塞尔方程

$$\frac{\mathrm{d}^2 y}{\mathrm{d}x^2} + \frac{1}{x}\frac{\mathrm{d}y}{\mathrm{d}x} - \left(1 + \frac{\nu^2}{x^2}\right) y = 0 \tag{2.4.9}$$

的解。对于非整数 ν, 两个线性无关的解可取为

$$I_{\pm\nu}(x) = \sum_{k=0}^{\infty} \frac{1}{k!} \frac{1}{\Gamma(\pm\nu+1+k)} \left(\frac{x}{2}\right)^{2k+\nu} \tag{2.4.10}$$

称为第一类 $\pm\nu$ 阶变形贝塞尔函数。当 ν 为非负的整数 m 时, 有

$$I_{m\geqslant 0}(x) = I_{\nu\to m}(x) = \sum_{k=0}^{\infty} \frac{1}{k!(m+k)!} \left(\frac{x}{2}\right)^{2k+m} \tag{2.4.11}$$

而 ν 为负整数 $-m(m>0)$ 时, 求和应从 $k=m$ 开始

$$I_{-m}(x) = \sum_{k=m}^{\infty} \frac{1}{k!(-m+k)!} \left(\frac{x}{2}\right)^{2k+m} \tag{2.4.12}$$

在 $I_{-m}(x)$ 的表达式中作变换 $k'=k-m$, 即可证明

$$I_{-m}(x) = I_m(x) \tag{2.4.13}$$

因此 $I_{\pm m}(x)$ 线性相关。与 $J_{\pm m}(x)$ 的情况类似, 为了得到方程 (2.4.9) 另外一个与 $I_m(x)$ 线性无关的解, 先对非整数的 ν 引入第二类 ν 阶变形贝塞尔函数

$$K_\nu(x) = \frac{\pi}{2} \frac{I_{-\nu}(x) - I_\nu(x)}{\sin(\nu\pi)} \tag{2.4.14}$$

然后将第二类整数阶变形贝塞尔方程定义为

$$K_m(x) = \lim_{\nu\to m} K_\nu(x) \tag{2.4.15}$$

对于任意 ν, $K_\nu(x)$ 和 $I_\nu(x)$ 都构成方程 (2.4.9) 的一对线性无关解。对于整数 m, 有

$$K_{-m}(x) = K_m(x) \tag{2.4.16}$$

2.4.1.2 贝塞尔函数的性质

本书中用到的贝塞尔函数 (包括变形贝塞尔函数) 均为整数阶, 因此这里主要给出整数阶贝塞尔函数的性质, 尽管其中一些性质也适用于非整数阶的情况。

1) 渐近行为

零点或无穷远处的渐近行为决定了哪类贝塞尔函数能够作为光场在某个区域 (自由空间、光纤芯层和光纤包层等) 中的物理解。在零点 $x\to 0$ 处,

$$J_m(x=0) = \begin{cases} 1, & m=0 \\ 0, & m\neq 0 \end{cases}$$

$$|Y_m\,(x \to 0)| = \infty$$

$$I_m\,(x = 0) = \begin{cases} 1, & m = 0 \\ 0, & m \neq 0 \end{cases} \qquad\qquad (2.4.17)$$

$$|K_m\,(x \to 0)| = \infty$$

而在无穷远 $x \to \infty$ 处,渐近函数为

$$J_m\,(x) \to \sqrt{\frac{2}{\pi x}}\cos\left(x - \frac{\pi}{4} - \frac{m\pi}{2}\right)$$

$$Y_m\,(x) \to \sqrt{\frac{2}{\pi x}}\sin\left(x - \frac{\pi}{4} - \frac{m\pi}{2}\right)$$

$$I_m\,(x) \to \sqrt{\frac{1}{2\pi x}}\mathrm{e}^{x} \qquad\qquad (2.4.18)$$

$$K_m\,(x) \to \sqrt{\frac{\pi}{2x}}\mathrm{e}^{-x}$$

由此可见:① 除了 $J_m\,(x)$,其他三个贝塞尔函数均在零点或无穷远处发散;② $J_m\,(x)$ 和 $Y_m\,(x)$ 为振荡型衰减函数,但其衰减速度缓慢 $(\propto x^{-\frac{1}{2}})$;③ I_m 和 K_m 分别为指数增长和指数衰减函数。这三个特性对于自由空间或光纤中的贝塞尔光场求解非常重要。

2) 递归公式

在分析贝塞尔光场时,需要经常用到以下的贝塞尔函数递推公式:

(a) $J_m\,(x)$

$$x\frac{\mathrm{d}}{\mathrm{d}x}J_m\,(x) + mJ_m\,(x) = xJ_{m-1}\,(x)$$

$$x\frac{\mathrm{d}}{\mathrm{d}x}J_m\,(x) - mJ_m\,(x) = -xJ_{m+1}\,(x)$$

$$\frac{1}{2}\left[J_{m-1}\,(x) - J_{m+1}\,(x)\right] = \frac{\mathrm{d}}{\mathrm{d}x}J_m\,(x) \qquad\qquad (2.4.19)$$

$$J_{m-1}\,(x) - J_{m+1}\,(x) = 2\frac{\mathrm{d}}{\mathrm{d}x}J_m\,(x)$$

$$J_{m+1}\,(x) + J_{m-1}\,(x) = \frac{2m}{x}J_m\,(x)$$

(b) $Y_m\,(x)$

$$Y_{m-1}\,(x) + Y_{m+1}\,(x) = \frac{2m}{x}Y_m\,(x)$$

$$Y_{m-1}\,(x) - Y_{m+1}\,(x) = 2\frac{\mathrm{d}}{\mathrm{d}x}Y_m\,(x) \qquad\qquad (2.4.20)$$

(c) $I_m(x)$

$$I_{m-1}(x) - I_{m+1}(x) = \frac{2m}{x}I_m(x)$$

$$I_{m-1}(x) + I_{n+1}(x) = 2\frac{\mathrm{d}}{\mathrm{d}x}I_m(x)$$

(2.4.21)

(d) $K_m(x)$

$$K_{m-1}(x) + \frac{m}{x}K_m(x) = -\frac{\mathrm{d}}{\mathrm{d}x}K_m(x)$$

$$\frac{m}{x}K_m(x) - K_{m+1}(x) = \frac{\mathrm{d}}{\mathrm{d}x}K_m(x)$$

$$K_{m-1}(x) - K_{m+1}(x) = -\frac{2m}{x}K_m(x)$$

$$K_{m-1}(x) + K_{m+1}(x) = -2\frac{\mathrm{d}}{\mathrm{d}x}K_m(x)$$

(2.4.22)

3) 积分表示

以上四类整数阶贝塞尔函数可以通过以下积分表示:

$$J_m(x) = \frac{1}{\pi}\int_0^\pi \mathrm{d}t \cos(x\sin t - mt)$$

(2.4.23)

$$Y_m(x) = \frac{1}{\pi}\int_0^\pi \mathrm{d}t \sin(x\sin t - mt)$$
$$- \frac{1}{\pi}\int_0^\infty \mathrm{d}t e^{-x\sinh t}\{e^{mt} + (-1)^m e^{-mt}\}$$

(2.4.24)

$$I_m(x) = \frac{1}{\pi}\int_0^\pi \mathrm{d}t e^{x\cos t}\cos(mt)$$

(2.4.25)

$$K_m(x) = \int_0^\infty \mathrm{d}t e^{-x\cosh t}\cosh(mt)$$

(2.4.26)

4) $J_m(\mu\rho)$ 的正交和完备关系

利用狄拉克函数,可以将第一类整数阶贝塞尔函数的正交关系表示为

$$\int_0^\infty \mathrm{d}\rho\rho J_m(\mu\rho)J_m(\mu'\rho) = \frac{1}{\mu}\delta(\mu - \mu'), \quad 0 \leqslant \mu, \mu' \leqslant \infty$$

(2.4.27)

需要注意的是,上式的积分函数当中,两个都是第一类 m 阶贝塞尔函数,正交的指标是连续参数 μ。同时,为了和实际的空间柱坐标联系起来,自变量使用了 ρ 而不是 x。交换式 (2.4.27)ρ 和 μ 的角色,即得到 $J_m(\mu\rho)$ 函数的完备关系

$$\int_0^\infty \mathrm{d}\mu\mu J_m(\mu\rho)J_m(\mu\rho') = \frac{1}{\rho}\delta(\rho - \rho'), \quad 0 \leqslant \rho, \rho' \leqslant \infty$$

(2.4.28)

2.4.2　单色波的贝塞尔光束展开

考虑自由空间中角频率为 $\omega = ck$ 的单色光场 $U(\rho,\varphi,z)$。根据 $J_m(\mu\rho)\exp(-\mathrm{i}m\varphi)$ 的完备性关系 (2.2.23)，在每个 z 处，横截面中的场可展开为

$$U(\rho,\varphi,z) = \sum_{m=-\infty}^{\infty} \int_0^{\infty} \mathrm{d}\mu\,\mu\,\alpha_m(\mu,z)\,J_m(\mu\rho)\exp(-\mathrm{i}m\varphi) \tag{2.4.29}$$

将此展开式代入亥姆霍兹方程 (2.2.4) (即方程 (2.1.13) 在柱坐标下的表达式)，并计及 $J_m(\mu\rho)\exp(-\mathrm{i}m\varphi)$ 为二维平面内亥姆霍兹方程

$$(\nabla_\perp^2 + \mu^2)[J_m(\mu\rho)\exp(-\mathrm{i}m\varphi)] = 0$$
$$\nabla_\perp^2 = \frac{\partial^2}{\partial x^2} + \frac{\partial^2}{\partial y^2} = \frac{1}{\rho}\frac{\partial}{\partial\rho}\left(\rho\frac{\partial}{\partial\rho}\right) + \frac{1}{\rho^2}\frac{\partial^2}{\partial\varphi^2} \tag{2.4.30}$$

的解 (具体见 2.2.2 节贝塞尔光束的求解过程) 以及满足正交关系 (2.2.22)，可推知系数 $\alpha_m(\mu,z)$ 满足的微分方程

$$\frac{\partial^2\alpha_m(\mu,z)}{\partial z^2} + (k^2 - \mu^2)\alpha_m(\mu,z) = 0 \tag{2.4.31}$$

方程 (2.4.31) 的通解为

$$\alpha_m(\mu,z) = \alpha_m^{(+)}(\mu)\exp(-\mathrm{i}\beta z) + \alpha_m^{(-)}(\mu)\exp(\mathrm{i}\beta z) \tag{2.4.32}$$

其中

$$\beta = \begin{cases} \sqrt{k^2-\mu^2}, & 0 \leqslant \mu \leqslant k \\ -\mathrm{i}\sqrt{\mu^2-k^2}, & \mu > k \end{cases} \tag{2.4.33}$$

对于 $\mu > k$，β 是虚数，$\exp(\mp\mathrm{i}\beta z) = \exp(\mp\sqrt{\mu^2-k^2}z)$ 在 $z\to-\infty$ 或 $z\to+\infty$ 时发散，不能作为整个空间中光场的物理解 (在空间的部分区域，虚数 β 对应的解为倏逝波，能够作为场的物理解，见稍后的分析)，因此，方程 (2.4.29) 中对 μ 的积分上限应该在 k 处截止。进一步将式 (2.4.32) 中 $\alpha_m(\mu,z)$ 的通解代入式 (2.4.29)，即得 $U(\rho,\varphi,z)$ 在全空间的贝塞尔光束展开式

$$U(\rho,\varphi,z)$$
$$= \sum_{m=-\infty}^{\infty}\int_0^k \mathrm{d}\mu\,\mu\,\alpha_m^{(+)}(\mu)\,B_{m,\mu}^{(+)}(\rho,\varphi,z) + \sum_{m=-\infty}^{\infty}\int_0^k \mathrm{d}\mu\,\mu\,\alpha_m^{(-)}(\mu)\,B_{m,\mu}^{(-)}(\rho,\varphi,z)$$
$$\tag{2.4.34}$$

其中

$$B_{m,\mu}^{(\pm)}(\rho,\varphi,z) = J_m(\mu\rho)\exp(-im\varphi)\exp(\mp i\beta z)$$
$$\beta = \sqrt{k^2 - \mu^2} \tag{2.4.35}$$

为贝塞尔光束的场函数 (包含全部三个坐标变量)。

以上分析针对的是整个自由空间的光场,接下来考虑半空间 $z \geqslant z_0$ 中角频率为 ω 自左 (较小的 z) 向右 (较大的 z) 传播的单色光场。在 $z < z_0$ 的空间部分,可能存在一些材料或器件,其效应全部体现在 $z = z_0$ 处的横向平面的光场分布中。显然,对于 $z \geqslant z_0$,$U(\rho,\varphi,z)$ 也可以像式 (2.4.29) 那样展开,而且系数 $\alpha_m(\mu,z)$ 仍然受方程 (2.4.31) 支配。由于光从左向右传播,因此在方程 (2.4.31) 的通解 (2.4.32) 中,只保留 "前向传播" 的部分

$$\alpha_m(\mu,z) = \alpha_m(\mu,z_0)\exp[-i\beta(z-z_0)] \tag{2.4.36}$$

其中 β 已在式 (2.4.33) 中定义,而且这里 β 可以取虚值 $(\mu > k)$,因为当 $z \to +\infty$ 时 $\exp(-i\beta z) = \exp\left(-\sqrt{\mu^2 - k^2}z\right)$ 不发散。对于实数 (虚数)β,$U(\rho,\varphi,z)$ 展开式中的组分是行波 (倏逝波)。将式 (2.4.36) 代入式 (2.4.29),得

$$U(\rho,\varphi,z_0) = \sum_{m=-\infty}^{\infty}\int_0^{\infty}d\mu\,\mu\alpha_m(\mu,z_0)J_m(\mu\rho)\exp(-im\varphi)$$
$$U(\rho,\varphi,z) = \sum_{m=-\infty}^{\infty}\int_0^{\infty}d\mu\,\mu\alpha_m(\mu,z_0)J_m(\mu\rho)\exp(-im\varphi)\exp[-i\beta(z-z_0)] \tag{2.4.37}$$

显然,如果

$$U(\rho,\varphi,z_0) = \chi J_m(\mu\rho)\exp(-im\varphi) \tag{2.4.38}$$

其中 χ 为常数,则 $z = z_0$ 之后的场为贝塞尔光束

$$U(\rho,\varphi,z) = \chi\exp(i\beta z_0)J_m(\mu\rho)\exp(-im\varphi)\exp(-i\beta z)$$
$$= \chi\exp(i\beta z_0)B_{m,\mu}^{(+)}(\rho,\varphi,z) \tag{2.4.39}$$

2.4.3 贝塞尔光束的角频谱

由第一类贝塞尔函数的积分形式 (2.4.23) 出发能够导出 $J_m(\rho)\exp(-im\varphi)$ 的角频谱展开

$$J_m(\rho)\,e^{-im\varphi}$$
$$= \frac{1}{\pi}\int_0^{\pi}d\theta\cos(\rho\sin\theta - m\theta)\,e^{-im\varphi}$$

$$= \frac{1}{2\pi} \left\{ \int_0^\pi d\theta e^{-i[\rho\sin\theta - m(\theta-\varphi)]} + \int_0^\pi d\theta e^{i[\rho\sin\theta - m(\theta+\varphi)]} \right\}$$

$$= \frac{1}{2\pi} \left\{ \int_{\varphi-\frac{3\pi}{2}}^{\varphi-\frac{\pi}{2}} d\theta_1 e^{-i\left[\rho\sin\left(\varphi-\theta_1-\frac{\pi}{2}\right)+m\left(\theta_1+\frac{\pi}{2}\right)\right]} \right.$$

$$\left. + \int_{\varphi-\frac{\pi}{2}}^{\varphi+\frac{\pi}{2}} d\theta_2 e^{-i\left[\rho\sin\left(\varphi-\theta_2-\frac{\pi}{2}\right)+m\left(\theta_2+\frac{\pi}{2}\right)\right]} \right\}$$

$$= \frac{1}{2\pi} \int_{\varphi-\frac{3\pi}{2}}^{\varphi+\frac{\pi}{2}} d\theta \exp\left\{ -i\left[\rho\sin\left(\varphi-\theta-\frac{\pi}{2}\right) + m\left(\theta+\frac{\pi}{2}\right) \right] \right\}$$

$$= \frac{1}{2\pi} \int_{\varphi-\frac{3\pi}{2}}^{\varphi+\frac{\pi}{2}} d\theta \exp\left[-im\left(\theta+\frac{\pi}{2}\right) \right] \exp\left[i\rho\cos\left(\varphi-\theta\right) \right]$$

$$= \frac{1}{2\pi} \int_0^{2\pi} d\theta \exp\left[-im\left(\theta+\frac{\pi}{2}\right) \right] \exp\left[i\rho\left(\cos\varphi\cos\theta + \sin\varphi\sin\theta\right) \right] \quad (2.4.40)$$

推导过程中作了变量变换 $\theta_1 = -\theta+\varphi-\frac{\pi}{2}$ 和 $\theta_2 = \theta+\varphi-\frac{\pi}{2}$, 而且在最后一步, 利用周期函数在任意一个周期内的积分均相同的特点将积分区间由 $\left[\varphi-\frac{3\pi}{2}, \varphi+\frac{\pi}{2} \right]$ 切换到了 $[0, 2\pi]$。

2.4.4　光场的轨道与自旋动量密度

2.3.2 节中, 把单色电磁波的动量密度分成轨道和自旋两部分, 即式 (2.3.35)。在这一节给出这一公式的详细证明。

根据麦克斯韦方程组 (2.1.1) 的第一个方程得 $\boldsymbol{B}(\boldsymbol{r}) = -\frac{1}{i\omega}\nabla\times\boldsymbol{E}$, 有

$$\boldsymbol{E}^* \times c\boldsymbol{B} = -\frac{1}{ik}\boldsymbol{E}^* \times (\nabla\times\boldsymbol{E}) \quad (2.4.41)$$

应用矢量分析恒等式

$$\boldsymbol{a} \times (\nabla\times\boldsymbol{b}) = (\nabla\boldsymbol{b})\cdot\boldsymbol{a} - (\boldsymbol{a}\cdot\nabla)\boldsymbol{b} \quad (2.4.42)$$

并在式 (2.4.41) 右边令 $\boldsymbol{a} = \boldsymbol{E}^*, \boldsymbol{b} = \boldsymbol{E}$, 得

$$\boldsymbol{E}^* \times c\boldsymbol{B} = -\frac{1}{ik}\left[(\nabla\boldsymbol{E})\cdot\boldsymbol{E}^* - (\boldsymbol{E}^*\cdot\nabla)\boldsymbol{E} \right] \quad (2.4.43)$$

进而有

$$\frac{1}{4}\frac{\varepsilon_0}{\omega}k\mathrm{Re}\left(\boldsymbol{E}^* \times c\boldsymbol{B}\right)$$

$$= -\frac{1}{8i}\frac{\varepsilon_0}{\omega}\left[(\nabla\boldsymbol{E})\cdot\boldsymbol{E}^* - (\boldsymbol{E}^*\cdot\nabla)\boldsymbol{E} - (\nabla\boldsymbol{E}^*)\cdot\boldsymbol{E} + (\boldsymbol{E}\cdot\nabla)\boldsymbol{E}^* \right] \quad (2.4.44)$$

另一方面，我们有

$$\frac{1}{4}\frac{\varepsilon_0}{\omega}\mathrm{Im}\left[(\nabla\boldsymbol{E})\cdot\boldsymbol{E}^*\right]=\frac{1}{8\mathrm{i}}\frac{\varepsilon_0}{\omega}\left[(\nabla\boldsymbol{E})\cdot\boldsymbol{E}^*-(\nabla\boldsymbol{E}^*)\cdot\boldsymbol{E}\right] \tag{2.4.45}$$

及

$$\begin{aligned}
&\frac{1}{2}\nabla\times\frac{1}{4}\frac{\varepsilon_0}{\omega}\mathrm{Im}\left(\boldsymbol{E}^*\times\boldsymbol{E}\right)\\
&=\frac{1}{16\mathrm{i}}\frac{\varepsilon_0}{\omega}\nabla\times\left(\boldsymbol{E}^*\times\boldsymbol{E}-\boldsymbol{E}\times\boldsymbol{E}^*\right)\\
&=\frac{1}{8\mathrm{i}}\frac{\varepsilon_0}{\omega}\nabla\times\left(\boldsymbol{E}^*\times\boldsymbol{E}\right)\\
&=\frac{1}{8\mathrm{i}}\frac{\varepsilon_0}{\omega}\left[(\boldsymbol{E}\cdot\nabla)\boldsymbol{E}^*-(\boldsymbol{E}^*\cdot\nabla)\boldsymbol{E}\right]
\end{aligned} \tag{2.4.46}$$

其中最后一步用到了式 (2.1.2) 中的 $\nabla\cdot\boldsymbol{E}=0$，以及矢量分析恒等式

$$\nabla\times(\boldsymbol{a}\times\boldsymbol{b})=(\boldsymbol{b}\cdot\nabla)\boldsymbol{a}-(\boldsymbol{a}\cdot\nabla)\boldsymbol{b}+(\nabla\cdot\boldsymbol{b})\boldsymbol{a}-(\nabla\cdot\boldsymbol{a})\boldsymbol{b} \tag{2.4.47}$$

并令 $\boldsymbol{a}=\boldsymbol{E}^*,\boldsymbol{b}=\boldsymbol{E}$。结合式 (2.4.44)~(2.4.47) 即得

$$\begin{aligned}
&\frac{1}{4}\frac{\varepsilon_0}{\omega}k\mathrm{Re}\left(\boldsymbol{E}^*\times c\boldsymbol{B}\right)\\
&=-\frac{1}{4}\frac{\varepsilon_0}{\omega}\mathrm{Im}\left[(\nabla\boldsymbol{E})\cdot\boldsymbol{E}^*\right]-\frac{1}{2}\nabla\times\frac{1}{4}\frac{\varepsilon_0}{\omega}\mathrm{Im}\left(\boldsymbol{E}^*\times\boldsymbol{E}\right)
\end{aligned} \tag{2.4.48}$$

同理，将上述推导中 $\boldsymbol{B}$ 和 $\boldsymbol{E}$ 的角色交换，则有

$$\begin{aligned}
&\frac{1}{4}\frac{\varepsilon_0}{\omega}k\mathrm{Re}\left(\boldsymbol{E}^*\times c\boldsymbol{B}\right)\\
&=-\frac{1}{4}\frac{\varepsilon_0}{\omega}\mathrm{Im}\left[c^2\left(\nabla\boldsymbol{B}\right)\cdot\boldsymbol{B}^*\right]-\frac{1}{2}\nabla\times\frac{1}{4}\frac{\varepsilon_0}{\omega}\mathrm{Im}\left(c^2\boldsymbol{B}^*\times\boldsymbol{B}\right)
\end{aligned} \tag{2.4.49}$$

将式 (2.4.48) 和 (2.4.49) 相加，得

$$\begin{aligned}
&\frac{1}{2}\frac{\varepsilon_0}{\omega}k\mathrm{Re}\left(\boldsymbol{E}^*\times c\boldsymbol{B}\right)\\
&=-\frac{1}{4}\frac{\varepsilon_0}{\omega}\mathrm{Im}\left[(\nabla\boldsymbol{E})\cdot\boldsymbol{E}^*+c^2\left(\nabla\boldsymbol{B}\right)\cdot\boldsymbol{B}^*\right]\\
&\quad-\frac{1}{2}\nabla\times\frac{1}{4}\frac{\varepsilon_0}{\omega}\mathrm{Im}\left(\boldsymbol{E}^*\times\boldsymbol{E}+c^2\boldsymbol{B}^*\times\boldsymbol{B}\right)
\end{aligned} \tag{2.4.50}$$

并注意到 $\boldsymbol{H}=\dfrac{\boldsymbol{B}}{\mu_0}$，即完成式 (2.3.35) 的证明。

参 考 文 献

[1] Poynting J. The wave motion of a revolving shaft, and a suggestion as to the angular momentum in a beam of circularly polarized beam [J]. Proceedings of the Royal Society of London, 1909, 82: 560-567.

[2] Beth R. Mechanical detection and measurement of the angular momentum of light [J]. Physical Review, 1936, 50(2): 115-125.

[3] Allen L, Beijersbergen M W, Spreeuw R J C, et al. Orbital angular-momentum of light and the transformation of Laguerre-Gaussian laser modes [J]. Physical Review A, 1992, 45(1): 8185-8189.

[4] Allen L, Padgett M, Babiker M. The orbital angular momentum of light [J]. Progress in Optics, 1999, 39: 291-372.

[5] Nieminen T A, Stilgoe A B, Heckenberg N R, et al. Angular momentum of a strongly focused Gaussian beam [J]. Journal of Optics A-Pure and Applied Optics, 2004, 10(11): 115005-115010(6).

[6] Yao A M, Padgett M J. Orbital angular momentum: origins, behavior and applications [J]. Advances in Optics & Photonics, 2011, 3(2): 161-204.

[7] Bliokh K Y, Bekshaev A Y, Nori F. Extraordinary momentum and spin in evanescent waves [J]. Nature Communications, 2014, 5: 3300.

[8] Bliokh K Y, Nori F. Transverse and longitudinal angular momenta of light [J]. Physics Reports, 2015, 592: 1-38.

[9] Barnett S M, Allen L. Orbital angular-momentum and nonparaxial light-beams [J]. Optics Communications, 1994, 110(5/6): 670-678.

[10] Bliokh K Y, Alonso M A, Ostrovskaya E A, et al. Angular momenta and spin-orbit interaction of nonparaxial light in free space [J]. Physical Review A, 2010, 82(6): 063825.

[11] Bliokh K Y, Bekshaev A Y, Nori F. Dual electromagnetism: helicity, spin, momentum, and angular momentum [J]. New Journal of Physics, 2012, 15(3): 033026.

[12] Leader E, Lorcé C. The angular momentum controversy: what's it all about and does it matter? [J]. Physics Reports, 2014, 541(3): 163-248.

[13] Yao A M, Padgett M J. Orbital angular momentum: origins, behavior and applications [J]. Advances in Optics and Photonics, 2011, 3(2): 161-204.

[14] Durnin J, Miceli J J, Jr, Eberly J H. Diffraction-free beams [J]. Physical Review Letters, 1987, 58(15): 1499-1501.

[15] McGloin D, Dholakia K. Bessel beams: diffraction in a new light [J]. Contemporary Physics, 2005, 46(1): 15-28.

[16] Yang Z S. Optical orbital angular momentum of evanescent Bessel waves [J]. Optics Express, 2015, 23(10): 12700-12711.

[17] Yang Z, Zhang X, Bai C, et al. Nondiffracting light beams carrying fractional orbitalangular momentum [J]. J. Opt. Soc. Am. A, 2018, 35(3): 452-461.

[18] 吕百达. 激光光学: 光束描述、传输变换与光腔技术物理 [M]. 3 版. 北京: 高等教育出版社, 2003.

[19] 张斌. 模分复用光通信系统中模式耦合理论研究 [D]. 山东: 聊城大学, 2020.

[20] 王竹溪. 特殊函数概论 [M]. 北京: 科学出版社, 1979.

第 3 章　阶跃型环状光纤的 OAM 模式理论及光纤设计

折射率均匀分布的环状光纤 (以下简称环状光纤) 可以同时传输多个 OAM 模式，而且其设计及加工工艺相对简单，并能够通过结构参数的调整实现模式数量以及性能的调节，因此具有相对广阔的应用前景。本章将详细给出环状光纤 (简称为阶跃型环状光纤) 中 OAM 模式的基础理论，该理论是作者博士期间所做的重要工作之一。基于麦克斯韦方程组，结合光波导基础理论，对阶跃型环状光纤的矢量光场进行分析，通过理论推导和数值计算，求解得到理想阶跃型环状光纤中的本征模式，即基于贝塞尔函数的 OAM 模式。完善了折射率均匀分布的环状光纤的模式分析理论，该理论同时适用于环内外层折射率相同或不相同，以及弱导和非弱导的情况。提出了一种可系统求解模式有效折射率和截止频率的数值方法，利用该方法求得了环状光纤中各 OAM 模式的色散曲线和能够表征不同参数组合下模式性质的区域图，并在此基础上分析了不同内外环半径比值以及不同折射率分布对 OAM 模式性质的影响，从而找出适合应用 OAM 模式进行复用传输的环状光纤结构参数的区域，最后在该区域内选取环状光纤的最优设计参数对光纤参数进行了设计，并利用有限元软件 COMSOL(光纤以及光波导设计时的常用专业软件) 仿真得到对应 OAM 模式的有效折射率和场强分布，最后发现结果与我们提出的数值计算方法的计算结果基本一致，也与文献的结果基本符合。并且，COMSOL 仿真和数值计算的结果均表明，容易简并的 OAM 模式间的有效折射率差随着内外包层与环芯层材料折射率差的增大而增大，且随着内外环半径的比值变化，各模式的色散曲线也会有不同程度的漂移，从而使环状光纤中能够传输的 OAM 模式的数量和最小有效折射率差发生变化。本章内容将为今后关于 OAM 模式的产生和耦合、色散等传输性能及其补偿的研究打下理论基础。

3.1　阶跃型环状光纤的 OAM 模式理论

3.1.1　环状光纤的结构

支持 OAM 模式传输的光纤结构要与 OAM 环形的光场分布相匹配，基于这一思想，新型的光纤结构——环状光纤应运而生。图 3-1 所示为环状光纤的折射率及横截面分布图，其中环状光纤传输层的内外圆半径及外包层半径分别为 a_1、

a_2 和 a_3，传输层、内包层及外包层的折射率分别为 n_0、n_1 和 n_2，并且每一层的折射率分布都是均匀的。

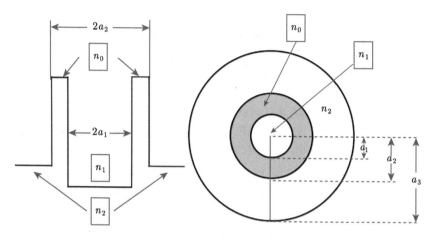

图 3-1　理想环状光纤的折射率及横截面分布图

基于折射率均匀分布的环状光纤的模式理论，设计理想的支持 OAM 模式稳定传输的环状光纤，在对光纤参数进行设计时，需要同时考虑以下问题[1-3]：① 环状光纤中的 OAM 模式数量应尽可能多，在 OAM 复用中可以用来传输更多的信息；② 各个 OAM 模式之间的有效折射率差 Δn_{eff} 应大于 10^{-4}，以避免简并为 LP 模，因此通常使它的结构参数相对折射率差 $\Delta = \dfrac{n_0 - n_2}{n_0} > 2\%$，符合非弱导条件[1,2,4]；③ 为避免产生高阶径向模，给模式的复用、解复用和耦合带来不便，环状光纤环层内外半径的比值不能太小，同时也不能太大，太大会使 OAM 模式的数量减小，且引起 OAM 模式能量泄漏，损耗增大；④ 环状光纤环芯层和内外包层的折射率不能相差太大，太大会造成模式间的色散增大，也不能太小，以避免能量泄漏及简并为 LP 模；⑤ 保证 OAM 的工作波长处于光纤通信系统的低损耗窗口[2,3,5]。

基于以上理论，本书选定的理想环状光纤参数如下：

$a_1 = 2.75\mu\text{m}$，$a_2 = 5\mu\text{m}$，$a_3 = 62.5\mu\text{m}$，$n_0 = 1.494$，$n_1 = 1$，$n_2 = 1.444$，$\Delta = \dfrac{n_0 - n_2}{n_0} = 3.35\%$，工作波长为 $\lambda = 1.55\mu\text{m}$。

我们利用专业的有限元仿真软件 COMSOL 仿真得到该理想环状光纤中各矢量本征模式的有效折射率以及模场强度分布。计算得到了 $\text{OAM}_{\pm l,m}^{\pm}$ 和 $\text{OAM}_{\pm l,m}^{\mp}$ 之间的有效折射率差 Δn_{eff}，如表 3-1 所示，可稳定传输的 OAM 模式共 10 种，$\text{OAM}_{\pm 1,1}^{\pm}$、$\text{OAM}_{\pm 2,1}^{\pm}$、$\text{OAM}_{\pm 2,1}^{\mp}$、$\text{OAM}_{\pm 3,1}^{\pm}$ 和 $\text{OAM}_{\pm 3,1}^{\mp}$，组成它们的矢量本征模式分别为 $\text{HE}_{2,1}^{\text{even/odd}}$、$\text{HE}_{3,1}^{\text{even/odd}}$、$\text{EH}_{1,1}^{\text{even/odd}}$、$\text{HE}_{4,1}^{\text{even/odd}}$ 和 $\text{EH}_{2,1}^{\text{even/odd}}$。

表 3-1 COMSOL 计算得到的各 OAM 模式之间的有效折射率差 Δn_{eff}

OAM	$\text{OAM}_{\pm 1,m}^{\pm}/\text{OAM}_{\pm 1,m}^{\mp}$	$\text{OAM}_{\pm 2,m}^{\pm}/\text{OAM}_{\pm 2,m}^{\mp}$	$\text{OAM}_{\pm 3,m}^{\pm}/\text{OAM}_{\pm 3,m}^{\mp}$	$\text{OAM}_{\pm 4,m}^{\pm}/\text{OAM}_{\pm 4,m}^{\mp}$
Δn_{eff}	8.559×10^{-4}	2.708×10^{-4}	1.111×10^{-4}	0.519×10^{-4}

图 3-2 还给出了相应 OAM 本征模式 ($\text{HE}_{l+1,m}^{\text{even/odd}}$ 和 $\text{EH}_{l-1,m}^{\text{even/odd}}$) 的模场强度分布图, 可以看出理想环状光纤中所有模式都被很好地限制在了传输层 (即环芯层) 内。此外, 该光纤结构也很好地抑制了径向高阶模的产生, 降低了在复用、解复用和接收过程中的复杂度。

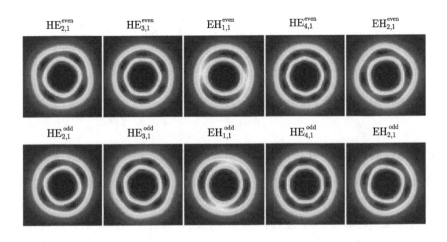

图 3-2 理想环状光纤各 OAM 本征模式的模场强度分布图

在理想环状光纤中组成 $\text{OAM}_{\pm l,m}^{\pm}$(或 $\text{OAM}_{\pm l,m}^{\mp}$) 的本征偶模和奇模具有相同的有效折射率, 因此对应的 OAM 模式比较稳定。而实际的环状光纤会存在一定的不圆度或不同心度, 将会使本征模式对应的偶模和奇模之间产生有效折射率差 Δn_{eff}, 导致传输的 OAM 模式稳定性下降, 这部分内容将在第 4 章进行详细的分析。下面首先从麦克斯韦理论出发导出理想环状光纤中的模式传输理论。

3.1.2 环状光纤模式的基础理论

对于光纤中沿 z 方向传输的单色光, 其电磁场可以表示为

$$\boldsymbol{E}(\boldsymbol{r},t) = \boldsymbol{E}(\rho,\varphi) \exp(-\mathrm{i}\beta z + \mathrm{i}\omega t) \tag{3.1.1}$$

$$\boldsymbol{B}(\boldsymbol{r},t) = \boldsymbol{B}(\rho,\varphi) \exp(-\mathrm{i}\beta z + \mathrm{i}\omega t) \tag{3.1.2}$$

将其代入均匀介质 (环芯层、环内包层或环外包层) 中的麦克斯韦方程组, 并经过一系列代数运算, 可得

$$E_r = \frac{-\mathrm{i}}{K^2}\left[\beta\frac{\partial E_z}{\partial r} + \frac{\omega}{r}\frac{\partial B_z}{\partial \varphi}\right] \tag{3.1.3}$$

$$E_\varphi = \frac{-\mathrm{i}}{K^2}\left[\frac{\beta}{r}\frac{\partial E_z}{\partial \varphi} - \omega\frac{\partial B_z}{\partial r}\right] \tag{3.1.4}$$

$$B_r = \frac{-\mathrm{i}}{K^2}\left[\beta\frac{\partial B_z}{\partial r} - \frac{n^2}{c^2}\frac{\omega}{r}\frac{\partial E_z}{\partial \varphi}\right] \tag{3.1.5}$$

$$B_\varphi = \frac{-\mathrm{i}}{K^2}\left[\frac{\beta}{r}\frac{\partial B_z}{\partial \varphi} + \frac{n^2}{c^2}\omega\frac{\partial E_z}{\partial r}\right] \tag{3.1.6}$$

$$\frac{\partial^2 E_z}{\partial r^2} + \frac{1}{r}\frac{\partial E_z}{\partial r} + \frac{1}{r^2}\frac{\partial^2 E_z}{\partial \varphi^2} + \left(n^2\frac{\omega^2}{c^2} - \beta^2\right)E_z = 0 \tag{3.1.7}$$

$$\frac{\partial^2 B_z}{\partial r^2} + \frac{1}{r}\frac{\partial B_z}{\partial r} + \frac{1}{r^2}\frac{\partial^2 B_z}{\partial \varphi^2} + \left(n^2\frac{\omega^2}{c^2} - \beta^2\right)B_z = 0 \tag{3.1.8}$$

其中 n 是介质的折射率, $K^2 = \left(n\dfrac{\omega}{c}\right)^2 - \beta^2$。由以上方程组可知, E_r, E_φ, B_r 和 B_φ 均可由 B_z 和 E_z 对位置的偏导数来表示, 因此我们首先求解光纤每一层中的方程 (3.1.7) 和 (3.1.8), 得到 B_z 和 E_z 的解, 然后将它们代入方程 (3.1.3)~(3.1.6) 得到相应的 E_r, E_φ, B_r 和 B_φ, 最后利用不同层之间电磁场所满足的边界条件就可以确定模式的传播因子 β(在光纤通信系统中通常称为传输常数, 因此本章统一称为传输常数), 进而求出相应的模场分布。

首先求解关于 E_z 的方程。利用分离变量法将 E_z 表示为

$$E_z(r,\varphi) = R(r)\exp(-\mathrm{i}m\varphi) \tag{3.1.9}$$

其中, m 为空间相位角的模数。将式 (3.1.9) 代入方程 (3.1.7) 得

$$\frac{\mathrm{d}^2 R}{\mathrm{d}r^2} + \frac{1}{r}\frac{\mathrm{d}R}{\mathrm{d}r} + \left(n^2\frac{\omega^2}{c^2} - \beta^2 - \frac{m^2}{r^2}\right)R = 0 \tag{3.1.10}$$

当 $n^2\dfrac{\omega^2}{c^2} - \beta^2 > 0$ 时, 方程 (3.1.10) 的解为第一类与第二类贝塞尔函数 J_m 和 Y_m(振荡型函数) 的叠加; 当 $n^2\dfrac{\omega^2}{c^2} - \beta^2 < 0$ 时, 方程 (3.1.10) 的解为第一类与第二类修正贝塞尔函数 I_m 和 K_m(指数型函数) 的叠加。在环状光纤的环层 $(n = n_0)$ 中, 我们需要得到驻波, 即振荡解, 因此要求 $n_0^2\dfrac{\omega^2}{c^2} - \beta^2 > 0$, 而在环内

层 ($n = n_1$) 和环外层 ($n = n_2$)，则要求 $n_{1,2}^2 \dfrac{\omega^2}{c^2} - \beta^2 < 0$，使得远离环层边界时模场呈指数衰减。

因此，当 $a_1 < r < a_2$，即在环状光纤的环芯层中时，模场可表示为

$$R(r) = C_J J_m(\tau r) + C_Y Y_m(\tau r) \tag{3.1.11}$$

其中，$\tau = \sqrt{n_0^2 \dfrac{\omega^2}{c^2} - \beta^2}$。

在光纤环外包层，即 $r > a_2$ 时，注意到 $I_m(r \to \infty) \to \infty$ 不符合实际物理场的要求，因此解的形式为

$$R(r) = F_2 K_m(\sigma_2 r), \quad \sigma_2 = \sqrt{\beta^2 - n_2^2 \dfrac{\omega^2}{c^2}} \tag{3.1.12}$$

类似地，在环内包层，即 $r < a_1$ 时，由于 $K_m(r \to 0) \to \infty$，场分布只能取为

$$R(r) = F_1 I_m(\sigma_1 r), \quad \sigma_1 = \sqrt{\beta^2 - n_1^2 \dfrac{\omega^2}{c^2}} \tag{3.1.13}$$

结合以上方程，可以将 E_z 的通解写为

$$E_z(\rho, \varphi) = \mathrm{e}^{-\mathrm{i}m\varphi} \begin{cases} F_1 I_m(\sigma_1 r), & r < a_1 \\ C_J J_m(\tau r) + C_Y Y_m(\tau r), & a_1 < r < a_2 \\ F_2 K_m(\sigma_2 r), & r > a_2 \end{cases} \tag{3.1.14}$$

同理可推导出 B_z 的通解

$$B_z(\rho, \varphi) = \mathrm{e}^{-\mathrm{i}m\varphi} \begin{cases} \bar{F}_1 I_m(\sigma_1 r), & r < a_1 \\ G_J J_m(\tau r) + G_Y Y_m(\tau r), & a_1 < r < a_2 \\ \bar{F}_2 K_m(\sigma_2 r), & r > a_2 \end{cases} \tag{3.1.15}$$

式中，C_J，C_Y，G_J，G_Y，F_1，F_2，$\bar{F}_1$，$\bar{F}_2$ 为模场的常系数。再利用 E_z 和 B_z 在 $r = a_{1,2}$ 处连续的边界条件，可将环内包层和环外包层的系数 F_1，F_2，$\bar{F}_1$，$\bar{F}_2$ 用环芯层的系数 C_J，C_Y，G_J，G_Y 来表示，从而将 E_z 和 B_z 的解进一步具体化为

$$E_z(\rho, \varphi) = \mathrm{e}^{-\mathrm{i}m\varphi} \begin{cases} \dfrac{C_J J_m(\tau a_1) + C_Y Y_m(\tau a_1)}{I_m(\sigma_1 a_1)} I_m(\sigma_1 r), & r < a_1 \\ C_J J_m(\tau r) + C_Y Y_m(\tau r), & a_1 < r < a_2 \\ \dfrac{C_J J_m(\tau a_2) + C_Y Y_m(\tau a_2)}{K_m(\sigma_2 a_2)} K_m(\sigma_2 r), & r > a_2 \end{cases}$$

$$\tag{3.1.16}$$

$$B_z(\rho,\varphi) = \mathrm{e}^{-im\varphi} \begin{cases} \dfrac{G_J J_m(\tau a_1) + G_Y Y_m(\tau a_1)}{I_m(\sigma_1 a_1)} I_m(\sigma_1 r), & r < a_1 \\[3mm] G_J J_m(\tau r) + G_Y Y_m(\tau r), & a_1 < r < a_2 \\[3mm] \dfrac{G_J J_m(\tau a_2) + G_Y Y_m(\tau a_2)}{K_m(\sigma_2 a_2)} K_m(\sigma_2 r), & r > a_2 \end{cases}$$

$$(3.1.17)$$

将以上 E_z 和 B_z 的表达式 (3.1.16) 和 (3.1.17) 代入方程 (3.1.3)~(3.1.6)，即可得到电磁场的其他分量。特别地，角向分量为

$$E_\varphi = \frac{-\mathrm{i}}{K^2} \left[\frac{\beta}{r} \frac{\partial E_z}{\partial \varphi} - \omega \frac{\partial B_z}{\partial r} \right]$$

$$= -\mathrm{i}\mathrm{e}^{-im\varphi} \begin{cases} -\dfrac{1}{\sigma_1^2} \left[\dfrac{-im\beta}{r} \dfrac{C_J J_m(\tau a_1) + C_Y Y_m(\tau a_1)}{I_m(\sigma_1 a_1)} I_m(\sigma_1 r) \right. \\[2mm] \left. -\omega\sigma_1 \dfrac{G_J J_m(\tau a_1) + G_Y Y_m(\tau a_1)}{I_m(\sigma_1 a_1)} I'_m(\sigma_1 r) \right], & r < a_1 \\[4mm] \dfrac{1}{\tau^2} \left\{ \dfrac{-im\beta}{r} \left[C_J J_m(\tau r) + C_Y Y_m(\tau r) \right] \right. \\[2mm] \left. -\omega\tau \left[G_J J'_m(\tau r) + G_Y Y'_m(\tau r) \right] \right\}, & a_1 < r < a_2 \\[4mm] -\dfrac{1}{\sigma_2^2} \left[\dfrac{-im\beta}{r} \dfrac{C_J J_m(\tau a_2) + C_Y Y_m(\tau a_2)}{K_m(\sigma_2 a_2)} K_m(\sigma_2 r) \right. \\[2mm] \left. -\omega\sigma_2 \dfrac{G_J J_m(\tau a_2) + G_Y Y_m(\tau a_2)}{K_m(\sigma_2 a_2)} K'_m(\sigma_2 r) \right], & r > a_2 \end{cases}$$

$$(3.1.18)$$

$$B_\varphi = \frac{-\mathrm{i}}{K^2} \left[\frac{\beta}{r} \frac{\partial B_z}{\partial \varphi} + \frac{n^2}{c^2} \omega \frac{\partial E_z}{\partial r} \right]$$

$$= -\mathrm{i}\mathrm{e}^{-im\varphi} \begin{cases} -\dfrac{1}{\sigma_1^2} \left\{ \dfrac{-im\beta}{r} \left[\dfrac{G_J J_m(\tau a_1) + G_Y Y_m(\tau a_1)}{I_m(\sigma_1 a_1)} I_m(\sigma_1 r) \right] \right. \\[2mm] \left. +\dfrac{n_1^2 \omega \sigma_1}{c^2} \left[\dfrac{C_J J_m(\tau a_1) + C_Y Y_m(\tau a_1)}{I_m(\sigma_1 a_1)} I'_m(\sigma_1 r) \right] \right\}, & r < a_1 \\[4mm] \dfrac{1}{\tau^2} \left\{ \dfrac{-im\beta}{r} \left[G_J J_m(\tau r) + G_Y Y_m(\tau r) \right] \right. \\[2mm] \left. +\dfrac{n_0^2 \omega \tau}{c^2} \left[C_J J'_m(\tau r) + C_Y Y'_m(\tau r) \right] \right\}, & a_1 < r < a_2 \\[4mm] -\dfrac{1}{\sigma_2^2} \left\{ \dfrac{-im\beta}{r} \left[\dfrac{G_J J_m(\tau a_2) + G_Y Y_m(\tau a_2)}{K_m(\sigma_2 a_2)} K_m(\sigma_2 r) \right] \right. \\[2mm] \left. +\dfrac{n_2^2 \omega \sigma_2}{c^2} \left[\dfrac{C_J J_m(\tau a_2) + C_Y Y_m(\tau a_2)}{K_m(\sigma_2 a_2)} K'_m(\sigma_2 r) \right] \right\}, & r > a_2 \end{cases}$$

$$(3.1.19)$$

其中$I_m'(\sigma_1 r) = \left.\dfrac{\mathrm{d}I_m(x)}{\mathrm{d}x}\right|_{x=\sigma_1 r}$，$K_m'(\sigma_2 r)$，$J_m'(\tau r)$ 和 $Y_m'(\tau r)$ 以类似的方式定义。

再利用 E_φ 和 B_φ 在 $r = a_{1,2}$ 处连续的边界条件，即可确定本征值 β 及其对应的本征模式。由 E_φ 和 B_φ 在 $r = a_{1,2}$ 处连续的边界条件可以得到关于 C_J, C_Y, G_J 和 G_Y 的四元齐次线性方程组

$$A \begin{pmatrix} \bar{C}_J \\ \bar{C}_Y \\ G_J \\ G_Y \end{pmatrix} = 0 \tag{3.1.20}$$

式中已重新定义 $\bar{C}_J = \dfrac{C_J}{c}$，$\bar{C}_Y = \dfrac{C_Y}{c}$，以使它们与 G_J 和 G_Y 的单位相同，而 A 为一个 4×4 的矩阵：

$$A = \begin{pmatrix} A_{11} & A_{12} & A_{13} & A_{14} \\ A_{21} & A_{22} & A_{23} & A_{24} \\ A_{31} & A_{32} & A_{33} & A_{34} \\ A_{41} & A_{42} & A_{43} & A_{44} \end{pmatrix}$$

其元素分别为

$$A_{11} = \left(\frac{1}{\sigma_2^2} + \frac{1}{\tau^2}\right) \frac{im\beta}{a_2} J_m(\tau a_2)$$

$$A_{12} = \left(\frac{1}{\sigma_2^2} + \frac{1}{\tau^2}\right) \frac{im\beta}{a_2} Y_m(\tau a_2)$$

$$A_{13} = \frac{\omega}{\sigma_2 c} \frac{K_m'(\sigma_2 a_2)}{K_m(\sigma_2 a_2)} J_m(\tau a_2) + \frac{\omega}{\tau c} J_m'(\tau a_2)$$

$$A_{14} = \frac{\omega}{\sigma_2 c} \frac{K_m'(\sigma_2 a_2)}{K_m(\sigma_2 a_2)} Y_m(\tau a_2) + \frac{\omega}{\tau c} Y_m'(\tau a_2)$$

$$A_{21} = \left(\frac{1}{\sigma_1^2} + \frac{1}{\tau^2}\right) \frac{im\beta}{a_1} J_m(\tau a_1)$$

$$A_{22} = \left(\frac{1}{\sigma_1^2} + \frac{1}{\tau^2}\right) \frac{im\beta}{a_1} Y_m(\tau a_1)$$

$$A_{23} = \frac{\omega}{\sigma_1 c} \frac{I_m'(\sigma_1 a_1)}{I_m(\sigma_1 a_1)} J_m(\tau a_1) + \frac{\omega}{\tau c} J_m'(\tau a_1)$$

$$A_{24} = \frac{\omega}{\sigma_1 c} \frac{I'_m(\sigma_1 a_1)}{I_m(\sigma_1 a_1)} Y_m(\tau a_1) + \frac{\omega}{\tau c} Y'_m(\tau a_1)$$

$$A_{31} = -\left[\frac{n_2^2 \omega}{\sigma_2 c} J_m(\tau a_2) \frac{K'_m(\sigma_2 a_2)}{K_m(\sigma_2 a_2)} + \frac{n_0^2 \omega}{\tau c} J'_m(\tau a_2) \right]$$

$$A_{32} = -\left[\frac{n_2^2 \omega}{\sigma_2 c} Y_m(\tau a_2) \frac{K'_m(\sigma_2 a_2)}{K_m(\sigma_2 a_2)} + \frac{n_0^2 \omega}{\tau c} Y'_m(\tau a_2) \right]$$

$$A_{33} = \left(\frac{1}{\sigma_2^2} + \frac{1}{\tau^2} \right) \frac{im\beta}{a_2} J_m(\tau a_2)$$

$$A_{34} = \left(\frac{1}{\sigma_2^2} + \frac{1}{\tau^2} \right) \frac{im\beta}{a_2} Y_m(\tau a_2)$$

$$A_{41} = -\left[\frac{n_1^2 \omega}{\sigma_1 c} \frac{I'_m(\sigma_1 a_1)}{I_m(\sigma_1 a_1)} J_m(\tau a_1) + \frac{n_0^2 \omega}{\tau c} J'_m(\tau a_1) \right]$$

$$A_{42} = -\left[\frac{n_1^2 \omega}{\sigma_1 c} \frac{I'_m(\sigma_1 a_1)}{I_m(\sigma_1 a_1)} Y_m(\tau a_1) + \frac{n_0^2 \omega}{\tau c} Y'_m(\tau a_1) \right]$$

$$A_{43} = \left(\frac{1}{\sigma_1^2} + \frac{1}{\tau^2} \right) \frac{im\beta}{a_1} J_m(\tau a_1)$$

$$A_{44} = \left(\frac{1}{\sigma_1^2} + \frac{1}{\tau^2} \right) \frac{im\beta}{a_1} Y_m(\tau a_1)$$

齐次线性方程组 (3.1.20) 有非零解的充分必要条件是矩阵 A 的行列式为零

$$\det A = 0 \qquad\qquad (3.1.21)$$

注意到矩阵 A 的元素均是光纤结构参数 a_1，a_2，n_0，n_1，n_2，以及频率 ω 和传输常数 β 的函数，而 a_1，a_2，n_0，n_1，n_2 由光纤结构给定，因此对于每个频率 ω，由行列式为零的条件可确定导模的传输常数 β，再将 β 代入方程组 (3.1.20)，解出相应的 $\bar{C}_J$，$\bar{C}_Y$，G_J，G_Y，即可得到环状光纤中导模的场分布。

3.2 阶跃光纤模式的光学性质

3.2.1 模式特征方程的数值求解

本节将详细给出折射率均匀分布的环状光纤中求解模式传输常数的数值方法。首先，将方程 (3.1.20) 行列式 A 中的参数和变量进行无量纲化，具体见表 3-2。

表 3-2　数值计算过程中各参数和变量无量纲化前后对应表

参数	归一化参数
β	$\tilde{\beta} = \beta \Big/ \left(\dfrac{2\pi}{\lambda} \right)$
$a_{1,2}$	$\tilde{a}_{1,2} = a_{1,2}/\lambda$
$\tau = \dfrac{2\pi}{\lambda} \sqrt{n_0^2 - \left(\dfrac{\lambda}{2\pi}\beta \right)^2}$	$\tilde{\tau} = \tau \Big/ \left(\dfrac{2\pi}{\lambda} \right) = \sqrt{n_0^2 - (\tilde{\beta})^2}$
$\sigma_1 = \dfrac{2\pi}{\lambda} \sqrt{\left(\dfrac{\lambda}{2\pi}\beta \right)^2 - n_1^2}$	$\tilde{\sigma}_1 = \sigma_1 \Big/ \left(\dfrac{2\pi}{\lambda} \right) = \sqrt{(\tilde{\beta})^2 - n_1^2}$
$\sigma_2 = \dfrac{2\pi}{\lambda} \sqrt{\left(\dfrac{\lambda}{2\pi}\beta \right)^2 - n_2^2}$	$\tilde{\sigma}_2 = \sigma_2 \Big/ \left(\dfrac{2\pi}{\lambda} \right) = \sqrt{(\tilde{\beta})^2 - n_2^2}$

下面以一个具体的例子说明通过特征方程 $\det A = 0$ 求解传输常数的数值方法。给定外环半径为 $a_2 = 5\mu m$，内环半径 $a_1 = 0.01\mu m$，并令环层的折射率 $n_0 = 1.494$，环内包层与环外包层的折射率 $n_1 = n_2 = 1.490$，其相对折射率差 $\Delta = \dfrac{n_0 - n_2}{n_0} = 0.27\%$，满足弱导条件，此时环状光纤近似为传统弱导阶跃光纤，因此数值结果可以用来与已知的结论进行比较。由 4.1.1 节中分析可知，导波模 (内包层和外包层内均为径向衰减波) 的有效折射率 $\tilde{\beta}$(即归一化传输常数，根据不同应用场合，还经常将有效折射率记为 n_{eff}) 满足 $\max(n_1, n_2) \leqslant \tilde{\beta} \leqslant n_0$，因此对于给定的频率，逐个扫描这一区域中的 $\tilde{\beta}$，得到 $\det A$ 作为 $\tilde{\beta}$ 的函数，由此可找出满足 $\det A = 0$ 的导模的有效折射率 $\tilde{\beta}$；求出各个频率所对应的所有本征值 $\tilde{\beta}$，即得到光纤的导模色散曲线。

在数值求解过程中，对于给定的归一化频率 V 计算 $\det A=0$ 以得到 $\tilde{\beta}$ 时，$\det A$ 的变化范围极大 (达几个甚至十几个数量级，见图 3-3(a)，对应于归一化频率 $V = 5.91$ 和 $m = 1$，无法直接辨认 $\det A$ 的零点。为了克服这个缺点，采用对数坐标，画出行列式绝对值的对数 $\log(|\det A|)$ 随 $\tilde{\beta}$ 变化的曲线，如图 3-3(b) 所示，图中急剧下降部分的最低点为 $\det A$ 的零点，即模式的有效折射率。需要指出的是，严格的 $\det A = 0$ 对应于 $\log(|\det A|) \to -\infty$，但在零点附近，$\det A$ 随 $\tilde{\beta}$ 变化极快，只有将 $\tilde{\beta}$ 分得非常细，才能使 $\det A$ 接近于 0，而在实际中这样的精度并无必要。因此，尽管在计算中 $\tilde{\beta}$ 步长已经小于 10^{-6}，却仍然没有达到 $|\det A| < 1$ [$\log(|\det A|) < 0$]，不过这并不影响对 $\det A$ 零点 (即 $\tilde{\beta}$ 本征值) 的确定。比较图 3-3(a) 和 (b)，前者 (线性坐标) 在数值计算中只能给出在 1.4935 附近的那个 $\tilde{\beta}$ 本征值，而后者 (对数坐标) 可以很容易地计算出所有的三个 $\tilde{\beta}$ 本征值 (1.491554，1.491854 和 1.493519)。

图 3-4 为利用该数值方法求解得到的 $m = 1$ 时的色散曲线，即不同的归一化

频率 V 对应的有效折射率 $\tilde{\beta}$ 本征值。从图中可以看到，$V = 5.91$ 的三个 $\tilde{\beta}$ 本征值与图 3-3(b) 中是一致的，分别对应于 $m = 1$ 的三个模式 HE_{11}，EH_{11} 和 HE_{12}。由于此时设置的光纤环内径接近于零，且不同层之间的折射率差也很小，所以该环状光纤近似为传统弱导阶跃光纤，而图 3-4 给出的结果恰与利用传统弱导阶跃光纤理论得到的结果一致 [5]，因此验证了上述数值方法的有效性。更详细的色散曲线比较结果见 3.2.2 节。

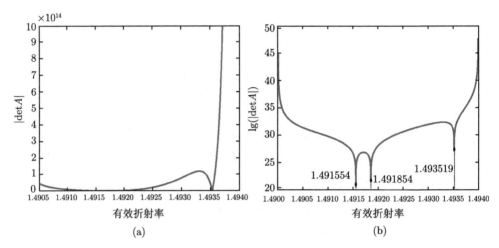

图 3-3　$m = 1$，$V = 5.91$ 时矩阵行列式 det A 作为 $\tilde{\beta}$ 的函数

(a) 实际行列式值；(b) 行列式绝对值的对数

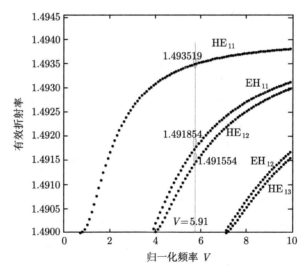

图 3-4　$m = 1$ 时的色散曲线，即不同的归一化频率 V 对应的有效折射率 $\tilde{\beta}$ 本征值

3.2.2 传统光纤模式的场分布和色散曲线

利用 3.2.1 节中的数值方法计算 $a_2 = 5\mu m$，$a_1 = 0.01\mu m$，$n_0 = 1.494$，$\Delta = \dfrac{n_0 - n_2}{n_0} = 0.27\%$ (满足弱导条件)，且 $n_1 = n_2$ 的环状光纤中各模式的有效折射率，并画出 $\tilde{\beta}$-V 色散曲线，如图 3-5 所示。由于环内径 a_1 很小，各层之间折射率接近，近似为传统弱导阶跃光纤。由图中结果可见，TE_{01}，TM_{01} 以及 HE_{21} 三个模式的有效折射率相近，因此它们极易简并为线偏振模 LP_{02}，而 EH_{11} 和 HE_{31} 也相应地简并为线偏振模 LP_{21}，这与文献 [6] 中的结果一致。

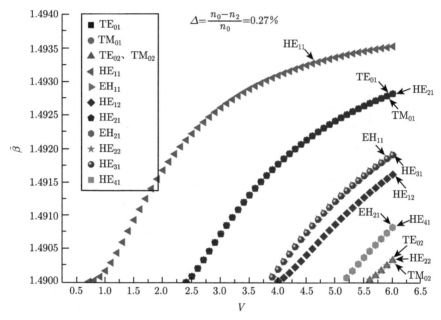

图 3-5 $\quad a_2 = 5\mu m$，$a_1 = 0.01\mu m$，$n_0 = 1.494$，$\Delta = \dfrac{n_0 - n_2}{n_0} = 0.27\%$ 的环状光纤的 $\tilde{\beta}$-V 色散曲线

为了进一步分析模式的特征，将 EH_{11} 和 HE_{31} 对应的部分有效折射率数值列在表 3-3 中。可以看出，模式 EH_{11} 和 HE_{31} 的有效折射率的差值量级为 10^{-6}。显然，弱导情况下传统光纤中这两个模式的有效折射率差太小，因此极易耦合成线偏振模 LP_{21}，从而影响 OAM 模式的传输质量。类似地，在弱导条件下，$EH_{n-1,m}$ 模和 $HE_{n+1,m}$ 模之间的有效折射率差一般也会比较小，很容易简并为 $LP_{n,m}$ 模，即 $LP_{n,m} = EH_{n-1,m} + HE_{n+1,m}$[7]。

如果再给定环状光纤的环外半径 $a_2 = 5\mu m$，环内半径 $a_1 = 0.01\mu m$，环层折射率 $n_0 = 1.494$，$\Delta = \dfrac{n_0 - n_2}{n_0} = 3.35\%$，且 $n_1 = n_2$，此时近似为非弱导条件下的传统阶跃光纤，则可计算得到其对应模式的 $\tilde{\beta}$-V 色散曲线如图 3-6 所示。

表 3-3　模式 EH_{11} 和 HE_{31} 对应的有效折射率 $\tilde{\beta}$ 值及其差值

V	$\tilde{\beta}\,(EH_{11})$	$\tilde{\beta}\,(HE_{31})$	$\Delta\tilde{\beta}$
4.010000	1.490201	1.490198	3×10^{-6}
4.110000	1.490315	1.490312	3×10^{-6}
4.210000	1.490428	1.490425	3×10^{-6}
4.310000	1.490538	1.490535	3×10^{-6}
4.410000	1.490646	1.490642	4×10^{-6}
4.510000	1.490749	1.490746	3×10^{-6}

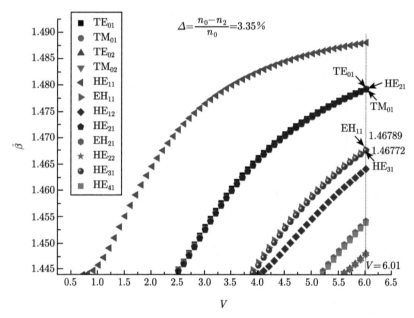

图 3-6　$a_2=5\mu m$, $a_1=0.01\mu m$, $n_0=1.494$, $\Delta=\dfrac{n_0-n_2}{n_0}=3.35\%$, 且 $n_1=n_2$ 的环状
光纤中模式的 $\tilde{\beta}$-V 色散曲线

由图 3-6 可见, 非弱导近似条件下, 原本容易简并的模式的有效折射率 $\tilde{\beta}$ 值已经基本可以分开。这里需要说明的是, EH 和 HE 分别有 even 和 odd 两种模式, 并且 $EH_{(l-1),1}$ 和 $HE_{(l+1),1}$ 携带相同的轨道角动量, 对应的拓扑荷均为 l, 因此它们的有效折射率一般比较接近。即

$$OAM_{\pm l,m}^{\mp} = HE_{(l+1),m}^{even} \mp iHE_{(l+1),m}^{odd}$$
$$OAM_{\pm l,m}^{\mp} = EH_{(l-1),m}^{even} \mp iEH_{(l-1),m}^{odd}$$

其中 $EH_{(l-1),1}$ 携带一个与 OAM 符号相反的自旋角动量, 总角动量为 $l-1$, 而 $HE_{(l+1),1}$ 则携带一个与 OAM 符号相同的自旋角动量, 总角动量为 $l+1$。因此, EH_{11} 和 HE_{31} 均对应拓扑荷为 2 的 OAM 模式, 并且根据前面弱导条件下的结

论，当模式处于弱导条件时，模式间的有效折射率差很小，所以在传输过程中极易简并成线偏振模 LP_{21}，从而影响 OAM 模式的纯度和质量。但是在以上非弱导光纤中，这两个模式的有效折射率显然已经相差较大，这就大大降低了 OAM 复用模式发生简并的概率。模式 EH_{11} 和 HE_{31} 在 $V = 6.01$ 处的有效折射率分别为 1.46789 和 1.46772，差为 1.7×10^{-4}，已经超过了模式在传输过程中容易简并成 LP 模的阈值 $10^{-4[8-13]}$。

而对于 TE 和 TM 来说，存在 $OAM_{\pm 1,m} = TE_{0m} \pm iTM_{0m}$，但由于在非弱导情况下 TE_{0m} 和 TM_{0m} 模式的有效折射率差别较大，它们自身就不能组成稳定的 OAM 模式，更不能保证在光纤中的传输。

3.2.3　环状光纤模式的场分布和色散曲线

令外环半径为 $a_2 = 5\mu m$，内环半径 $a_1 = 4\mu m$，环层折射率 $n_0 = 1.494$ 保持不变，计算环内外层的折射率 $n_1 = n_2$ 取不同值时各模式的 $\tilde{\beta}$ 值，以得到对应的色散曲线 (图 3-7)。图 3-7(a)~(d) 分别为 $n_1 = n_2 = 1.490, 1.464, 1.444, 1.3$ 时的色散曲线，对应的 Δ 值分别为 0.27%，2%，3.35%，13%。

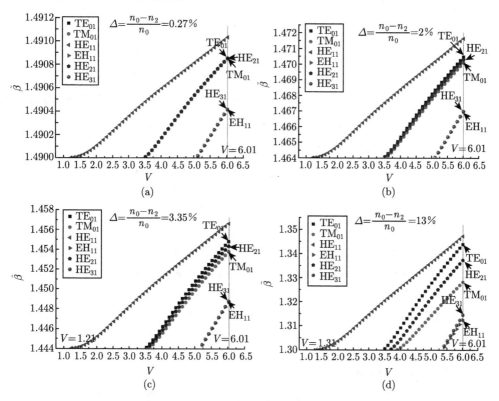

图 3-7　环状光纤中各模式的 $\tilde{\beta}$-V 色散曲线随内外层折射率的变化

由图 3-7(a) 中的结果可见, 当 $\Delta = 0.27\%$ 时, TE_{01}, TM_{01} 和 HE_{21}, 以及 EH_{11} 和 HE_{31} 这两组模式的有效折射率 $\tilde{\beta}$ 的值仍然很相近。而当 Δ 值为 2%, 3.35%, 13% 时, 以上两组简并模式已经开始明显分开, 并且随着环内外包层折射率的减小, 各个容易发生简并的 OAM 模式的有效折射率 $\tilde{\beta}$ 的差别越来越大, 模式间的色散增加。

表 3-4 仍然以 $V = 6.01$ 处为例给出了 EH_{11} 和 HE_{31} 模式的 $\tilde{\beta}$ 值以及它们的有效折射率差。由表格中的数值也可以明显看出, 随着内外包层折射率的减小, 即当它们与环芯层之间的折射率的差值增大时, OAM 模式间的有效折射率差也会呈现逐渐增大的趋势。

表 3-4　不同折射率分布的环状光纤在 $V = 6.01$ 处 EH_{11} 和 HE_{31} 模式的 $\tilde{\beta}$ 值

模式	$\tilde{\beta}$			
	$\Delta = 0.27\%$	$\Delta = 2\%$	$\Delta = 3.35\%$	$\Delta = 13\%$
EH_{11}	1.49042	1.46698	1.44871	1.31251
HE_{31}	1.49042	1.46699	1.44876	1.31455
$\Delta\tilde{\beta}$	0	1×10^{-5}	5×10^{-5}	2.04×10^{-3}

令外环半径为 $a_2 = 5\mu m$, 环层折射率 $n_0 = 1.494$, 环内外包层折射率 $n_1 = n_2 = 1.444$, 此时 $\Delta = 3.35\%$, 计算不同内环半径的各模式有效折射率。再定义内外环半径比 $\rho = \dfrac{a_1}{a_2}$, 画出当 ρ 分别为 0.2, 0.4, 0.6, 0.8 时的色散曲线, 如图 3-8(a)~(d) 所示。由图可以看出, 随着内环半径增大 (即环层变薄), 各模式的色散曲线均会不同程度地向右漂移, 并且部分模式已经移出我们设定的归一化频率区间。比如, 当 $\rho = 0.2$ 时, 在 $V < 6.01$ 的范围内共存在 12 个模式, 但是当 $\rho = 0.8$ 时, 仅存在 6 个模式。各模式的截止频率也逐渐增大, 以 HE_{11} 模式为例, 当 $\rho = 0.2, 0.4, 0.6, 0.8$ 时, HE_{11} 模式对应的截止频率依次为 0.71, 0.91, 0.91, 1.21。这种截止频率随内环半径增大而增大的现象在内环半径趋近于外环半径时 (即环层变得较薄时) 更加明显。另外, 由于各个模式的漂移程度不同, 也会导致模式间的有效折射率差发生变化。在 ρ 从 0.2 增加到 0.8 的过程中, 即随着内环半径的增大, 模式 EH_{11} 和 HE_{31} 的色散曲线分别向右发生漂移, 并且由于它们的漂移速度不同, EH_{11} 模式的色散曲线从 HE_{31} 的左边漂移到了右边, 即随着归一化频率 V 的增大, 首先出现的不再是 EH_{11} 模式, 而是 HE_{31} 模式, 导致 EH_{11} 和 HE_{31} 模式之间的有效折射率差呈现先减小后增大的趋势。

表 3-5 还分别列出了不同内环半径的环状光纤在 $V = 6.01$ 处 EH_{11} 和 HE_{31} 模式对应的 $\tilde{\beta}$ 值。由表 3-5 中的数值结果可以看出, 随着内环半径增大, 模式 HE_{31} 的 $\tilde{\beta}$ 值增大的幅度比 EH_{11} 的 $\tilde{\beta}$ 值增大的幅度要大, 表格中第三行对应的

有效折射率差 $\Delta\tilde{\beta}$ 为负值时表示的是此时 HE_{31} 的 $\tilde{\beta}$ 值已经增大到比 EH_{11} 的 $\tilde{\beta}$ 值大，且之后其绝对值还在继续增大。

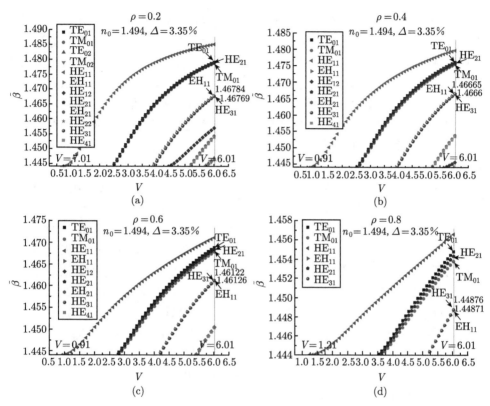

图 3-8　非弱导条件下不同 ρ 值的环状光纤中各模式的 $\tilde{\beta}$-V 色散曲线

表 3-5　不同 ρ 值的环状光纤在 $V=6.01$ 处 EH_{11} 和 HE_{31} 模式对应的 $\tilde{\beta}$ 值

模式	$\tilde{\beta}$				
	$\rho=0.01$	$\rho=0.2$	$\rho=0.4$	$\rho=0.6$	$\rho=0.8$
EH_{11}	1.46789	1.46784	1.46665	1.46122	1.44871
HE_{31}	1.46772	1.46769	1.4666	1.46126	1.44876
$\Delta\tilde{\beta}$	1.7×10^{-4}	1.5×10^{-4}	5×10^{-5}	-4×10^{-5}	-5×10^{-5}

　　以上分析说明，环状光纤中各模式的色散曲线会随光纤内外环半径的变化而发生不同程度的漂移，在保持外环半径不变的情况下，在一定范围内，内环半径越大，即光纤环越薄，各模式的漂移速度差别越大，这说明通过调整光纤环内外半径的比值 ρ，可以将原本发生简并的 OAM 模式分开。

3.3　OAM 模式光纤结构设计

在传统阶跃光纤 (只有芯层和包层) 中，弱导近似下截止频率 (用归一化频率表示) 的方程可以简化为较为简单的贝塞尔函数的零点。但是对于非弱导近似的情形，截止频率方程将变得复杂 [3]，即使解析表达式存在，也无法直接得到有用的信息，仍然需要用数值方法求解该解析方程的根才能得到截止频率以定性或定量地分析其性质。本节我们不进行烦琐的截止频率方程的推导，而是将前面计算色散曲线的思想应用到截止频率的求解上，从而建立处理该问题的一种有效的数值方法。考虑到当今计算机强大的运算能力，该数值方法在适用性和效率方面常常会比解析法更具优势。

具体求解思路为：在特征方程中，行列式 $\det A = 0$，当其他参数给定时，矩阵 A 只是频率 V 和有效折射率 $\tilde{\beta}$ 的函数。在求解色散曲线时，采用固定一个频率 V 计算 $\det A\left(\tilde{\beta}\right)$-$\tilde{\beta}$ 的曲线，从而找到满足 $\det A(\tilde{\beta}) = 0$ 的 $\tilde{\beta}$ 值，这些 $\tilde{\beta}$ 值即为该归一化频率 V 下可能存在的导模的有效折射率。对不同的 V 重复同样的过程，即可得到导波模的色散曲线。类似地，我们也可以给定一个 $\tilde{\beta}$ 值，计算满足 $\det A(V)$-V 的曲线，从而找到满足 $\det A(V) = 0$ 的 V 值，这些 V 值即为有效折射率 $\tilde{\beta}$ 的导波模可能对应的归一化频率值。如果设定 $\beta = \max(n_1, n_2)$，则求得的 V 为对应各个导模的截止归一化频率。在求解过程中需要注意的是，如果让 $\tilde{\beta}$ 严格等于 $n = \max(n_1, n_2)$ 可能会遭遇奇点，从而使数值方法失效。因此，我们一般设 $\tilde{\beta} = n + \delta n$，$\delta n \ll n_0 - n$ 为非常小的正数 [比如 $\delta n < 10^{-4}(n_0 - n)$]，这样既能使数值方法有效，又能得到很高的精度。

若给定环状光纤的参数：$a_1 = 2.5\mu m$，$a_2 = 5\mu m$，$n_0 = 1.494$，$n_2 = 1.464$，并且定义 $\mu = \sqrt{\dfrac{n_0^2 - n_1^2}{n_0^2 - n_2^2}}$，当 n_1 的值从 1 到 1.464 变化时，即 μ 由 3.73 变化到 1 时，利用上述数值方法计算各模式的截止频率，并画出各模式截止频率随折射率变化的曲线 (图 3-9)。图中每个模式对应的截止频率曲线的右侧为该模式可以存在的区域，即若环状光纤对应的归一化频率 V 大于某个模式的截止频率，则该模式能够在光纤中传输。并且，随着 μ 的增大，各模式的截止频率向着 V 增大的方向发生不同程度的移动。表明有可能通过内外层折射率 n_1 和 n_2 之间的差值来调节光纤模式的色散性质或进行模式筛选。

由 3.2 节的分析可知，环状光纤的内外环半径比值以及折射率分布的改变会显著影响原本简并的 OAM 模式之间的有效折射率差。为了使 OAM 模式在光纤中传输时不简并成 LP 模，通常在最初设计光纤参数时的基本原则是尽量保持模式间的有效折射率差 $\Delta\tilde{\beta} > 10^{-4}$。基于此原则，在这里寻找适合模式传输的环状光纤折射率分布和内外径比值的最优参数组合。

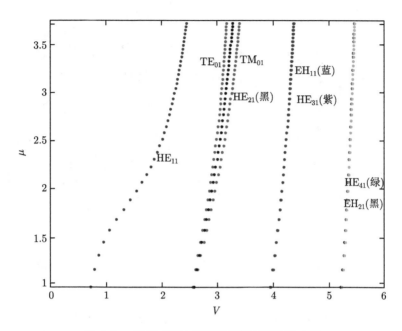

图 3-9 各模式截止频率随折射率变化的曲线

首先给出环状光纤的内外环半径比值 ρ 对容易简并的 OAM 模式有效折射率差的影响。令环状光纤的折射率参数为 $n_0 = 1.494, n_1 = n_2 = 1.444$(纯净 SiO_2 的折射率),此时 $\Delta = \dfrac{n_0 - n_2}{n_0} = 3.35\%$,画出当 ρ 的值从 0 到 1 变化时拓扑荷相同的 OAM 模式间有效折射率差最小值的颜色区域图 (图 3-10)。该区域图 $V < 5$ 的部分与文献 [14] 基本一致。

图 3-10 中纵轴为内外半径比,横轴为归一化频率 V。选定环状光纤的工作波长在通信的低损耗窗口 1.55μm 波段,则该环状光纤对应的归一化频率为 $V = 7.77$,另外,图 3-10 中还给出了各模式的截止频率曲线,曲线右侧为对应模式可以传输的区域。由图可以看出,工作波长为 1.55μm 时,该环状光纤中最多可以存在的模式 (对应 $V = 7.77$ 左侧的区域) 有 HE_{11},TE_{01},HE_{21},TM_{01},EH_{11},HE_{31},HE_{12},EH_{21},HE_{41},TE_{02},HE_{22},TM_{02},EH_{31},HE_{51},EH_{12},HE_{32},HE_{13},EH_{41},HE_{61},共 19 个模式。根据 3.1.1 和 3.2.2 节中的原则,去掉模式中的 TE 和 TM 模以及径向高阶模,这些模式中只有 HE_{21}, (EH_{11}, HE_{31}), (EH_{21}, HE_{41}), (EH_{31}, HE_{51}), (EH_{41}, HE_{61}),即分别对应拓扑荷绝对值为 1,2,3,4,5 的 OAM 模式可以在光纤中稳定传输。

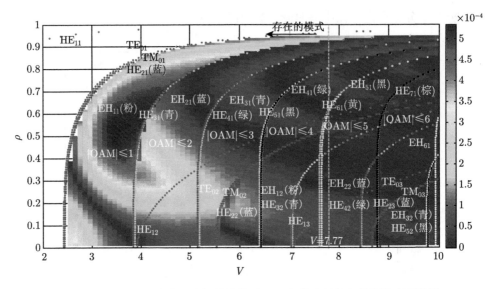

图 3-10　环状光纤内外环半径的比值对 OAM 模式折射率差的影响区域图

为了进一步确保这些模式在光纤中传输时不简并成 LP 模，接下来我们需要找到使它们的有效折射率差满足 $\Delta\tilde\beta > 10^{-4}$ 的区域。并且考虑到光纤耦合、复用解复用以及接收效率和器件设计方面的问题，应该尽量避免出现径向高阶模 (即下角标第二项大于 1 的模式，如 HE_{12} 模)。对于携带相同拓扑荷的 OAM 模式，由于径向高阶模相对于低阶径向模的截止频率曲线更多地往 ρ 较小的方向偏移，因此可以选取较大的 ρ 值以筛除高阶径向模。同时，在实际设计环状光纤的过程中，还应该尽量保证光纤中能够传输较多的 OAM 模式。综合考虑以上因素，在合适的 ρ 值范围内无法找到合适的光纤参数组合，以使较多的 OAM 模式满足上述条件。为此，我们调整环状光纤的折射率分布参数，保持 $a_2 = 5\mu m$，$n_0 = 1.494$，$n_2 = 1.444$，但是令中心处的折射率 $n_1 = 1$，即空气芯的环状光纤，同样作出表征 OAM 模式有效折射率差最小值的颜色区域图 (图 3-11)。

由图 3-11 可以较明显地分辨出能够使较多 OAM 模式满足 $\Delta\tilde\beta > 10^{-4}$ 的区域。对于同样的内外径比值 ρ，OAM 模式的阶数越高，容易发生简并的 OAM 模式 ($EH_{(l-1),1}$ 和 $HE_{(l+1),1}$) 间的最小有效折射率差越小。我们大致选取 ρ 值的范围在 $0.6 \sim 0.7$，此时没有高阶径向模的出现，并且至少有 HE_{21}，(EH_{11}，HE_{31})，(EH_{21}，HE_{41})，分别对应拓扑荷为 1，2，3 的 OAM 模式；若考虑拓扑荷可以为负值，则共有 $OAM_{\pm1}^{\mp}$，$OAM_{\pm2}^{\pm}$，$OAM_{\pm2}^{\mp}$，$OAM_{\pm3}^{\pm}$ 和 $OAM_{\pm3}^{\mp}$ 10 个模式满足 $\Delta\tilde\beta > 10^{-4}$ 的条件。

为了更好地证明以上结论，我们利用专业的有限元软件 COMSOL 进行了仿真，仿真中使用的外径和折射率分布参数与以上数值计算相同，并且将工作波长

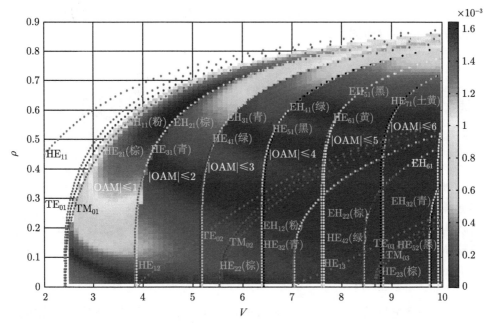

图 3-11　空气芯环状光纤内外环半径的比值对 OAM 模式有效折射率差的影响区域图

设置在典型的光纤通信低损耗窗口 $1.55\mu m$ 处。当内径 $a_1 = 2.7\mu m$, 即 $\rho = 0.54$ 时, 满足 $\Delta\tilde{\beta} > 10^{-4}$ 条件的模式仅到 $OAM_{\pm2}$, 而 EH_{21} 和 HE_{41} 之间的有效折射率差为 0.892×10^{-4}, 所以 $OAM_{\pm3}$ 模式在传输过程中很容易简并成 LP 模。将内径稍微增大, 令 $a_1 = 2.75\mu m(\rho = 0.55)$, 此时 EH_{21} 和 HE_{41} 之间的有效折射率差为 1.036×10^{-4}, 此时若继续增大内径尺寸, 即提高 ρ 值, 则它们之间的有效折射率差也会有不同程度的增大, 但是模式的质量将变差。图 3-12 分别给出了 $a_1 = 2.7\mu m, 2.75\mu m, 3\mu m, 3.5\mu m(\rho = 0.54, 0.55, 0.6, 0.7)$ 时 EH_{21}^{even} 的模场强度图, 由图可见, 随着 ρ 值的增大, 环芯层厚度变小, 模场泄漏加剧, 能量损耗增大, 模式质量变差。因此, 综合考虑简并模式间的有效折射率差和模式质量, 我们选取 $\rho = 0.55$ 作为此时环状光纤的结构设计参数。基于该参数, 我们利用 COMSOL

$\rho=0.54$　　　　　$\rho=0.55$　　　　　$\rho=0.6$　　　　　$\rho=0.7$

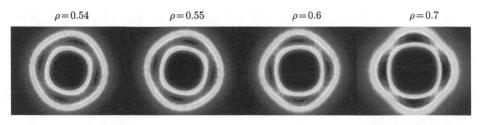

图 3-12　空气芯环状光纤内外半径比值 $\rho = 0.54, 0.55, 0.6, 0.7$ 时 EH_{21}^{even} 的模场强度图

计算得到了 $a_1 = 2.75\mu m(\rho = 0.55)$ 时环状光纤中满足 $\Delta\tilde{\beta} > 10^{-4}$ 的各个 OAM 模式的模场强度分布图 (图 3-13)。

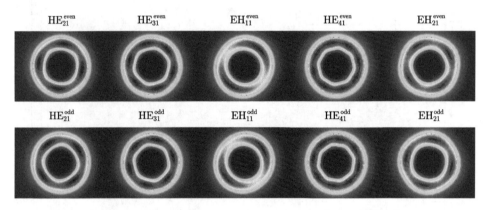

图 3-13　环状光纤内径 $a_1 = 2.75\mu m(\rho = 0.55)$ 时各 OAM 模式的模场强度图

表 3-6 还分别给出了当 $a_1 = 2.75\mu m(\rho = 0.55)$ 时，利用我们提出的数值方法和 COMSOL 软件计算得到的各个 OAM 模式的最小有效折射率差。从表格中的结果可见，数值计算和 COMSOL 的仿真结果基本吻合，$EH_{(l-1),1}$ 和 $HE_{(l+1),1}$ 间的有效折射率差随着拓扑荷 l 的增大而减小，到 EH_{31} 和 HE_{51} 时，其有效折射率差已小于 10^{-4}，所以该参数对应的环状光纤中可以传输的 OAM 模式最高阶数模式可到 EH_{21} 和 HE_{41}，即 $OAM_{\pm3}^{\pm}$ 和 $OAM_{\pm3}^{\mp}$。

表 3-6　利用 3.2 节的数值方法和 COMSOL 计算得到的各个简并的 OAM 模式的最小 $\Delta\tilde{\beta}$

	$\Delta\tilde{\beta}$		
	EH_{11} 和 HE_{31}	EH_{21} 和 HE_{41}	EH_{31} 和 HE_{51}
数值计算	2.802×10^{-4}	1.205×10^{-4}	0.587×10^{-4}
COMSOL	2.664×10^{-4}	1.036×10^{-4}	0.656×10^{-4}

综合以上分析，环状光纤的内外环半径的比值 ρ 及环层与环内外层折射率的分布会显著影响 OAM 模式间的最小有效折射率差 $\Delta\tilde{\beta}$ 以及模场的质量。因此，在对能够传输 OAM 模式的环状光纤进行参数设计时，需要同时考虑以下问题：

(1) 环状光纤中传输的 OAM 模式数目尽量多以加载更多的信息。

(2) 各 OAM 模式间的有效折射率差要满足 $\Delta\tilde{\beta} > 10^{-4}$，以避免在长距离传输中简并成 LP 模。

(3) 环状光纤的内外半径比值 ρ 要适中，太小会产生高阶径向模，给模式的发射、复用解复用、耦合以及接收带来不便。同时也不能太大，太大会导致环状光纤中能够传输的 OAM 导波模式的数量减少，且此时会引起 OAM 模式的能量泄漏，从而使得损耗增加。

(4) 光纤环芯层和环内外包层的折射率差也要谨慎选取。差值太小不容易将 OAM 模式的模场束缚在光纤中从而导致能量的泄漏，同时还会使得光纤中能够存在的 OAM 模式间的有效折射率差变小，造成某些模式简并成 LP 模；也不能太大，太大会使模式间的色散增加。

另外还要保证 OAM 模式的工作波长处于光纤通信系统的低损耗窗口，因此在设计环状光纤的时候应该综合考虑这些问题，最后得到一个能够尽量均衡各项性能参数的光纤参数。

3.4 中心区域为驻波的环状光纤

3.4.1 模式特征方程

在 3.2 节中，我们给出了当环内外包层的折射率相同时模式的色散曲线。当环内外层的折射率不相同时又分为两种情况，第一种是 $n_0 > n_2 \geqslant n_1$，即环外包层的折射率大于环内包层，此时和 3.2 节的情况类似，即电磁场在环形区域中为径向驻波而在中心区域和包层均为径向衰减波，所不同的是模式截止时的有效折射率数值不能到达 n_1，只能触碰到 n_2；第二种是 $n_0 > n_1 > n_2$(图 3-14)，在这种情况下，导波模式分为两类，第一类模式的有效折射率满足 $n_0 > \tilde{\beta} > n_1$，其性质与第一种情况类似，在中心区域和包层均为径向衰减波。另外一类模式的有效

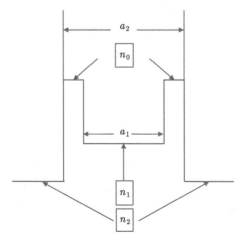

图 3-14 中心区域存在驻波解时环状光纤横截面的折射率分布图

折射率满足 $n_1 > \tilde{\beta} > n_2$, 此时尽管光场在包层仍然保持径向衰减, 但在光纤中心区域, 电磁场却在径向上为驻波形式。求解此类导波模的思路和前面的情况类似, 因此以下仅给出简要的推导过程, 而将细节略去。

对于内外包层和环芯层区域, 电磁场的形式和方程与 3.1 节中相同, 而在中心区域, 电磁场为第一类贝塞尔函数表征的驻波 (第二类贝塞尔函数在 $r \to 0$ 时发散)

$$E_z(\rho, \varphi) = \mathrm{e}^{-\mathrm{i}m\varphi} \begin{cases} F_1 J_m(\bar{\sigma}_1 r), & r < a_1 \\ C_J J_m(\tau r) + C_Y Y_m(\tau r), & a_1 < r < a_2 \\ F_2 K_m(\sigma_2 r), & r > a_2 \end{cases} \tag{3.4.1}$$

$$B_z(\rho, \varphi) = \mathrm{e}^{-\mathrm{i}m\varphi} \begin{cases} \bar{F}_1 J_m(\bar{\sigma}_1 r), & r < a_1 \\ G_J J_m(\tau r) + G_Y Y_m(\tau r), & a_1 < r < a_2 \\ \bar{F}_2 K_m(\sigma_2 r), & r > a_2 \end{cases} \tag{3.4.2}$$

其中 σ_2 和 τ 的定义与 3.1 节相同, 但是由于现在中心区域为驻波解, 则相应的 σ_1 变为

$$\bar{\sigma}_1 = \sqrt{n_1^2 \frac{\omega^2}{c^2} - \beta^2}$$

应用在 $r = a_2$ 和 $r = a_1$ 处电磁场在 z 方向上的分量连续的条件, 可得

$$E_z(\rho, \varphi) = \mathrm{e}^{-\mathrm{i}m\varphi} \begin{cases} \dfrac{C_J J_m(\tau a_1) + C_Y Y_m(\tau a_1)}{J_m(\bar{\sigma}_1 a_1)} J_m(\bar{\sigma}_1 r), & r < a_1 \\ C_J J_m(\tau r) + C_Y Y_m(\tau r), & a_1 < r < a_2 \\ \dfrac{C_J J_m(\tau a_2) + C_Y Y_m(\tau a_2)}{K_m(\sigma_2 a_2)} K_m(\sigma_2 r), & r > a_2 \end{cases} \tag{3.4.3}$$

$$B_z(\rho, \varphi) = \mathrm{e}^{-\mathrm{i}m\varphi} \begin{cases} \dfrac{G_J J_m(\tau a_1) + G_Y Y_m(\tau a_1)}{J_m(\bar{\sigma}_1 a_1)} J_m(\bar{\sigma}_1 r), & r < a_1 \\ G_J J_m(\tau r) + G_Y Y_m(\tau r), & a_1 < r < a_2 \\ \dfrac{G_J J_m(\tau a_2) + G_Y Y_m(\tau a_2)}{K_m(\sigma_2 a_2)} K_m(\sigma_2 r), & r > a_2 \end{cases} \tag{3.4.4}$$

然后利用方程 (3.1.18) 和 (3.1.19) 计算出 E_φ 和 B_φ, 并令其在 $r = a_2$ 和 $r = a_1$ 处连续, 最终可得电磁场系数 C_J, C_Y, G_J, G_Y 的四元齐次线性方程组

$$\left[\left(\frac{1}{\sigma_2^2} + \frac{1}{\tau^2} \right) \frac{\mathrm{i}m\beta}{a_2} J_m(\tau a_2) \right] \bar{C}_J + \left[\left(\frac{1}{\sigma_2^2} + \frac{1}{\tau^2} \right) \frac{\mathrm{i}m\beta}{a_2} Y_m(\tau a_2) \right] \bar{C}_Y$$

$$+\left[\frac{\omega}{\sigma_2 c}\frac{K'_m(\sigma_2 a_2)}{K_m(\sigma_2 a_2)}J_m(\tau a_2)+\frac{\omega}{\tau c}J'_m(\tau a_2)\right]G_J$$

$$+\left[\frac{\omega}{\sigma_2 c}\frac{K'_m(\sigma_2 a_2)}{K_m(\sigma_2 a_2)}Y_m(\tau a_2)+\frac{\omega}{\tau c}Y'_m(\tau a_2)\right]G_Y=0 \tag{3.4.5}$$

$$\left[\left(-\frac{1}{\bar{\sigma}_1^2}+\frac{1}{\tau^2}\right)\frac{\mathrm{i}m\beta}{a_1}J_m(\tau a_1)\right]\bar{C}_J+\left[\left(-\frac{1}{\bar{\sigma}_1^2}+\frac{1}{\tau^2}\right)\frac{\mathrm{i}m\beta}{a_1}Y_m(\tau a_1)\right]\bar{C}_Y$$

$$+\left[-\frac{\omega}{\bar{\sigma}_1 c}\frac{J'_m(\bar{\sigma}_1 a_1)}{J_m(\bar{\sigma}_1 a_1)}J_m(\tau a_1)+\frac{\omega}{\tau c}J'_m(\tau a_1)\right]G_J$$

$$+\left[-\frac{\omega}{\bar{\sigma}_1 c}\frac{J'_m(\bar{\sigma}_1 a_1)}{J_m(\bar{\sigma}_1 a_1)}Y_m(\tau a_1)+\frac{\omega}{\tau c}Y'_m(\tau a_1)\right]G_Y=0 \tag{3.4.6}$$

$$-\left[\frac{n_2^2\omega}{\sigma_2 c}J_m(\tau a_2)\frac{K'_m(\sigma_2 a_2)}{K_m(\sigma_2 a_2)}+\frac{n_0^2\omega}{\tau c}J'_m(\tau a_2)\right]\overline{C}_J$$

$$-\left[\frac{n_2^2\omega}{\sigma_2 c}Y_m(\tau a_2)\frac{K'_m(\sigma_2 a_2)}{K_m(\sigma_2 a_2)}+\frac{n_0^2\omega}{\tau c}Y'_m(\tau a_2)\right]\overline{C}_Y$$

$$+\left(\frac{1}{\sigma_2^2}+\frac{1}{\tau^2}\right)\frac{\mathrm{i}m\beta}{a_2}J_m(\tau a_2)G_J+\left(\frac{1}{\sigma_2^2}+\frac{1}{\tau^2}\right)\frac{\mathrm{i}m\beta}{a_2}Y_m(\tau a_2)G_Y=0 \tag{3.4.7}$$

$$-\left[-\frac{n_1^2\omega}{\bar{\sigma}_1 c}\frac{J'_m(\bar{\sigma}_1 a_1)}{J_m(\bar{\sigma}_1 a_1)}J_m(\tau a_1)+\frac{n_0^2\omega}{\tau c}J'_m(\tau a_1)\right]\overline{C}_J$$

$$-\left[-\frac{n_1^2\omega}{\bar{\sigma}_1 c}\frac{J'_m(\bar{\sigma}_1 a_1)}{J_m(\bar{\sigma}_1 a_1)}Y_m(\tau a_1)+\frac{n_0^2\omega}{\tau c}Y'_m(\tau a_1)\right]\overline{C}_Y$$

$$+\left(-\frac{1}{\bar{\sigma}_1^2}+\frac{1}{\tau^2}\right)\frac{\mathrm{i}m\beta}{a_1}J_m(\tau a_1)G_J+\left(-\frac{1}{\bar{\sigma}_1^2}+\frac{1}{\tau^2}\right)\frac{\mathrm{i}m\beta}{a_1}Y_m(\tau a_1)G_Y=0 \tag{3.4.8}$$

其中，为了使四个电磁场系数的量纲一致，我们已经定义了 $\overline{C}_J=\dfrac{C_J}{c}$ 和 $\overline{C}_Y=\dfrac{C_Y}{c}$。以上方程组有非零解的条件是其系数矩阵 $\overline{A}$ 的行列式为零

$$\det\overline{A}=0 \tag{3.4.9}$$

3.4.2 场分布和色散曲线

利用与 3.2 节类似的数值方法，同样可以计算出各模式的归一化频率 V 对应的有效折射率 $\tilde{\beta}$ 值，由此可画出各模式的 $\tilde{\beta}$-V 色散曲线。图 3-15 给出了 $a_2=5\mu\mathrm{m}$，$a_1=3\mu\mathrm{m}$，$n_0=1.494$，$n_1=1.464$，$n_2=1.444$ 时环状光纤的色散曲线图，

其中 $1.444 < \tilde{\beta} < 1.464$ 是中心为驻波的导模。可以看出，在有效折射率满足 $1.444 < \tilde{\beta} < 1.464$ 的区间，驻波模式的色散曲线会发生交叠。

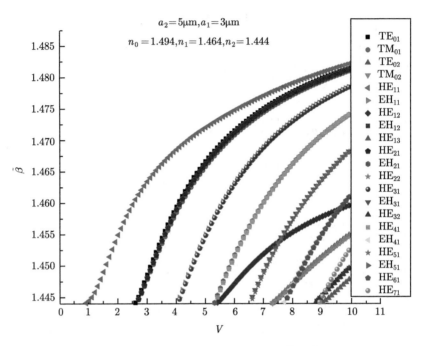

图 3-15　中心区域存在驻波解时各模式的 $\tilde{\beta}$-V 色散曲线

我们还利用 COMSOL 仿真得到了工作波长为 $1.55\mu m$ 时该环状光纤中心为驻波解的各个模式的模场强度图 (图 3-16)。这些模式分别为：EH_{31}^{even}，EH_{31}^{odd}，HE_{51}^{even}，HE_{51}^{odd}，HE_{12}^{even}，HE_{12}^{odd}，TE_{02}，HE_{22}^{even}，HE_{22}^{odd}，TM_{02}，EH_{41}^{even}，EH_{41}^{odd}，HE_{61}^{even}，HE_{61}^{odd}，并且它们对应的有效折射率分别为：1.4558134，1.4558122，1.4556217，1.455621，1.4546869，1.4546859，1.4460755，1.4460539，1.4460509，

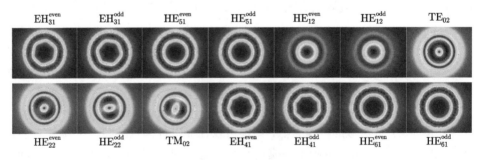

图 3-16　中心区域存在驻波时各模式的模场强度图

1.4460388，1.4448225，1.4448217，1.444429，1.4444274，均满足中心为驻波的条件，即 $n_1 > \tilde{\beta} > n_2$。

由图中结果可见，其中一些模式 ($\mathrm{HE}_{12}^{\mathrm{even}}$, $\mathrm{HE}_{12}^{\mathrm{odd}}$, TE_{02}, $\mathrm{HE}_{22}^{\mathrm{even}}$, $\mathrm{HE}_{22}^{\mathrm{odd}}$, TM_{02}) 已经明显地在中心区域出现了较强的光场，这非常直观地说明了中心区域有驻波解存在。另外一些模式 ($\mathrm{EH}_{31}^{\mathrm{even}}$, $\mathrm{EH}_{31}^{\mathrm{odd}}$, $\mathrm{HE}_{51}^{\mathrm{even}}$, $\mathrm{HE}_{51}^{\mathrm{odd}}$, $\mathrm{EH}_{41}^{\mathrm{even}}$, $\mathrm{EH}_{41}^{\mathrm{odd}}$, $\mathrm{HE}_{61}^{\mathrm{even}}$, $\mathrm{HE}_{61}^{\mathrm{odd}}$) 尽管在中心区域场强较弱，但通过仔细的数据分析仍可发现该区域的场分布为第一类贝塞尔函数的驻波，只是由于内径的大小没有超出第一类贝塞尔函数由中心往外单调上升的范围，因此没有呈现光强的振荡。在实际的光纤传输系统中，由于发射及接收器件的限制，希望接收到的模式的能量尽量集中在环芯层内，以保证较高的耦合、复用解复用以及接收效率，所以应尽量避免中心区域为驻波解的情况。综合考虑，在设计环状光纤时不能让环内的折射率大于环外的折射率，而应该保证 $n_0 > n_2 \geqslant n_1$。

参 考 文 献

[1] 张霞. 面向太比特光传输系统复用技术的若干问题研究 [D]. 北京：北京邮电大学, 2016.

[2] Willner A E, Huany H, Yan Y, et al. Optical communications using orbital angular momentum beams[J]. Advances in Optics & Photonics, 2015, 7(1): 66-106.

[3] Brunet C, Ung B, Bélanger P A, et al. Vector mode analysis of ring-core fibers: design tools for spatial division multiplexing[J]. Journal of Lightwave Technology, 2014, 32(23): 4648-4659.

[4] Brunet C, Rusch L A. Optical fibers for the transmission of orbital angular momentum modes[J]. Optical Fiber Technology, 2016, 35: 2-7.

[5] 李淑凤. 光波导理论基础教程 [M]. 2 版. 北京: 电子工业出版社, 2018.

[6] Bozinovic N, Kristensen P, Ramachandran S. Long-range fiber transmission of optical vortices[J]. Optical Vortices, 2011.

[7] 张民, 林金桐, 张志国. 光波导理论简明教程 [M]. 北京: 北京邮电大学出版社, 2011.

[8] Brunet C, Rusch L A. Optical fibers for the transmission of orbital angular momentum modes[J]. Optical Fiber Technology, 2017, 35: 2-7.

[9] Tian W, Zhang H, Zhang X, et al. A circular photonic crystal fiber supporting 26 OAM modes[J]. Optical Fiber Technology, 2016, 30: 184-189.

[10] Zhang H, Wang Z, Xi L, et al. All-fiber broadband multiplexer based on an elliptical ring core fiber structure mode selective coupler[J]. Optics Letters, 2019, 44(12): 2994-2997.

[11] Brunet C, Ung B, Messaddeq Y, et al. Design of an optical fiber supporting 16 OAM modes[C]// Optical Fiber Communication (OFC) Conference, San Francisco, CA, USA, 2014: Th2A.24.

[12] Fang L, Wang J. Mode conversion and orbital angular momentum transfer among multiple modes by helical gratings[J]. IEEE Journal of Quantum Electronics, 2016, 52(8): 1-6.

[13] Yue Y, Yan Y, Ahmed N, et al. Mode properties and propagation effects of optical orbital angular momentum (OAM) modes in a ring fiber[J]. IEEE Photonics Journal, 2012, 4(2): 535-543.

[14] Brunet C, Ung B, Wang L, et al. Design of a family of ring-core fibers for OAM transmission studies[J]. Optics Express, 2015, 23(8):10553-10563.

第 4 章　环状光纤中的 OAM 模式耦合

在理想环状光纤中，模式之间能够独立传输、互不干扰。然而在实际应用中，光纤不可避免地受到扰动，这种扰动可能来源于外部因素（弯折、扭曲、应力等），也可能来源于光纤制造工艺不完善造成的内部因素，比如光纤的不圆度、不同心度，光纤材料的折射率分布不均匀等。一旦模式之间的正交性被破坏，则多个模式在传输过程中会互相耦合，导致多模信号之间发生串扰，使误码率升高，造成通信系统性能下降。本章提出了一种非理想光纤中模式耦合分析理论[1]。该理论的最大优势在于可以用两个具有直观物理意义的概念，即理想模式间最大能量转换率和达到最大能量转换率的相应传输长度来直接表征模式耦合。本章给出了该模式耦合理论在模分复用系统中的应用，以环状光纤中最常见的两种扰动情况（环芯不圆度与不同心度）为例，较全面地分析了环状光纤中 OAM 模式的耦合性质，发现特定形式的扰动与模式耦合特性之间存在复杂的关系。此外，提出了一种基于该模式耦合理论本身自洽性的误差分析方法，通过在不同扰动范围内对非理想模式进行定量评估，发现具有较高的精确度。本章内容可为下一步模分复用系统中的模式耦合和模式色散的分析提供理论指导。

4.1　模式耦合的基础理论

4.1.1　非理想光纤本征模式的微扰展开

为了通用性和简洁性，我们使用抽象的右矢符号 $|\ \rangle$ 来表示电磁场的状态。具体而言，我们将正交归一化理想模表示为 $\{|1\rangle_{\mathrm{ID}}, |2\rangle_{\mathrm{ID}}, \cdots, |N\rangle_{\mathrm{ID}}\}$，将同样正交归一化的非理想模表示为 $\{|1\rangle_{\mathrm{NI}}, |2\rangle_{\mathrm{NI}}, \cdots, |N\rangle_{\mathrm{NI}}\}$。我们的基本假设表明理想模 $\{|1\rangle_{\mathrm{ID}}, |2\rangle_{\mathrm{ID}}, \cdots, |N\rangle_{\mathrm{ID}}\}$ 和非理想模 $\{|1\rangle_{\mathrm{NI}}, |2\rangle_{\mathrm{NI}}, \cdots, |N\rangle_{\mathrm{NI}}\}$ 跨越电磁场的相同模态空间。因此，在非理想光纤中传播的任意电磁场既可以展开为非理想模的叠加，也可以展开为理想模的叠加。特别地，$\{|1\rangle_{\mathrm{NI}}, |2\rangle_{\mathrm{NI}}, \cdots, |N\rangle_{\mathrm{NI}}\}$ 可以用 $\{|1\rangle_{\mathrm{ID}}, |2\rangle_{\mathrm{ID}}, \cdots, |N\rangle_{\mathrm{ID}}\}$ 表示，反之亦然

$$
\begin{pmatrix} |1\rangle_{\mathrm{NI}} \\ |2\rangle_{\mathrm{NI}} \\ \vdots \\ |N\rangle_{\mathrm{NI}} \end{pmatrix} = \Gamma \begin{pmatrix} |1\rangle_{\mathrm{ID}} \\ |2\rangle_{\mathrm{ID}} \\ \vdots \\ |N\rangle_{\mathrm{ID}} \end{pmatrix} \tag{4.1.1}
$$

$$\begin{pmatrix} |1\rangle_{\mathrm{ID}} \\ |2\rangle_{\mathrm{ID}} \\ \vdots \\ |N\rangle_{\mathrm{ID}} \end{pmatrix} = \Gamma^{\dagger} \begin{pmatrix} |1\rangle_{\mathrm{NI}} \\ |2\rangle_{\mathrm{NI}} \\ \vdots \\ |N\rangle_{\mathrm{NI}} \end{pmatrix} \tag{4.1.2}$$

其中 Γ 是一个 $N \times N$ 的幺正矩阵, 即 $\Gamma^{\dagger}\Gamma = I$, $\Gamma^{\dagger}$ 和 I 分别为 Γ 的厄米共轭矩阵和单位矩阵。Γ 的幺正性来源于理想模和非理想模的正交性和归一化。很明显, Γ_{lm} 是非理想模 $|l\rangle_{\mathrm{NI}}$ 的展开式中理想模 $|m\rangle_{\mathrm{ID}}$ 分量的系数, $|\Gamma_{lm}|^2$ 表示 $|l\rangle_{\mathrm{NI}}$ 中 $|m\rangle_{\mathrm{ID}}$ 的相对权重。

为了研究扰动下理想模式的耦合, 考虑电磁场 $|\Psi(z)\rangle$ 沿非理想光纤在纵向 (z 方向) 的传播。根据基本假设, $|\Psi(z)\rangle$ 可展开为理想模 $\{|1\rangle_{\mathrm{ID}}, |2\rangle_{\mathrm{ID}}, \cdots, |N\rangle_{\mathrm{ID}}\}$ 的叠加: 在 $z = 0$ 处, 电磁场表示为

$$\begin{aligned} |\Psi(z=0)\rangle &= \sum_{j=1}^{N} \alpha_{j0} |j\rangle_{\mathrm{ID}} \\ &= (\alpha_{10},\ \alpha_{20},\ \cdots,\ \alpha_{N0}) \begin{pmatrix} |1\rangle_{\mathrm{ID}} \\ |2\rangle_{\mathrm{ID}} \\ \vdots \\ |N\rangle_{\mathrm{ID}} \end{pmatrix} \end{aligned} \tag{4.1.3}$$

并且在稍后的位置 $z > 0$ 处, 电磁场演化为

$$\begin{aligned} |\Psi(z)\rangle &= \sum_{j=1}^{N} \alpha_j(z) |j\rangle_{\mathrm{ID}} \\ &= [\alpha_1(z),\ \alpha_2(z),\ \cdots,\ \alpha_N(z)] \begin{pmatrix} |1\rangle_{\mathrm{ID}} \\ |2\rangle_{\mathrm{ID}} \\ \vdots \\ |N\rangle_{\mathrm{ID}} \end{pmatrix} \end{aligned} \tag{4.1.4}$$

这里, α_{j0} 和 $\alpha_j(z)$ 为复系数, 非理想光纤中场的传播由 $[\alpha_1(z), \alpha_2(z), \cdots, \alpha_N(z)]$ 和 $(\alpha_{10}, \alpha_{20}, \cdots, \alpha_{N0})$ 之间的关系唯一确定。

进一步, 将式 (4.1.2) 代入式 (4.1.3) 中并得到

$$|\psi(z=0)\rangle = (\alpha_{10},\ \alpha_{20},\ \cdots,\ \alpha_{N0})\, \Gamma^{\dagger} \begin{pmatrix} |1\rangle_{\mathrm{NI}} \\ |2\rangle_{\mathrm{NI}} \\ \vdots \\ |N\rangle_{\mathrm{NI}} \end{pmatrix} \tag{4.1.5}$$

非理想模 $|j\rangle_{\mathrm{NI}}$ ($j = 1, 2, \cdots, N$) 作为非理想光纤的本征模, 在从 0 至 z 的传播过程中演化为 $|j\rangle_{\mathrm{NI}} \to \mathrm{e}^{-\mathrm{i}n_j kz} |j\rangle_{\mathrm{NI}}$, 其中 n_j 是 $|j\rangle_{\mathrm{NI}}$ 的有效折射率且 $k = \dfrac{\omega}{c}$。因

此，由式 (4.1.5) 可知

$$|\Psi(z)\rangle_{\mathrm{NI}} = (\alpha_{10},\, \alpha_{20},\, \cdots,\, \alpha_{N0})\,\Gamma^{\dagger} \begin{pmatrix} \mathrm{e}^{-in_1 kz}\,|1\rangle_{\mathrm{NI}} \\ \mathrm{e}^{-in_2 kz}\,|2\rangle_{\mathrm{NI}} \\ \vdots \\ \mathrm{e}^{-in_N kz}\,|N\rangle_{\mathrm{NI}} \end{pmatrix}$$

$$= (\alpha_{10},\, \alpha_{20},\, \cdots,\, \alpha_{N0})\,\Gamma^{\dagger} D_{\mathrm{ERI}}(z)\,\Gamma \begin{pmatrix} |1\rangle_{\mathrm{ID}} \\ |2\rangle_{\mathrm{ID}} \\ \vdots \\ |N\rangle_{\mathrm{ID}} \end{pmatrix} \qquad (4.1.6)$$

其中

$$D_{\mathrm{ERI}}(z) = \begin{pmatrix} \mathrm{e}^{-in_1 kz} & 0 & \cdots & 0 \\ 0 & \mathrm{e}^{-in_2 kz} & \cdots & 0 \\ \vdots & \vdots & & \vdots \\ 0 & 0 & \cdots & \mathrm{e}^{-in_N kz} \end{pmatrix} \qquad (4.1.7)$$

在最后一步中我们应用了式 (4.1.1)。比较式 (4.1.4) 和式 (4.1.6) 得

$$\begin{pmatrix} \alpha_1(z) \\ \alpha_2(z) \\ \vdots \\ \alpha_N(z) \end{pmatrix} = G(z) \begin{pmatrix} \alpha_{10} \\ \alpha_{20} \\ \vdots \\ \alpha_{N0} \end{pmatrix} \qquad (4.1.8)$$

其中

$$G(z) \equiv \Gamma^{\mathrm{T}} D_{\mathrm{ERI}}(z)\,\Gamma^{*}$$

Γ^{T} 和 Γ^{*} 分别为 Γ 的转置与复共轭。很明显，$G(z)$ 是幺正的，即 $G^{\dagger}(z)G(z) = I$，由此进一步得到

$$\sum_{j=1}^{N} |\alpha_j(z)|^2 = \sum_{j=1}^{N} |\alpha_{j0}|^2 \qquad (4.1.9)$$

这就保证了传播过程中的能量守恒。

为了描述非理想光纤中理想模的耦合，假设在 $z=0$ 处电磁场在理想模 $|m\rangle_{\mathrm{ID}}$ 中，即 $\alpha_{j0} = \delta_{jm}$, $j = 1, 2, \cdots, N$。将该 α_{j0} 代入式 (4.1.8) 即可得到

$$\alpha_l(z) = \sum_{j=1}^{N} G_{lj}(z)\,\delta_{jm}$$

$$= G_{lm}(z) \qquad (4.1.10)$$

这里很容易验证，$\sum_{l=1}^{N} |\alpha_l(z)|^2 = \sum_{j=1}^{N} |\alpha_{j0}|^2 = 1$，故 $|\alpha_l|^2$ 表示在 z 处场中理想模分量 $|l\rangle_{\mathrm{ID}}$ 的相对权重。回顾在 $z = 0$ 处，电磁场在 $|m\rangle_{\mathrm{ID}}$ 中，我们得出结论

$$1 - |\alpha_m(z)|^2 = 1 - |G_{mm}(z)|^2 \equiv \eta_m(z) \tag{4.1.11}$$

衡量了场从 0 传播到 z 处的过程中从 $|m\rangle_{\mathrm{ID}}$ 转换出来的能量部分。根据这一观察，理想模 $|m\rangle_{\mathrm{ID}}$ 与其他所有 $|l \neq m\rangle_{\mathrm{ID}}$ 模的耦合可以用两个概念来表征：① "最大转换率" $C_m = \max_z \eta_m(z)$ $[0 \leqslant C_m \leqslant 1]$——传播过程中能从 $|m\rangle_{\mathrm{ID}}$ 转换成其他理想模的最大能量部分，以及② "最大转换传播长度" L_m——达到最大能量转换的传播距离，即 $\eta_m(z = L_m) = C_m$。需要强调，作为我们理论体系的一个关键优势，C_m 和 L_m 在表征理想模耦合方面都是至关重要的，它们结合起来展示了一个相对全面的画面。例如，即使 C_m 很大，表明很大一部分能量最终可以从 $|m\rangle_{\mathrm{ID}}$ 中转换出来，但如果 L_m 也很大，则耦合可能仍然很弱，因为它表明最大能量转换只有在长传距离后才会发生。从式 (4.1.8) 可直接得到 $G_{mm}(z)$

$$G_{mm}(z) = \sum_{j,l=1}^{N} \Gamma_{jm} \mathrm{e}^{-in_l kz} \delta_{jl} \Gamma_{lm}^*$$

$$= \mathrm{e}^{-in_N kz} \sum_{l=1}^{N} \mathrm{e}^{-i\Delta n_l kz} |\Gamma_{lm}|^2 \tag{4.1.12}$$

其中 $\Delta n_l = n_l - n_N$。

这表明 $|G_{mm}(z)|^2$，并且进而 C_m 和 L_m 是由矩阵 Γ_{lm} 的第 m 列元素和非理想模的相对有效折射率 Δn_l 决定的。显然，对于不同的 $|m\rangle_{\mathrm{ID}}$ 而言，C_m 和 L_m 通常是不同的。

在双模耦合的最简单情况下，即 $N = 2$，Γ 是一 2×2 矩阵，根据式 (4.1.12) 有

$$G_{11}(z) = \mathrm{e}^{-in_2 kz} \left[\mathrm{e}^{-i\Delta nkz} |\Gamma_{11}|^2 + |\Gamma_{21}|^2 \right]$$
$$G_{22}(z) = \mathrm{e}^{-in_2 kz} \left[\mathrm{e}^{-i\Delta nkz} |\Gamma_{21}|^2 + |\Gamma_{22}|^2 \right] \tag{4.1.13}$$

很容易证明 $\eta_1(z) \equiv 1 - |G_{11}(z)|^2$ 和 $\eta_2(z) \equiv 1 - |G_{22}(z)|^2$ 都是周期性的，其能量在 $|1\rangle_{\mathrm{ID}}$ 和 $|2\rangle_{\mathrm{ID}}$ 两个理想模之间来回转换，并且在 $z = \dfrac{1}{2}\dfrac{\lambda}{|\Delta n|}, \dfrac{3}{2}\dfrac{\lambda}{|\Delta n|}, \cdots$ 处取得最大值 $1 - \left(|\Gamma_{11}|^2 - |\Gamma_{21}|^2 \right)^2$ 和 $1 - \left(|\Gamma_{21}|^2 - |\Gamma_{22}|^2 \right)^2$。因此，我们得到最大转换率，即从 $|1\rangle_{\mathrm{ID}}$ 转换到 $|2\rangle_{\mathrm{ID}}$，或从 $|2\rangle_{\mathrm{ID}}$ 转换到 $|1\rangle_{\mathrm{ID}}$ 的最大部分能量

$$C_1 = 1 - \left(|\Gamma_{11}|^2 - |\Gamma_{21}|^2 \right)^2$$
$$C_2 = 1 - \left(|\Gamma_{12}|^2 - |\Gamma_{22}|^2 \right)^2 \tag{4.1.14}$$

以及相应的最大转换传播长度

$$L_1 = L_2 = \frac{1}{2}\frac{\lambda}{|\Delta n|} \equiv L \tag{4.1.15}$$

进一步注意到 Γ 是幺正的，可以写为 $\Gamma = \mathrm{e}^{\mathrm{i}\phi}\begin{pmatrix} \sigma & \tau \\ -\tau^* & \sigma \end{pmatrix}$，$|\sigma|^2 + |\tau|^2 = 1$，其中 σ 和 τ 是复数，ϕ 是实数，可得

$$C_1 = C_2 = 1 - \left(|\sigma|^2 - |\tau|^2\right)^2 \equiv C \tag{4.1.16}$$

由式 (4.1.16) 可知，如果每个非理想模中两个理想模分量的相对权重 $|\sigma|^2$ 和 $|\tau|^2$ 更接近，则最大转换率 C 更大。在非理想模包含等量的 $|1\rangle_{\mathrm{ID}}$ 和 $|2\rangle_{\mathrm{ID}}$ 分量，$|\sigma|^2 = |\tau|^2 = \frac{1}{2}$ 的一个极限条件下，可以发生能量的完全转换 ($C = 1$)；在另一极限条件 $|\sigma|^2 = 1$，$|\tau|^2 = 0$ 或 $|\sigma|^2 = 0$，$|\tau|^2 = 1$ 下，理想模与非理想模相同，即非理想光纤的本征模，因此不存在能量转换 ($C = 0$)。由式 (4.1.15) 可知，如果两个非理想模的有效折射率 (Effective Refractive Index, ERI) 差 Δn 越小，则最大转换传播长度 L 越大。在极限条件 $\Delta n = 0$ 下，场必须传播无限长的距离 ($L \to \infty$) 以完成假定的能量转换，这实际上意味着永远不会发生能量转换。其原因是，理想模作为两个具有相同有效折射率的非理想模的叠加，也是非理想光纤的本征模，因此不相互耦合。上述分析进一步强调了 C 和 L 在表征扰动下理想模耦合中的重要性。

对于多个理想模式之间的耦合，即 $N > 2$，最大转换率 $C_1, C_2, C_3, \cdots$ 通常不同，最大转换传播长度 $L_1, L_2, L_3, \cdots$ 也是如此。一般地，C_m 和 L_m 没有用 $|\Gamma_{lm}|^2$ 和 Δn_l 表示的解析表达式，但可以从式 (4.1.12) 中通过计算 $\eta_m = 1 - |G_{mm}|^2$ 数值求解关于 z 的函数并确定最大值。这里，$\eta_m(z)$ 通常不是周期性的，在不同的 z 处可能有多个最大值。尽管如此，如果 N 相对较小，使得 η_m 随 z 的变化不是太规则，那么我们可以合理地选择 $\eta_m(z)$ 中的一个典型最大值来确定 C_m 和 L_m。例如，如果 $\eta_m(z)$ 的最大值之间仅略有不同，或者光纤的总长度小于第一个最大值的传播距离 z，则选择第一个最大值来定义 C_m 和 L_m 是合理的。此外，如果光纤覆盖了 $\eta_m(z)$ 的几个最大值，并且存在一组稍有不同的最大值，这些最大值明显大于集外的其他最大值，则可以选择集内的第一个最大值来定义 C_m 和 L_m。

尽管我们的基本假设可以用非理想模和理想模互相表示，但这并不意味着必须在每个分析中包含所有模。通常情况下，如果扰动相当小，非理想模和理想模可以分别划分为若干子集，非理想模的每一子集可以近似地用一个理想模的相应子集展开，反之亦然。一旦这种进一步的近似 (在基本假设的基础上) 被证明是合理的，上述模式耦合的公式就可以应用于每对理想模和非理想模的子集。当然，

这种附加近似也会导致额外的误差，但它可以大大简化分析，更直接地捕捉结果的物理本质。

　　如前所述，引入一种实用的方法来将理想模和非理想模划分为成对的子集是有用的。如果在全部 N 个非理想模中，存在 $n < N$ 个模基本完全由 n 个理想模分量构成，那么如式 (4.1.1) 和式 (4.1.2) 所示，n 个非理想模构成的子集和 n 个理想模构成的子集可以近似地互相展开，其中列向量包含 n 个模，Γ 为一 $n \times n$ 矩阵。过程中产生的额外误差可以通过 $\Gamma^\dagger \Gamma$ 和单位矩阵 I 之间的偏差来估计。

　　上述公式适用于沿纵向 (z 方向) 均匀分布的非理想光纤。如果光纤的扰动取决于 z，则非理想本征模 $|j; z\rangle_{\mathrm{NI}}$ 会随 z 变化，对应的有效折射率 $n_j(z)$ 和式 (4.1.1) 中的矩阵 $\Gamma(z)$ 也是如此。在这种更一般的情况下，我们没有用式 (4.1.6) 和式 (4.1.8) 所示的解析代数式来描述场 $|\Psi(z)\rangle$ 的演化。更确切地讲，这种演化可以通过差分方程来描述。要得到这种差分方程，我们注意到非理想光纤中位置 z 处的本征模 $|j; z\rangle_{\mathrm{NI}}$ 在 $z + \delta z$ 处会演化为 $\mathrm{e}^{-in_j(z)k\delta z} |j; z\rangle_{\mathrm{NI}}$，其中 δz 是一无穷小的增量。经过一个类似于推导式 (4.1.6) 的过程后，有

$$\begin{pmatrix} \alpha_1(z+\delta z) \\ \alpha_2(z+\delta z) \\ \vdots \\ \alpha_N(z+\delta z) \end{pmatrix} = G_\Delta(z) \begin{pmatrix} \alpha_1(z) \\ \alpha_2(z) \\ \vdots \\ \alpha_N(z) \end{pmatrix} \tag{4.1.17}$$

其中 $\alpha_j(z)$ 如式 (4.1.4) 所定义，$G_\Delta(z) = \Gamma(z)^{\mathrm{T}} D_{\Delta\mathrm{ERI}}(z) \Gamma(z)^*$，且

$$\begin{aligned} D_{\Delta\mathrm{ERI}} &= \begin{pmatrix} \mathrm{e}^{-in_1(z)k\delta z} & 0 & 0 & 0 \\ 0 & \mathrm{e}^{-in_2(z)k\delta z} & 0 & 0 \\ 0 & 0 & \ddots & 0 \\ 0 & 0 & 0 & \mathrm{e}^{-in_N(z)k\delta z} \end{pmatrix} \\ &= I - ik \begin{pmatrix} n_1(z) & 0 & 0 & 0 \\ 0 & n_2(z) & 0 & 0 \\ 0 & 0 & \ddots & 0 \\ 0 & 0 & 0 & n_N(z) \end{pmatrix} \delta z \end{aligned} \tag{4.1.18}$$

其中忽略了关于无穷小量 δz 的高阶项。将式 (4.1.18) 代入 $G_\Delta(z)$ 的表达式中并考虑到 $\Gamma(z)$ 的幺正性，得

$$G_\Delta(z) = I - ikB(z)\delta z \tag{4.1.19}$$

其中

$$B(z) = \Gamma(z)^{\mathrm{T}} \begin{pmatrix} n_1(z) & 0 & 0 & 0 \\ 0 & n_2(z) & 0 & 0 \\ 0 & 0 & \ddots & 0 \\ 0 & 0 & 0 & n_N(z) \end{pmatrix} \Gamma(z)^* \qquad (4.1.20)$$

将式 (4.1.19) 代入式 (4.1.17)，经过简单的代数运算，得到非理想光纤中支配 $|\Psi(z)\rangle$ 演化的差分方程

$$\frac{\mathrm{d}}{\mathrm{d}z} \begin{pmatrix} \alpha_1(z) \\ \alpha_2(z) \\ \vdots \\ \alpha_N(z) \end{pmatrix} = -\mathrm{i}kB(z) \begin{pmatrix} \alpha_1(z) \\ \alpha_2(z) \\ \vdots \\ \alpha_N(z) \end{pmatrix} \qquad (4.1.21)$$

如果非理想光纤在 z 方向上均匀，使得 Γ 和 n_j 独立于 z，则可将式 (4.1.21) 积分以恢复为式 (4.1.8)。

4.1.2 非理想光纤本征模式的傅里叶级数形式

使用电场振幅函数 $\boldsymbol{E}(\rho, \varphi)$ 表示光纤中光场传播的状态，其中 ρ 和 φ 分别为横截 $(x-y)$ 面上极坐标系的半径和方位角。我们的基本假设是在给定的真空波长 λ 下，任何非理想模都可以根据理想模展开 [2]

$$\begin{aligned} \boldsymbol{E}_{\mathrm{NI}}(\rho, \varphi) = & \sum_p \left[\gamma_{\mathrm{TE}_{0p}} \boldsymbol{E}_{\mathrm{TE}_{0p}}(\rho, \varphi) + \gamma_{\mathrm{TM}_{0p}} \boldsymbol{E}_{\mathrm{TM}_{0p}}(\rho, \varphi) \right] \\ & + \sum_{\mu, \nu, p} \left[\gamma_{\mu\nu p}^{\mathrm{even}} \boldsymbol{E}_{\mu\nu p}^{\mathrm{even}}(\rho, \varphi) + \gamma_{\mu\nu p}^{\mathrm{odd}} \boldsymbol{E}_{\mu\nu p}^{\mathrm{odd}}(\rho, \varphi) \right] \end{aligned} \qquad (4.1.22)$$

$$\mu = \mathrm{HE}, \mathrm{EH}, \quad \nu = 1, 2, 3, \cdots, \quad p = 1, 2, 3, \cdots$$

其中下标 "NI" 和 "TE$_{0p}$, TM$_{0p}$, HE$_{\nu p}$, EH$_{\nu p}$" 分别表示 "非理想" 模和各种 "理想模"，γ 为叠加系数。我们的目标是建立数值计算系数 γ 的标准程序。注意，在采用 "TE$_{0p}$, TM$_{0p}$, HE$_{\nu p}$, EH$_{\nu p}$" 来表示理想模式时，我们隐含地假设了一个圆柱对称的理想光纤，但所阐述的过程也适用于其他任何光纤。

原则上，式 (4.1.22) 中的求和覆盖所有理想模。然而，正如我们将在后面的章节中看到的，通常只有相对较少的理想模对各个非理想模的展开有显著贡献。为了使系数 γ 正确地表示矩阵 Γ 的元素，理想模和非理想模都应适当地归一化。光纤中本征模的标准正交性和归一化由下式定义 [3]：

$$\int_0^\infty \mathrm{d}\rho \int_0^{2\pi} \mathrm{d}\varphi \, \rho \, \left[\boldsymbol{E}_\zeta^{(t)*}(\rho, \varphi) \times \boldsymbol{H}_{\zeta'}^{(t)}(\rho, \varphi) \right] \cdot \boldsymbol{e}_z = \delta_{\zeta\zeta'} \qquad (4.1.23)$$

这里，下标 "ζ, ζ'" 表示本征模，上标 "t" 表示横截面分量，$\boldsymbol{H}$ 和 $\boldsymbol{e}_z$ 分别表示磁场和 z 方向的单位矢量。如果场的 z 向分量与横向分量相比微不足道 (正如在大多数光纤中那样)，可以证明

$$\int_0^\infty \mathrm{d}\rho \int_0^{2\pi} \mathrm{d}\varphi\, \rho\, \left[\boldsymbol{E}_\zeta^{(t)*}(\rho,\varphi) \times \boldsymbol{H}_{\zeta'}^{(t)}(\rho,\varphi) \right] \cdot \boldsymbol{e}_z$$
$$\approx \frac{c}{n_\zeta} \int_0^\infty \mathrm{d}\rho \int_0^{2\pi} \mathrm{d}\varphi\, \rho\, n_{mt}^2(\rho,\varphi)\, \boldsymbol{E}_\zeta^*(\rho,\varphi) \cdot \boldsymbol{E}_{\zeta'}(\rho,\varphi) \tag{4.1.24}$$

其中 $n_{mt}(\rho,\varphi)$ 和 n_ζ 分别为光纤的材料折射率 (Material Refractive Index, MRI) 和模式ζ 的有效折射率。在这种情况下，正交性和归一化条件也可以选为

$$\int_0^\infty \mathrm{d}\rho \int_0^{2\pi} \mathrm{d}\varphi\, \rho\, n_{mt}^2(\rho,\varphi)\, \boldsymbol{E}_\zeta^*(\rho,\varphi) \cdot \boldsymbol{E}_{\zeta'}(\rho,\varphi) = \delta_{\zeta\zeta'} \tag{4.1.25}$$

尽管对于各个模,根据式 (4.1.23) 和式 (4.1.25) 进行的归一化相差一个因子 $\sqrt{c/n_\zeta}$，但我们提出的扰动下理想模式耦合理论体系的本质并不取决于正交性和归一化的具体定义。然而在实际应用中 (见 4.2 节与 4.3 节)，必须明确定义 (如式 (4.1.25))，以执行实际计算。如果所有模式都被适当地归一化，则任意非理想模的展开式中所有 $|\gamma_i|^2$ (下标 "i" 与理想模有关) 之和应该等于 1，每个 $|\gamma_i|^2$ 表示对应的理想模分量的相对权重。

在阐述数值求解方法之前需要在这里做一些简要的评述。理想模和非理想模分别是理想光纤和非理想光纤的本征模，它们的正交性和归一化在相应的光纤中定义，即利用对应光纤的材料折射率 $n_{mt}(\rho,\varphi)$，它显式出现在式 (4.1.25) 并隐式包含于式 (4.1.23) 中的 $\boldsymbol{H}(\rho,\varphi)$。因此，理想光纤中正交和归一化的理想模在非理想光纤中不是严格正交或归一化的。尽管如此，那么可以以良好近似的方式将 Γ 视为幺正的。

在每个半径ρ 处，非理想模作为关于φ 的以 2π 为周期的函数可以分解为一个傅里叶级数

$$E_{\mathrm{NI},\rho}(\rho,\varphi) = c_{0,\rho}(\rho) + \sum_{\nu=1,2,\cdots} \left[c_{\nu,\rho}(\rho)\cos\nu\varphi + s_{\nu,\rho}(\rho)\sin\nu\varphi \right]$$
$$E_{\mathrm{NI},\varphi}(\rho,\varphi) = c_{0,\varphi}(\rho) + \sum_{\nu=1,2,\cdots} \left[c_{\nu,\varphi}(\rho)\cos\nu\varphi + s_{\nu,\varphi}(\rho)\sin\nu\varphi \right] \tag{4.1.26}$$

其中下标中的ρ 和 φ 分别表示径向和方位角方向。这里，没有使用场的 z 分量 E_z，因为在大多数光纤中，E_z 比 E_ρ 或 E_φ 要小得多，因此可能导致较大的数值误差。根据圆柱对称光纤的矢量模理论，理想模的形式如下 [4]

$$\begin{cases} E_{\mathrm{TE}_{0p},\rho} = 0 \\ E_{\mathrm{TE}_{0p},\varphi} = A_{\mathrm{TE}_{0p},\varphi}(\rho) \end{cases}$$

$$\begin{cases} E_{\mathrm{TM}_{0p},\rho} = A_{\mathrm{TM}_{0p},\rho}\left(\rho\right) \\ E_{\mathrm{TM}_{0p},\varphi} = 0 \end{cases} \tag{4.1.27}$$

以及

$$\begin{cases} E_{\mu_{\nu p},\rho}^{\mathrm{odd}} = A_{\mu_{\nu p},\rho}\left(\rho\right)\sin\nu\varphi \\ E_{\mu_{\nu p},\varphi}^{\mathrm{odd}} = A_{\mu_{\nu p},\rho}\left(\rho\right)\cos\nu\varphi \end{cases}$$

$$\begin{cases} E_{\mu_{\nu p},\rho}^{\mathrm{even}} = A_{\mu_{\nu p},\rho}\left(\rho\right)\cos\nu\varphi \\ E_{\mu_{\nu p},\varphi}^{\mathrm{even}} = -A_{\mu_{\nu p},\varphi}\left(\rho\right)\sin\nu\varphi \end{cases} \tag{4.1.28}$$

其中 $\mu = \mathrm{HE}$, EH, $\nu = 1, 2, 3, \cdots$, 以及 $p = 1, 2, 3, \cdots$。如前所述, 当我们采用圆柱对称理想光纤来阐述计算非理想模展开式中系数的过程时, 该过程可以直接推广到其他任何光纤中, 其中理想模不是关于 φ 的简单正余弦函数, 而是类似于式 (4.1.26) 中非理想模的傅里叶级数。尽管如此, 由于理想模式函数为最简单的正弦或余弦形式, 因此该理论最适合于分析具有圆柱对称结构的理想光纤。

将式 (4.1.26)~(4.1.28) 代入式 (4.1.22), 得

$$c_{0,\rho}\left(\rho\right) + \sum_{\nu=1,2,\cdots} \left[s_{\nu,\rho}\left(\rho\right)\sin\nu\varphi + c_{\nu,\rho}\left(\rho\right)\cos\nu\varphi\right]$$

$$= \gamma_{\mathrm{TE}_{01}} A_{\mathrm{TE}_{01},\rho}\left(\rho\right) + \gamma_{\mathrm{TM}_{01}} A_{\mathrm{TM}_{01},\rho}\left(\rho\right)$$

$$+ \sum_{\nu=1,2,\cdots} \left[\gamma_{\mathrm{HE}_{\nu 1}^{\mathrm{even}}} A_{\mathrm{HE}_{\nu 1},\rho}\left(\rho\right)\cos\nu\varphi + \gamma_{\mathrm{HE}_{\nu 1}^{\mathrm{odd}}} A_{\mathrm{HE}_{\nu 1},\rho}\left(\rho\right)\sin\nu\varphi \right.$$

$$\left. + \gamma_{\mathrm{EH}_{\nu 1}^{\mathrm{even}}} A_{\mathrm{EH}_{\nu 1},\rho}\left(\rho\right)\cos\nu\varphi + \gamma_{\mathrm{EH}_{\nu 1}^{\mathrm{odd}}} A_{\mathrm{EH}_{\nu 1},\rho}\left(\rho\right)\sin\nu\varphi\right] \tag{4.1.29}$$

和

$$c_{0,\varphi}\left(\rho\right) + \sum_{\nu=1,2,\cdots} \left[s_{\nu,\varphi}\left(\rho\right)\sin\nu\varphi + c_{\nu,\varphi}\left(\rho\right)\cos\nu\varphi\right]$$

$$= \gamma_{\mathrm{TE}_{01}} A_{\mathrm{TE}_{01},\varphi}\left(\rho\right) + \gamma_{\mathrm{TM}_{01}} A_{\mathrm{TM}_{01},\varphi}\left(\rho\right)$$

$$+ \sum_{\nu=1,2,\cdots} \left[-\gamma_{\mathrm{HE}_{\nu 1}^{\mathrm{even}}} A_{\mathrm{HE}_{\nu 1},\varphi}\left(\rho\right)\sin\nu\varphi + \gamma_{\mathrm{HE}_{\nu 1}^{\mathrm{odd}}} A_{\mathrm{HE}_{\nu 1},\varphi}\left(\rho\right)\cos\nu\varphi \right.$$

$$\left. - \gamma_{\mathrm{EH}_{\nu 1}^{\mathrm{even}}} A_{\mathrm{EH}_{\nu 1},\varphi}\left(\rho\right)\sin\nu\varphi + \gamma_{\mathrm{EH}_{\nu 1}^{\mathrm{odd}}} A_{\mathrm{EH}_{\nu 1},\varphi}\left(\rho\right)\cos\nu\varphi\right] \tag{4.1.30}$$

这里, 我们假设在给定的波长下, 只有最低径向阶 ($p = 1$) 理想模存在, 正如在绝大多数光纤中一样。对具有更高径向阶理想模的扩展也很简单, 将在本节末尾讨论。令式 (4.1.29) 和式 (4.1.30) 两边关于 φ 相同的函数 [即 1, $\sin\left(\nu\varphi\right)$ 或 $\cos\left(\nu\varphi\right)$] 前的因子相等, 得到叠加系数 γ 的方程

$$\begin{bmatrix} A_{\mathrm{TE}_{01},\rho}\left(\rho\right) & A_{\mathrm{TM}_{01},\rho}\left(\rho\right) \\ A_{\mathrm{TE}_{01},\varphi}\left(\rho\right) & A_{\mathrm{TM}_{01},\varphi}\left(\rho\right) \end{bmatrix} \begin{bmatrix} \gamma_{\mathrm{TE}_{01}} \\ \gamma_{\mathrm{TM}_{01}} \end{bmatrix} = \begin{bmatrix} c_{0,\rho} \\ c_{0,\varphi} \end{bmatrix} \tag{4.1.31}$$

和

$$
\begin{pmatrix} A_{\mathrm{HE}_{\nu1},\rho}(\rho) & A_{\mathrm{EH}_{\nu1},\rho}(\rho) \\ A_{\mathrm{HE}_{\nu1},\varphi}(\rho) & A_{\mathrm{EH}_{\nu1},\varphi}(\rho) \end{pmatrix}
\begin{pmatrix} \gamma_{\mathrm{HE}_{\nu1}^{\mathrm{odd}}} \\ \gamma_{\mathrm{EH}_{\nu1}^{\mathrm{odd}}} \end{pmatrix}
= \begin{pmatrix} s_{\nu,\rho} \\ c_{\nu,\varphi} \end{pmatrix}
$$

$$
\begin{pmatrix} A_{\mathrm{HE}_{\nu1},\rho}(\rho) & A_{\mathrm{EH}_{\nu1},\rho}(\rho) \\ -A_{\mathrm{HE}_{\nu1},\varphi}(\rho) & -A_{\mathrm{EH}_{\nu1},\varphi}(\rho) \end{pmatrix}
\begin{pmatrix} \gamma_{\mathrm{HE}_{\nu1}^{\mathrm{even}}} \\ \gamma_{\mathrm{EH}_{\nu1}^{\mathrm{even}}} \end{pmatrix}
= \begin{pmatrix} c_{\nu,\rho} \\ s_{\nu,\varphi} \end{pmatrix}
\tag{4.1.32}
$$

在任何给定的ρ 处，一旦 A，s 和 c 已知，则可由式 (4.1.31) 和式 (4.1.32) 解得γ。因为γ 与ρ 无关，故式 (4.1.31) 与式 (4.1.32) 在所有半径ρ 处解得的γ 值应相同 (在误差范围内)，这将在后面的章节中得到验证。

为了获取式 (4.1.31) 与式 (4.1.32) 中的 A，s 和 c，我们首先数值求解时谐麦克斯韦方程组以得到理想光纤和非理想光纤的所有本征模。然后在给定的半径 ρ 处用 $1, \sin\varphi, \cos\varphi, \sin 2\varphi, \cos 2\varphi, \cdots$ 的线性组合来数值拟合电场振幅，并将表达式与式 (4.1.26)~(4.1.28) 比较以直接获得 A，s 和 c。更多细节见 4.2 与 4.3 节。

在理想光纤中只存在最低径向阶 $(p = 1)$ 本征模的假设下从式 (4.1.22)、(4.1.26)~(4.1.28) 中导出了式 (4.1.31) 和 (4.1.32)。如果存在更高径向阶 $(p > 1)$ 理想模，我们不能仅在一个半径ρ 处得到可以求解叠加系数γ 的完备方程组。例如，假设理想模 $\mathrm{HE}_{\nu2}^{\mathrm{odd/even}}$ 也存在，在任意给定的半径ρ_1 处可以得到

$$
\begin{pmatrix} A_{\mathrm{HE}_{\nu1},\rho}(\rho_1) & A_{\mathrm{EH}_{\nu1},\rho}(\rho_1) & A_{\mathrm{HE}_{\nu2},\rho}(\rho_1) \\ A_{\mathrm{HE}_{\nu1},\varphi}(\rho_1) & A_{\mathrm{EH}_{\nu1},\varphi}(\rho_1) & A_{\mathrm{HE}_{\nu2},\varphi}(\rho_1) \end{pmatrix}
\begin{pmatrix} \gamma_{\mathrm{HE}_{\nu1}^{\mathrm{odd}}} \\ \gamma_{\mathrm{EH}_{\nu1}^{\mathrm{odd}}} \\ \gamma_{\mathrm{HE}_{\nu2}^{\mathrm{odd}}} \end{pmatrix}
= \begin{pmatrix} s_{\nu,\rho}(\rho_1) \\ c_{\nu,\varphi}(\rho_1) \end{pmatrix}
\tag{4.1.33}
$$

$$
\begin{pmatrix} A_{\mathrm{HE}_{\nu1},\rho}(\rho_1) & A_{\mathrm{EH}_{\nu1},\rho}(\rho_1) & A_{\mathrm{HE}_{\nu2},\rho}(\rho_1) \\ -A_{\mathrm{HE}_{\nu1},\varphi}(\rho_1) & -A_{\mathrm{EH}_{\nu1},\varphi}(\rho_1) & -A_{\mathrm{HE}_{\nu2},\varphi}(\rho_1) \end{pmatrix}
\begin{pmatrix} \gamma_{\mathrm{HE}_{\nu1}^{\mathrm{even}}} \\ \gamma_{\mathrm{EH}_{\nu1}^{\mathrm{even}}} \\ \gamma_{\mathrm{HE}_{\nu2}^{\mathrm{even}}} \end{pmatrix}
= \begin{pmatrix} c_{\nu,\rho}(\rho_1) \\ s_{\nu,\varphi}(\rho_1) \end{pmatrix}
\tag{4.1.34}
$$

式 (4.1.33) 或 (4.1.34) 中的每个矩阵方程 (Matrix Equation, ME) 包含 2 个含有 3 个未知变量γ 的线性代数方程 (Linear Algebraic Equation, LAE)，因此需要在每个矩阵方程中额外增加一个线性代数方程以唯一地确定对应的γ。如果存在更多高径向阶理想模 (如 $\mathrm{EH}_{\nu2}^{\mathrm{odd/even}}$，$\mathrm{HE}_{\nu3}^{\mathrm{odd/even}}$，$\cdots$)，则需要更多的线性代数方程。幸运的是，通过用更多的半径ρ_2，ρ_3，$\cdots$，我们总是可以得到足够的线性代数方程。在本例中，对于奇模，我们在另一半径ρ_2 处得到如下方程：

$$
A_{\mathrm{HE}_{\nu1},\rho}(\rho_2)\gamma_{\mathrm{HE}_{\nu1}^{\mathrm{odd}}} + A_{\mathrm{EH}_{\nu1},\rho}(\rho_2)\gamma_{\mathrm{EH}_{\nu1}^{\mathrm{odd}}} + A_{\mathrm{HE}_{\nu2},\rho}(\rho_2)\gamma_{\mathrm{HE}_{\nu2}^{\mathrm{odd}}} = s_{\nu,\rho}(\rho_2)
$$
$$
A_{\mathrm{HE}_{\nu1},\varphi}(\rho_2)\gamma_{\mathrm{HE}_{\nu1}^{\mathrm{odd}}} + A_{\mathrm{EH}_{\nu1},\varphi}(\rho_2)\gamma_{\mathrm{EH}_{\nu1}^{\mathrm{odd}}} + A_{\mathrm{HE}_{\nu2},\varphi}(\rho_2)\gamma_{\mathrm{HE}_{\nu2}^{\mathrm{odd}}} = c_{\nu,\varphi}(\rho_2)
\tag{4.1.35}
$$

可将式 (4.1.35) 中的任一线性代数方程添加到式 (4.1.33) 中以构成一个求解 $\gamma_{\mathrm{HE}_{\nu 1}^{\mathrm{odd}}}$、$\gamma_{\mathrm{EH}_{\nu 1}^{\mathrm{odd}}}$、$\gamma_{\mathrm{HE}_{\nu 2}^{\mathrm{odd}}}$ 的完备线性代数方程组。若选择式 (4.1.35) 中的第一个线性代数方程，则完备线性代数方程组可写作

$$\begin{pmatrix} A_{\mathrm{HE}\nu 1,\rho}(\rho_1) & A_{\mathrm{EH}\nu 1,\rho}(\rho_1) & A_{\mathrm{HE}\nu 2,\rho}(\rho_1) \\ A_{\mathrm{HE}\nu 1,\varphi}(\rho_1) & A_{\mathrm{EH}\nu 1,\varphi}(\rho_1) & A_{\mathrm{HE}\nu 2,\varphi}(\rho_1) \\ A_{\mathrm{HE}\nu 1,\rho}(\rho_2) & A_{\mathrm{EH}\nu 1,\rho}(\rho_2) & A_{\mathrm{HE}\nu 2,\rho}(\rho_2) \end{pmatrix} \begin{pmatrix} \gamma_{\mathrm{HE}_{\nu 1}^{\mathrm{odd}}} \\ \gamma_{\mathrm{EH}_{\nu 1}^{\mathrm{odd}}} \\ \gamma_{\mathrm{HE}_{\nu 2}^{\mathrm{odd}}} \end{pmatrix} = \begin{pmatrix} s_{\nu,\rho}(\rho_1) \\ c_{\nu,\varphi}(\rho_1) \\ s_{\nu,\rho}(\rho_2) \end{pmatrix}$$
(4.1.36)

若选择式 (4.1.35) 中的第二个而非第一个线性代数方程，则得到的完备线性代数方程组会与式 (4.1.36) 明显不同，但从两个线性代数方程组解得的 $\gamma_{\mathrm{HE}_{\nu 1}^{\mathrm{odd}}}$、$\gamma_{\mathrm{EH}_{\nu 1}^{\mathrm{odd}}}$、$\gamma_{\mathrm{HE}_{\nu 2}^{\mathrm{odd}}}$ 应在误差范围内相等。相似地，可以构成一个求解 $\gamma_{\mathrm{HE}_{\nu 1}^{\mathrm{even}}}$、$\gamma_{\mathrm{EH}_{\nu 1}^{\mathrm{even}}}$、$\gamma_{\mathrm{HE}_{\nu 2}^{\mathrm{even}}}$ 的完备线性代数方程组

$$\begin{pmatrix} A_{\mathrm{HE}\nu 1,\rho}(\rho_1) & A_{\mathrm{EH}\nu 1,\rho}(\rho_1) & A_{\mathrm{HE}\nu 2,\rho}(\rho_1) \\ -A_{\mathrm{HE}\nu 1,\varphi}(\rho_1) & -A_{\mathrm{EH}\nu 1,\varphi}(\rho_1) & -A_{\mathrm{HE}\nu 2,\varphi}(\rho_1) \\ A_{\mathrm{HE}\nu 1,\rho}(\rho_2) & A_{\mathrm{EH}\nu 1,\rho}(\rho_2) & A_{\mathrm{HE}\nu 2,\rho}(\rho_2) \end{pmatrix} \begin{pmatrix} \gamma_{\mathrm{HE}_{\nu 1}^{\mathrm{even}}} \\ \gamma_{\mathrm{EH}_{\nu 1}^{\mathrm{even}}} \\ \gamma_{\mathrm{HE}_{\nu 2}^{\mathrm{even}}} \end{pmatrix} = \begin{pmatrix} c_{\nu,\rho}(\rho_1) \\ s_{\nu,\varphi}(\rho_1) \\ c_{\nu,\rho}(\rho_2) \end{pmatrix}$$
(4.1.37)

对于具有更多高径向阶理想模 (如 $\mathrm{EH}_{\nu 2}^{\mathrm{odd/even}}$，$\mathrm{HE}_{\nu 3}^{\mathrm{odd/even}}$，$\cdots$) 的光纤，我们可以使用半径 ρ_2 处的其他线性代数方程，必要时可以使用更多的半径以帮助建立求解叠加系数 γ 的完备线性代数方程组。

上述所建立的理论体系一般适用于任何扰动下的光纤。下一步，我们将把该理论体系应用于研究两种非理想环状光纤中的理想模耦合，一种是具有椭圆微扰的光纤 (4.2 节)，另一种是具有不同心微扰的光纤 (4.3 节)。

4.2 椭圆微扰下的模式耦合

4.2.1 椭圆环状光纤本征模式的场分布

在这一节，我们研究在 "不圆度" 扰动，即非理想 (受扰动的) 环状光纤具有椭圆形的环层外边界条件下，理想模式之间的耦合。考虑 3.1 节所描述的理想环状光纤受到扰动变为如图 4-1 所示的非理想光纤，其环芯的外边界变为半长轴 5.1μm、半短轴 4.9μm 的椭圆，其他所有光纤结构参数与图 3-3 中理想光纤的参数相同。要利用第 2 章所建立的理论体系分析非理想光纤中理想模式的耦合，我们从数值求解时谐麦克斯韦方程组出发，得到理想光纤和非理想光纤中各 18 个本征模式的有效折射率 n 和场振幅 $\boldsymbol{E}(\rho,\varphi)$、$\boldsymbol{H}(\rho,\varphi)$。所有本征模式均根据式 (4.3.1) 进行了归一化，由于已经验证了 $E_z \ll E_\rho$ 或 E_φ，以及 $H_z \ll H_\rho$ 或 H_φ，因此这是适当的。本征模式的横截面强度分布如图 4-2 所示。本书中，我们将理想光纤和非理想光纤的本征模式分别称为理想模式和非理想模式。

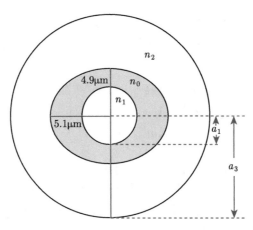

图 4-1　　不圆度扰动下非理想环状光纤结构

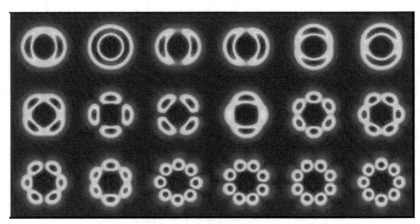

图 4-2　　不圆度扰动下非理想光纤本征模的横截面强度分布图

从左至右且从上至下，模式按照有效折射率由大到小的顺序排列

4.2.2　椭圆微扰下的模式耦合

我们的理论体系的核心问题是将非理想模式由理想模式展开。为了详细说明这个过程，以图 4-2 中的第 8 个 (从左至右并从上至下) 非理想模为例。将数值计算出的 $E_{\mathrm{NI},\rho}(\rho,\varphi)$ 和 $E_{\mathrm{NI},\varphi}(\rho,\varphi)$ 在一个给定的半径下 (如 4.0μm) 绘制为关于 φ 的函数，并用函数级数 1、$\sin\nu\varphi$、$\cos\nu\varphi$，$\nu=1,2,\cdots$ 拟合曲线，通常这可以用 MATLAB 中的曲线拟合工具 (Curve Fitting Tool) 方便地完成。这个级数只包含 $\nu=1,3,5$ 的项

$$E_{\mathrm{NI},\sigma}(\rho=4.0\mu m,\varphi)=\sum_{\nu=1,3,5}[c_{\nu,\sigma}\cos\nu\varphi+s_{\nu,\sigma}\sin\nu\varphi],\quad \sigma=\rho,\varphi \qquad (4.2.1)$$

其中 $c_{\nu,\sigma}$ 和 $s_{\nu,\sigma}$ 列于表 4-1。式 (4.2.1) 表明该非理想模式为理想模式 $HE_{11}^{odd/even}$、$EH_{11}^{odd/even}$、$HE_{31}^{odd/even}$、$EH_{31}^{odd/even}$ 和 $HE_{51}^{odd/even}$ 的叠加。进一步在 $\rho = 4.0\mu m$ 处用关于 φ 的正弦或余弦函数拟合这些理想模式得到 $A_{\mu_{\nu 1},\sigma}$（见式 (4.1.28) 和 (4.1.32)），也如在表 4-1 中所列出的。将表 4-1 中的 $c_{\nu,\sigma}$、$s_{\nu,\sigma}$ 和 $A_{\mu_{\nu 1},\sigma}$ 代入式 (4.1.32) 可以很容易地解得 γ 系数。对于 $\nu = 1$ 或 3，求解式 (4.1.32) 中的各包含两个线性代数方程的两个矩阵方程可得 $\gamma_{HE_{\nu 1}^{odd/even}}$ 和 $\gamma_{EH_{\nu 1}^{odd/even}}$

$$\gamma_{HE_{11}^{even}} = 0.19, \quad \gamma_{EH_{11}^{even}} = -0.74, \quad \gamma_{HE_{31}^{even}} = -0.64, \quad \text{其他} \approx 0 \qquad (4.2.2)$$

然而，对于 $\nu = 5$，只存在 $HE_{51}^{odd/even}$ 模（没有 $EH_{51}^{odd/even}$ 模），所以只需要两个线性代数方程来确定 $\gamma_{HE_{51}^{odd/even}}$，每个线性代数方程来自于式 (4.1.32) 中的每个矩阵方程，我们选取与场的方位角分量相关的线性代数方程

$$A_{HE_{51},\varphi}\gamma_{HE_{51}^{odd}} = c_{5,\varphi}, \quad -A_{HE_{51},\varphi}\gamma_{HE_{51}^{even}} = s_{5,\varphi} \qquad (4.2.3)$$

随之解得

$$\gamma_{HE_{51}^{even}} = -0.03, \quad \gamma_{HE_{51}^{odd}} \approx 0 \qquad (4.2.4)$$

需要强调，取自式 (4.1.32) 中各个矩阵方程的两个线性代数方程的其中任何之一都可选为式 (4.2.3) 中的相应方程，并且所有选项解得的 $\gamma_{HE_{51}^{odd/even}}$ 在误差范围内应与式 (4.2.4) 所示的结果相等。式 (4.2.2) 和 (4.2.4) 中所有 $\gamma_i (i = HE_{11}^{odd/even}, EH_{11}^{odd/even}, \cdots)$ 绝对值的平方之和近似为 $1 (\sum\limits_i |\gamma_i|^2 = 0.999)$，表明将非理想模展开为理想模的叠加的展开式是相当精确的。

表 4-1 理想模的 $A_{\mu_{\nu 1},\sigma}$，$\Delta_{elp} = 0.1\mu m$ 时第 8 个非理想模的 $c_{\nu,\sigma}$ 和 $s_{\nu,\sigma}$ 均在 $\rho = 4.0\mu m$ 处

ν	振幅	值/$(\times 10^4)$	ν	振幅	值/$(\times 10^4)$	ν	振幅	值/$(\times 10^4)$
$\nu = 1$	$A_{HE_{11},\rho}$	8.332	$\nu = 3$	$A_{HE_{31},\rho}$	9.692	$\nu = 5$	$A_{HE_{51},\rho}$	9.574
	$A_{HE_{11},\varphi}$	12.057		$A_{HE_{31},\varphi}$	10.778			
	$A_{EH_{11},\rho}$	11.930		$A_{EH_{31},\rho}$	10.240		$A_{HE_{51},\varphi}$	9.987
	$A_{EH_{11},\varphi}$	-8.191		$A_{EH_{31},\varphi}$	-9.136			
	$s_{1,\rho}$	0.012		$s_{3,\rho}$	0.037		$s_{5,\rho}$	0.007
	$s_{1,\varphi}$	-8.421		$s_{3,\varphi}$	6.588		$s_{5,\varphi}$	0.280
	$c_{1,\rho}$	-7.308		$c_{3,\rho}$	-6.582		$c_{5,\rho}$	-0.298
	$c_{1,\varphi}$	-0.012		$c_{3,\varphi}$	0.029		$c_{5,\varphi}$	0.001

上述过程可应用于任意半径 ρ 处，并且对于叠加系数 γ 原则上应得到相同的值。为了验证这一点，我们将此过程应用在 $3.0 \sim 4.5\mu m$，步长为 $0.1\mu m$ 的半径上，

并在表 4-2 中给出了 (第 8 个) 非理想模中 γ 的平均值 (E) 和标准差 (Standard Deviation, Std), 其中统计工作是在各所取半径点上进行的。可以看到, 各 γ_i 的 Std 小于相应平均值的 1%, 所有 $|\gamma_i|^2$ 之和的平均值接近于 1, Std 小于 0.02, 证明该计算过程在不同半径下的结果是一致的。

表 4-2　$\Delta_{\text{elp}} = 0.1\mu m$ 时, 第 8 个非理想模的展开式中 γ_i 的统计数据

理想模分量	$E[\gamma_i]$	$\text{Std}[\gamma_i]$
$\text{HE}_{11}^{\text{even}}$	0.20	1.12×10^{-3}
$\text{EH}_{11}^{\text{even}}$	-0.74	5.24×10^{-3}
$\text{HE}_{31}^{\text{even}}$	-0.64	2.73×10^{-3}
$\text{EH}_{31}^{\text{even}}$	-0.03	4.29×10^{-3}
$\text{HE}_{51}^{\text{even}}$	-0.03	6.15×10^{-3}

$$E\left[\sum|\gamma_{\mu\nu1}|^2\right] = 0.999, \ \text{Std}\left[\sum|\gamma_{\mu\nu1}|^2\right] = 0.019$$

为了得到更全面的景象, 我们计算了所有非理想模的叠加系数 γ, 并在表 4-3 中总结了图 4-2 中前 10 个非理想模 (按有效折射率降序排列) 的结果。同样地, 在 3.0~4.5μm, 步长 0.1μm 的各半径上取 γ_i 以及 $\sum_i|\gamma_i|^2$ 值的平均值。从表 4-3 中可以得出一些关于理想模间耦合的重要结论。例如, 第 1 个和第 2 个非理想模几乎等同于 $\text{HE}_{11}^{\text{odd}}$ 和 $\text{HE}_{11}^{\text{even}}$, 它们分别有 $|\gamma_{\text{HE}_{11}^{\text{odd}}}|^2$ 和 $|\gamma_{\text{HE}_{11}^{\text{even}}}|^2 > 95\%$, 表明 HE_{11} 模在这种非理想光纤中相当稳定。一个更有启发性的例子是第 8 个和第 9 个非理想模, 它们几乎完全 (也大于 95%) 由 $\text{EH}_{11}^{\text{even}}$ 和 $\text{HE}_{31}^{\text{even}}$ 理想模式分量构成。根据 4.1 节中的分析, 可以写为

$$\begin{pmatrix} \boldsymbol{E}_{\text{NI},8} \\ \boldsymbol{E}_{\text{NI},9} \end{pmatrix} \approx \Gamma \begin{pmatrix} \boldsymbol{E}_{\text{EH}_{11}^{\text{even}}} \\ \boldsymbol{E}_{\text{HE}_{31}^{\text{even}}} \end{pmatrix} \tag{4.2.5}$$

其中 $\Gamma = \begin{pmatrix} -0.74 & -0.64 \\ -0.65 & 0.75 \end{pmatrix}$, 并可由式 (4.1.14) 和 (4.1.15) 计算最大转换率 $C_1 = C_2 \equiv C$ 以及对应的最大转换传播长度 $L_1 = L_2 \equiv L$。由于在第 2 章中说明的近似所导致的误差, 式 (4.2.5) 中的 Γ 不是严格幺正的, 因此由式 (4.1.14) 解得的 C_1 和 C_2 不同, 但只要误差足够小, 这种差别就应该很小。此误差可通过 $\Gamma^\dagger\Gamma$ 与单位矩阵 I 之间的偏差来估计。对于上述的 Γ, 有

$$\Gamma^\dagger\Gamma = \begin{pmatrix} 0.970 & -0.014 \\ -0.014 & 0.972 \end{pmatrix} \tag{4.2.6}$$

$\Gamma^\dagger\Gamma$ 中的所有元素与单位矩阵中对应元素的偏差都不超过 0.03, 表明误差大致在 3% 以内。同时, 将相同的 Γ 代入式 (4.1.14) 得 $C_1 = 0.984$, $C_2 = 0.977$, 表明误差 为 $\left| \dfrac{C_2 - C_1}{C_2} \right| \approx 1\%$, 与通过 $\Gamma^\dagger\Gamma$ 估计的误差一致。由于误差很小, C_1 和 C_2 均可 用于表示 $\text{EH}_{11}^{\text{even}}$ 和 $\text{HE}_{31}^{\text{even}}$ 的最大转换率, 最大转换传播长度由式 (4.1.15) 计算 得出, $L \approx 10\text{mm}$。在传播长度为 10mm 处, 97% 的最大转换率清楚地表明 $\text{EH}_{11}^{\text{even}}$ 和 $\text{HE}_{31}^{\text{even}}$ 模是强耦合的。这种强耦合似乎相当不同寻常: 在文献中一般都避免 $\text{EH}_{\nu-1,p}$ 和 $\text{HE}_{\nu+1,p}$ 之间在扰动条件下显著耦合的一个普遍接受的阈值是其有效 折射率差 $\left| n_{\text{EH}_{\nu-1,p}} - n_{\text{HE}_{\nu+1,p}} \right| > 10^{-4[5-10]}$; 然而在本例中, 尽管根据我们的数值 计算得到 $n_{\text{EH}_{11}} = 1.46803039$, $n_{\text{HE}_{31}} = 1.46830153$, 而 $\left| n_{\text{EH}_{11}} - n_{\text{HE}_{31}} \right| \approx 3 \times 10^{-4}$, 远超过 10^{-4}, $\text{EH}_{11}^{\text{even}}$ 和 $\text{HE}_{31}^{\text{even}}$ 这两个理想模仍然在非理想光纤中强烈耦合, 因 此表明要使 $\text{EH}_{\nu-1,p}$ 和 $\text{HE}_{\nu+1,p}$ 模在光纤中稳定传播, 仅仅保证模式间有效折射 率差的阈值 $\left| n_{\text{EH}_{\nu-1,p}} - n_{\text{HE}_{\nu+1,p}} \right| > 10^{-4}$ 在某些情况下可能是不足够的。

表 4-3　$\Delta_{\text{elp}} = 0.1\mu\text{m}$ 时, 具有较大有效折射率的 10 个非理想模中的理想模分量

非理想模的有效折射率	γ_i	$\sum\limits_i \lvert\gamma_i\rvert^2$
$n_1 = 1.47367258$	$\text{HE}_{11}^{\text{odd}} = 0.98$, $\text{EH}_{11}^{\text{odd}} = -0.09$, $\text{HE}_{31}^{\text{odd}} = 0.11$	0.981
$n_2 = 1.47330708$	$\text{HE}_{11}^{\text{even}} = -0.98$, $\text{EH}_{11}^{\text{even}} = -0.12$, $\text{HE}_{31}^{\text{even}} = -0.12$	0.994
$n_3 = 1.47326867$	$\text{TE}_{01} = 0.87$, $\text{HE}_{21}^{\text{odd}} = 0.47$, $\text{EH}_{21}^{\text{odd}} = -0.04$, $\text{HE}_{41}^{\text{odd}} = 0.03$	0.976
$n_4 = 1.47234816$	$\text{TM}_{01} = 0.41$, $\text{HE}_{21}^{\text{even}} = 0.90$, $\text{EH}_{21}^{\text{even}} = 0.03$, $\text{HE}_{41}^{\text{even}} = 0.05$	0.979
$n_5 = 1.47168583$	$\text{TE}_{01} = -0.49$, $\text{HE}_{21}^{\text{odd}} = 0.88$, $\text{EH}_{21}^{\text{odd}} = 0.03$, $\text{HE}_{41}^{\text{odd}} = 0.06$	1.014
$n_6 = 1.47068387$	$\text{TM}_{01} = 0.91$, $\text{HE}_{21}^{\text{even}} = -0.43$, $\text{EH}_{21}^{\text{even}} = 0.07$, $\text{HE}_{41}^{\text{even}} = -0.03$	1.008
$n_7 = 1.46827648$	$\text{HE}_{11}^{\text{odd}} = 0.09$, $\text{EH}_{11}^{\text{odd}} = -0.32$, $\text{HE}_{31}^{\text{odd}} = -0.94$, $\text{EH}_{31}^{\text{odd}} = -0.01$, $\text{HE}_{51}^{\text{odd}} = -0.04$	0.996
$n_8 = 1.46824745$	$\text{HE}_{11}^{\text{even}} = 0.20$, $\text{EH}_{11}^{\text{even}} = -0.74$, $\text{HE}_{31}^{\text{even}} = -0.64$, $\text{EH}_{31}^{\text{even}} = -0.03$, $\text{HE}_{51}^{\text{even}} = -0.03$	0.999
$n_9 = 1.46816766$	$\text{HE}_{11}^{\text{even}} = -0.02$, $\text{EH}_{11}^{\text{even}} = -0.65$, $\text{HE}_{31}^{\text{even}} = 0.75$, $\text{EH}_{31}^{\text{even}} = -0.03$, $\text{HE}_{51}^{\text{even}} = 0.03$	0.994
$n_{10} = 1.46761280$	$\text{HE}_{11}^{\text{odd}} = 0.15$, $\text{EH}_{11}^{\text{odd}} = 0.94$, $\text{HE}_{31}^{\text{odd}} = -0.31$, $\text{EH}_{31}^{\text{odd}} = 0.04$, $\text{HE}_{51}^{\text{odd}} = -0.01$	1.011

4.2.3 不圆度对耦合的影响

到目前为止, 我们的工作主要集中在固定扰动下的理想模耦合问题上, 即非理 想光纤具有椭圆的外环边界, 半长轴和半短轴分别为 $5.0\mu\text{m} \pm \Delta_{\text{elp}}$, $\Delta_{\text{elp}} = 0.1\mu\text{m}$。 接下来我们研究理想模耦合和用 Δ_{elp} 表述的不圆度之间的相关性。为此, 我们在 图 4-3 中绘制了有效折射率较大的 10 个非理想模的有效折射率与 Δ_{elp} 的关系曲

线，范围从 $\Delta_{\text{elp}} = 0$ 到 $0.2\mu\text{m}$(此处没有展示其他 8 个有效折射率较小的模)。每一条光滑曲线都说明了一个非理想模的有效折射率随 Δ_{elp} 的变化，且这些曲线按 $\Delta_{\text{elp}} = 0.1\mu\text{m}$ 处有效折射率的降序标记为 "Mode 1，Mode 2，$\cdots$"。注意，Mode 1 和 Mode 2、Mode 4 和 Mode 5、Mode 7 和 Mode 8 以及 Mode 9 和 Mode 10 在 $\Delta_{\text{elp}} = 0$ 处，即在理想光纤中分别简并。原因很简单，在没有扰动的情况下，模会还原到相同 $\text{EH}_{\nu 1}$ 或 $\text{HE}_{\nu 1}$ 的奇偶模。同样在 $\Delta_{\text{elp}} = 0$ 时，Mode 3 和 Mode 6 还原到非简并的 TE_{01} 和 TM_{01}。

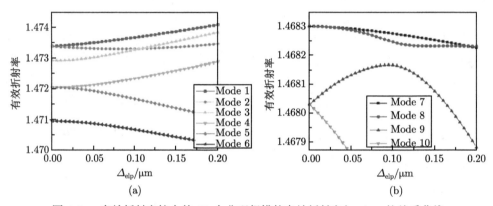

图 4-3　有效折射率较大的 10 个非理想模的有效折射率与 Δ_{elp} 的关系曲线

模式按 $\Delta_{\text{elp}} = 0.1\mu\text{m}$ 时有效折射率降序标记为 "Mode 1，Mode 2，$\cdots$"

以上，我们在 $\Delta_{\text{elp}} = 0.1\mu\text{m}$ 时研究了 Mode 8 和 Mode 9，得到了理想模 $\text{EH}_{11}^{\text{even}}$、$\text{HE}_{31}^{\text{even}}$ 的最大转换率 C 和最大转换传播长度 L。现在我们进一步分析这两个非理想模以及不同 Δ_{elp} 下的 $\text{EH}_{11}^{\text{even}}$-$\text{HE}_{31}^{\text{even}}$ 模式耦合。通过将 Mode 8 和 Mode 9 用理想模展开，我们发现，如果 $\Delta_{\text{elp}} < 0.15\mu\text{m}$，则两个非理想模绝大多数由 $\text{EH}_{11}^{\text{even}}$ 和 $\text{HE}_{31}^{\text{even}}$ 构成，因此可以表示为式 (4.2.5) 所示的形式，其中矩阵 Γ 取决于 Δ_{elp}。然后，通过式 (4.1.14) 和 (4.1.15) 计算出最大转换率 C_1、C_2 以及最大转换传播长度 L。图 4-4(a) 绘制了 C_1、C_2 与 Δ_{elp} 的关系曲线，图 4-4(b) 绘制了 L 与 Δ_{elp} 的关系曲线，范围从 $\Delta_{\text{elp}} = 0$ 到 $0.15\mu\text{m}$。如果两个非理想模和两个理想模严格地张成电磁场的相同模态空间，即 Γ 是严格幺正的，则 $C_1 = C_2$。C_1 和 C_2 之间的任何差异反映了由式 (4.1.22) 的基本假设以及式 (4.2.5) 中的进一步近似引起的误差。

从图 4-4(a) 可以清楚地看出，C_1 和 C_2 彼此接近，因此我们将省略该差异，并简单地将 C 称为最大转换率。将图 4-4(a) 和 (b) 结合起来看，可以得到关于理想模 $\text{EH}_{11}^{\text{even}}$ 和 $\text{HE}_{31}^{\text{even}}$ 耦合的更全面的样貌。当 Δ_{elp} 从 0 增加到 $0.1\mu\text{m}$ 时，C 和 L 增加，这意味着 $\text{EH}_{11}^{\text{even}}$ 和 $\text{HE}_{31}^{\text{even}}$ 之间的最大能量交换量变大，但发生

在更长的传播距离上。C 和 L 都在 $\Delta_{\mathrm{elp}} = 0.1\mu\mathrm{m}$ 时达到最大值 $C \sim 100\%$ 和 $L \sim 10\mathrm{mm}$(更准确地说，C 在 $\Delta_{\mathrm{elp}} = 0.09\mu\mathrm{m}$ 时达到最大值，为简洁起见，我们忽略这微小的差异)，使得在传播 10mm 后达到从一个理想模到另一个理想模几乎完全的能量转换。随着 Δ_{elp} 进一步增大，C 和 L 都减小，表明在更短的传播距离内更少的理想模式交换量。当 $\Delta_{\mathrm{elp}} = 0.13\mu\mathrm{m}$ 时，C 降至小于 10% 的最小值，此后 C 再次增大。然而，我们的计算表明，当 Δ_{elp} 超过 $0.15\mu\mathrm{m}$ 时，大量的其他理想模分量开始进入这两个非理想模的展开式，导致式 (4.2.5) 失效，需要考虑更多的非理想和理想模来表征理想模耦合。由以上分析可知，不圆度扰动下的 $\mathrm{EH}_{11}^{\mathrm{even}}$-$\mathrm{HE}_{31}^{\mathrm{even}}$ 理想模耦合在 $\Delta_{\mathrm{elp}} = 0.1\mu\mathrm{m}$ 时相当强，在小于 $0.15\mu\mathrm{m}$ 的其他 Δ_{elp} 下，理想模能量转换的最大值较小，但完成最大转换的传播长度也较短。

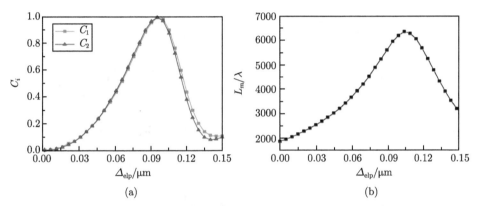

(a)　　　　　　　　　　　　(b)

图 4-4　$\mathrm{EH}_{11}^{\mathrm{even}}$ 和 $\mathrm{HE}_{31}^{\mathrm{even}}$ 模发生耦合时，模式之间的 (a) 最大转换率 C_1、C_2，以及 (b) 最大转换传播长度 L_m 与 Δ_{elp} 的关系曲线图

我们的扰动下理想模耦合理论体系的基本假设是非理想模可根据理想模展开(反之亦然)。这个假设在小扰动条件下通常是良好的近似，但会随着扰动变得太大而最终失效。幸运的是，该理论体系的一个优势是，通过对叠加系数进行分析，可以方便地估计由假设引起的误差。误差估计解释如下：如果基本假设是严格的，那么对于每个非理想模，所有系数 γ_i 的绝对值的平方之和应该为 1，并且在不同的半径处解得的 γ_i 应该相等。该假设的误差可以自然地通过 γ 与这种严格情况之间的偏差来评估。这里，对于图 4-3 中的非理想模，我们计算 $\Delta E = \left| 1 - E\left[\sum_i |\gamma_i|^2 \right] \right|$ 和 $S = \mathrm{Std}\left[\sum_i |\gamma_i|^2 \right]$ 与 Δ_{elp} 之间的关系(如前所述，统计是在 $3.0 \sim 4.5\mu\mathrm{m}$，增量步长 $0.1\mu\mathrm{m}$ 的半径上进行的)，并将结果总结于图 4-5。尽管 ΔE 和 S 的变化

存在波动，但从整体趋势来看，ΔE 和 S 都随着 $\Delta_{\rm elp}$ 的增加而增大，即对于较大的 $\Delta_{\rm elp}$，理论体系趋于更不精确。尽管如此，如果我们选择 $\Delta E, S < 0.05$ 作为精度阈值，则理论体系对于 $\Delta_{\rm elp} < 0.18\mu m$ 是有效的 (实际上，直到 $\Delta_{\rm elp} = 0.2\mu m$ 的不圆度扰动，也只有 Mode 1 和 Mode 2 轻微地突破了该精度阈值)。考虑到理想光纤中环芯的宽度仅为 $2.25\mu m$，我们的理论体系对于扰动有一个相当大的适用范围。

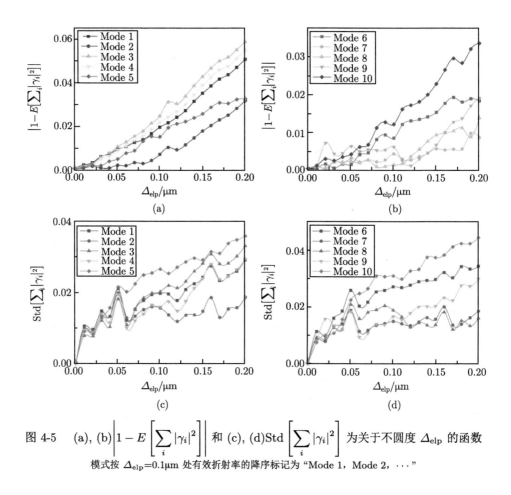

图 4-5　(a), (b) $\left|1 - E\left[\sum_i |\gamma_i|^2\right]\right|$ 和 (c), (d)Std$\left[\sum_i |\gamma_i|^2\right]$ 为关于不圆度 $\Delta_{\rm elp}$ 的函数

模式按 $\Delta_{\rm elp}=0.1\mu m$ 处有效折射率的降序标记为 "Mode 1, Mode 2, $\cdots$"

本节结束前，我们注意到在当前扰动条件下，每个非理想模仅包含 ν 为奇数或偶数的理想模分量 (TE$_{\nu1}$, TM$_{\nu1}$, $\nu = 0$, HE$_{\nu1}^{\rm odd/even}$, EH$_{\nu1}^{\rm odd/even}$, $\nu = 1, 2, \cdots$)，且仅包含 HE$^{\rm even}$、EH$^{\rm even}$ 或 HE$^{\rm odd}$、EH$^{\rm odd}$，即 ν 为偶数的理想模不与 ν 为奇数的理想模发生耦合，且 HE$^{\rm even}$、EH$^{\rm even}$ 不与 HE$^{\rm odd}$、EH$^{\rm odd}$ 发生耦合。这两种情况都归因于非理想光纤的对称性。ν 为奇数与 ν 为偶数的理想模之间不发生耦合是

由关于原点的反对称性引起的 (见图 4-6(a)，非理想光纤在 $\varphi \to \varphi + \pi$ 的变换下不发生变化)，详情如下。

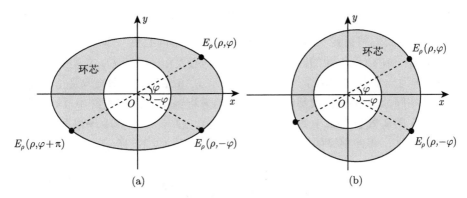

图 4-6 在 (a) 不圆度和 (b) 不同心度扰动下环状光纤的对称性

由于这种对称性，在 $\varphi \to \varphi + \pi$ 变换下，任何非简并本征模的场振幅都保持不变，区别只在于一个常数因子 α，例如，

$$E_\rho\left(\rho, \varphi + \pi\right) = \alpha E_\rho\left(\rho, \varphi\right) \tag{4.2.7}$$

第二次 $\varphi \to \varphi + \pi$ 逆变换将场函数转换回原始函数

$$\begin{aligned} E_\rho\left(\rho, \varphi\right) &= E_\rho\left(\rho, \varphi + \pi + \pi\right) \\ &= \alpha^2 E_\rho\left(\rho, \varphi\right) \end{aligned} \tag{4.2.8}$$

由此得出 $\alpha^2 = 1$，即 $\alpha = \pm 1$。注意到

$$\begin{aligned} \sin\nu\left(\varphi + \pi\right) &= \begin{cases} \sin\nu\varphi, & \text{偶数}\,\nu \\ -\sin\nu\varphi, & \text{奇数}\,\nu \end{cases} \\ \cos\nu\left(\varphi + \pi\right) &= \begin{cases} \cos\nu\varphi, & \text{偶数}\,\nu \\ -\cos\nu\varphi, & \text{奇数}\,\nu \end{cases} \end{aligned} \tag{4.2.9}$$

立即看到一个非简并本征模必须只包含 ν 为偶数 (对于 $\alpha = 1$) 或只包含 ν 为奇数 (对于 $\alpha = -1$) 的 $\sin\nu\varphi$，$\cos\nu\varphi$。类似地，可以证明关于 x 轴的反射对称性 (图 4-6(b))，即在 $\varphi \to -\varphi$ 时，防止 HE^{even}、EH^{even} 耦合到 HE^{odd}、EH^{odd}。如果关于 x 轴的反射对称性被破坏，例如，环芯椭圆形外环边界的长轴或短轴不与 x 轴重合，则相应地 HE^{even}、EH^{even} 与 HE^{odd}、EH^{odd} 可以发生耦合。同样地，如果关于原点的反对称性被破坏，ν 为奇数与 ν 为偶数的理想模之间可能会发生耦合，这将会在 4.3 节中看到。

4.3　不同心微扰下的模式耦合

4.3.1　不同心环状光纤本征模式的场分布

在本节，我们将讨论另外一种微扰，也就是 "不同心度"，即如图 4-7(a) 所示，环芯外 (O_2) 和内 (O_1) 圆的圆心不重合，不同心度用 O_1 和 O_2 之间的距离 Δ_{mal} 来表征。作为一个具体的例子，我们取 $\Delta_{\mathrm{mal}} = 0.1\mu\mathrm{m}$ 且其他参数与图 3-1(a) 中的理想光纤相同，再次数值求解时谐麦克斯韦方程组得非理想光纤中 18 个本征模 (非理想模) 的有效折射率 n 与场振幅 $\boldsymbol{E}(\rho,\varphi)$、$\boldsymbol{H}(\rho,\varphi)$，其中场根据式 (4.1.25) 进行了归一化。非理想模的横截面强度分布图如图 4-7(b) 所示。

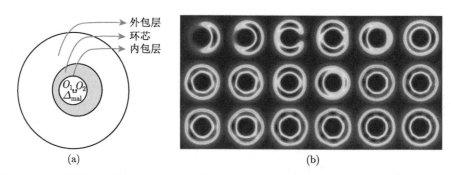

图 4-7　(a) 不同心度扰动下非理想光纤的结构；(b) 子图为 (a) 中所示的非理想光纤在 $\Delta_{\mathrm{mal}} = 0.1\mu\mathrm{m}$ 时本征模的横截面强度分布图，从左至右且从上至下，模式按照有效折射率的降序排列

4.3.2　不同心微扰下的模式耦合

遵循与 4.2 节中相同的原则，我们将当前扰动下的非理想模按照理想模展开。前 10 个非理想模 (按有效折射率的降序) 的结果如表 4-4 所示，其中 γ_i 与 $\sum_i |\gamma_i|^2$ 均在范围 3.0~4.5μm，递增步长为 0.1μm 的半径上取平均值。从表格中可以看出，ν 为奇数与 ν 为偶数的理想模 (TE$_{\nu 1}$, TM$_{\nu 1}$, $\nu = 0$, HE$_{\nu 1}^{\mathrm{odd/even}}$, EH$_{\nu 1}^{\mathrm{odd/even}}$, $\nu = 1, 2, \cdots$) 现在可以互相耦合，明显是因为关于原点的反对称性被破坏，正如在 4.2 节末尾所讨论的不圆度的影响是类似的。例如，第 1 个非理想模不再完全由 HE$_{11}^{\mathrm{odd}}$ 构成，而是包含明显数量 ($\sim$35%) 的 TE$_{01}$ 和 HE$_{21}^{\mathrm{odd}}$；相似地，在第 2 个非理想模中只有 $\sim$80% 的理想模分量是 HE$_{11}^{\mathrm{even}}$，其他 $\sim$20% 是 TM$_{01}$ 和 HE$_{21}^{\mathrm{even}}$。这表明 HE$_{11}$ 模与 TE$_{01}$、TM$_{01}$ 和 HE$_{21}$ 模明显耦合，与 4.2 节中的不圆度扰动形成鲜明对比，在那种情况下发现在非理想光纤中，HE$_{11}$ 模在传输过程中相当稳定。表 4-4 中另一个值得注意的点是第 7 个和第 8 个非理想模中 HE$_{31}$ 占绝对多

数，第 9 个和第 10 个非理想模中 EH_{11} 占绝对多数，这表明 HE_{31} 和 EH_{11} 模之间基本不存在耦合，这也与 4.2 节中的情况形成对比。

表 4-4 $\Delta_{mal} = 0.1\mu m$ 时，有效折射率较大的 10 个非理想模中的理想模分量

非理想模的有效折射率	γ_i	$\sum_i \lvert\gamma_i\rvert^2$
$n_1 = 1.47402035$	$TE_{01} = 0.51$, $HE_{11}^{odd} = 0.80$, $EH_{11}^{odd} = -0.04$, $HE_{21}^{odd} = 0.26$, $HE_{31}^{odd} = 0.03$	0.965
$n_2 = 1.47372155$	$TM_{01} = 0.18$, $HE_{11}^{even} = 0.90$, $EH_{11}^{even} = 0.03$, $HE_{21}^{even} = 0.35$, $HE_{31}^{even} = 0.04$	0.976
$n_3 = 1.47262807$	$TE_{01} = -0.79$, $HE_{11}^{odd} = 0.36$, $EH_{11}^{odd} = 0.09$, $HE_{21}^{odd} = 0.48$, $HE_{31}^{odd} = 0.07$	1.001
$n_4 = 1.47191761$	$TM_{01} = 0.21$, $HE_{11}^{even} = 0.33$, $EH_{11}^{even} = 0.02$, $HE_{21}^{even} = -0.91$, $HE_{31}^{even} = -0.16$	1.001
$n_5 = 1.47177456$	$TE_{01} = -0.31$, $HE_{11}^{odd} = 0.48$, $EH_{11}^{odd} = 0.02$, $HE_{21}^{odd} = -0.82$, $HE_{31}^{odd} = -0.15$	1.015
$n_6 = 1.47100737$	$TM_{01} = 0.92$, $HE_{11}^{even} = -0.26$, $EH_{11}^{even} = 0.25$, $HE_{21}^{even} = 0.12$, $EH_{21}^{even} = 0.02$, $HE_{31}^{even} = 0.03$	0.993
$n_7 = 1.46823042$	$HE_{11}^{even} = -0.03$, $EH_{11}^{even} = 0.04$, $HE_{21}^{even} = -0.19$, $HE_{31}^{even} = -0.98$, $HE_{41}^{even} = 0.11$	1.000
$n_8 = 1.46822998$	$HE_{11}^{odd} = -0.03$, $EH_{11}^{odd} = 0.05$, $HE_{21}^{odd} = -0.19$, $HE_{31}^{odd} = -0.98$, $HE_{41}^{odd} = 0.10$	0.999
$n_9 = 1.46802936$	$TE_{01} = -0.12$, $HE_{11}^{odd} = 0.01$, $EH_{11}^{odd} = -0.98$, $HE_{21}^{odd} = 0.03$, $EH_{21}^{odd} = -0.11$, $HE_{31}^{odd} = -0.04$	0.996
$n_{10} = 1.46784866$	$TM_{01} = 0.28$, $HE_{11}^{even} = -0.04$, $EH_{11}^{even} = -0.96$, $HE_{21}^{even} = 0.04$, $EH_{21}^{even} = -0.11$, $HE_{31}^{even} = -0.03$	1.006

现在我们研究第 1 个、第 3 个和第 5 个非理想模，其理想模分量主要为 HE_{11}^{odd}、TE_{01} 和 HE_{21}^{odd}。基于 4.1 节所建立的理论体系，近似写为

$$\begin{pmatrix} \boldsymbol{E}_{NI,1} \\ \boldsymbol{E}_{NI,3} \\ \boldsymbol{E}_{NI,5} \end{pmatrix} = \Gamma \begin{pmatrix} \boldsymbol{E}_{HE_{11}^{odd}} \\ \boldsymbol{E}_{TE_{01}} \\ \boldsymbol{E}_{HE_{21}^{odd}} \end{pmatrix} \tag{4.3.1}$$

其中

$$\Gamma = \begin{pmatrix} 0.80 & 0.51 & 0.26 \\ 0.36 & -0.79 & 0.48 \\ 0.48 & -0.31 & -0.82 \end{pmatrix}$$

$$\Gamma^{\dagger}\Gamma = \begin{pmatrix} 1.000 & -0.025 & -0.013 \\ -0.025 & 0.980 & 0.008 \\ -0.013 & 0.008 & 0.970 \end{pmatrix} \tag{4.3.2}$$

由于 $\Gamma^\dagger\Gamma$ 与单位矩阵 I 之间的偏差并不明显, 因此式 (4.3.1) 中所取的近似是可以接受的。然后可以用式 (4.1.11) 和 (4.1.12) 计算传输过程中理想模之间的能量转换。$\eta_m = 1 - |G_{mm}|^2$ 随 z 的变化如图 4-8 所示, 从曲线中可以识别出最大转换率 C_m 和最大转换传播长度 L_m。不过正如在第 2 章所预期的, 在每条 $\eta_m(z)$ 曲线中存在多个数值不同的极大值, 它们之间的差别不大, 因此我们可以合理地选择第一个极大值和相应的传播长度作为 C_m 和 L_m(注意 $m = 1, 2, 3$ 分别对应于 $\mathrm{HE}_{11}^{\mathrm{odd}}$、$\mathrm{TE}_{01}$、$\mathrm{HE}_{21}^{\mathrm{odd}}$)

$$C_1 = 0.88, \quad L_1 = 3.4\mathrm{mm}$$
$$C_2 = 0.88, \quad L_2 = 2.3\mathrm{mm} \tag{4.3.3}$$
$$C_3 = 0.85, \quad L_3 = 6.0\mathrm{mm}$$

结果表明, $\mathrm{HE}_{11}^{\mathrm{odd}}$、$\mathrm{TE}_{01}$ 和 $\mathrm{HE}_{21}^{\mathrm{odd}}$ 其中之一, 有超过 85% 的能量在传播数毫米后可以转换成其他两个模式。

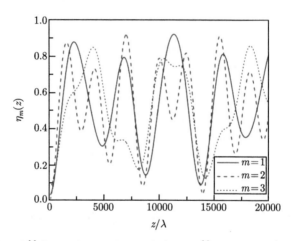

图 4-8　就 $\mathrm{HE}_{11}^{\mathrm{odd}}\,(m=1)$, $\mathrm{TE}_{01}(m=2)$ 和 $\mathrm{HE}_{21}^{\mathrm{odd}}\,(m=3)$ 而言, 在不同心度
$\Delta_{\mathrm{mal}} = 0.1\mathrm{\mu m}$ 的扰动下, 一个理想模式在非理想光纤传输过程中转换为其他理想
模式的能量比例 $\eta_m(z)$

4.3.3　不同心度对耦合的影响

4.3.2 节的分析是针对 $\Delta_{\mathrm{mal}} = 0.1\mathrm{\mu m}$ 的不同心度扰动。正如 4.2.3 节中那样, 我们也可以分析扰动的适用范围。如图 4-9 所示, 我们绘制了有效折射率较大的前 10 个非理想模式的 $\Delta E = \left| 1 - E\left[\sum_i |\gamma_i|^2 \right] \right|$ 和 $S = \mathrm{Std}\left[\sum_i |\gamma_i|^2 \right]$ 与 Δ_{mal} 之间的关系曲线, 其中统计结果是在和表 4-4 中所使用的相同的半径上计算的, 模

式是在 $\Delta_{mal} = 0.1\mu m$ 时按照有效折射率的降序标记的。同样地，虽然随着 Δ_{mal} 的增加，ΔE 和 S 有明显波动，但总体趋势是 ΔE 和 S 随着 Δ_{mal} 的增加而增大，即对于较大的 Δ_{mal}，理论体系趋于更不精确。尽管如此，在 $\Delta_{mal} < 0.15\mu m$ 范围内，图 4-9 中所有非理想模的 ΔE 和 S 都小于 0.05，这表明理论体系对于不同心度扰动也有相当合理的适用范围。

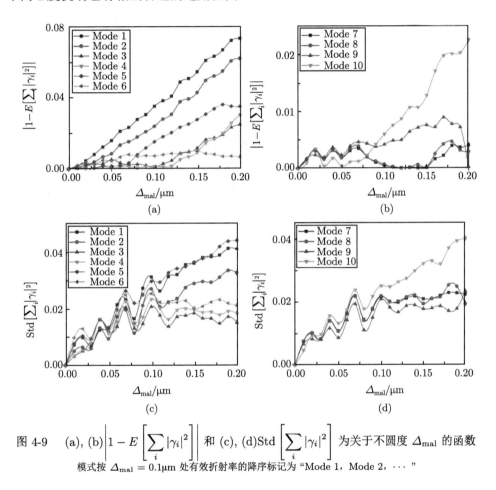

图 4-9　(a), (b)$\left| 1 - E\left[\sum_i |\gamma_i|^2 \right] \right|$ 和 (c), (d)$\text{Std}\left[\sum_i |\gamma_i|^2 \right]$ 为关于不圆度 Δ_{mal} 的函数

模式按 $\Delta_{mal} = 0.1\mu m$ 处有效折射率的降序标记为 "Mode 1, Mode 2, ⋯"

参 考 文 献

[1] 张斌. 模分复用光通信系统中模式耦合理论研究 [D]. 山东: 聊城大学, 2020.

[2] Zhang B, Zhang X, Zhang X, et al. Theory for mode coupling in perturbed fibers[J]. Optics Communications, 2020, 463: 125355.

[3] Guerra G, Lonardi M, Galtarossa A, et al. Analysis of modal coupling due to birefringence and ellipticity in strongly guiding ring-core OAM fibers[J]. Optics Express, 2019,

27(6): 8308-8326.

[4] Brunet C, Ung B, Belanger P A, et al. Vector mode analysis of ring-core fibers: design tools for spatial division multiplexing[J]. Journal of Lightwave Technology, 2014, 32(23): 4648-4659.

[5] Brunet C, Rusch L A. Optical fibers for the transmission of orbital angular momentum modes[J]. Optical Fiber Technology, 2017, 35: 2-7.

[6] Tian W, Zhang H, Zhang X, et al. A circular photonic crystal fiber supporting 26 OAM modes[J]. Optical Fiber Technology, 2016, 30: 184-189.

[7] Zhang H, Wang Z, Xi L, et al. All-fiber broadband multiplexer based on an elliptical ring core fiber structure mode selective coupler[J]. Optics Letters, 2019, 44(12): 2994-2997.

[8] Brunet C, Ung B, Messaddeq Y, et al. Design of an Optical Fiber Supporting 16 OAM Modes[C]// Optical Fiber Communication (OFC) Conference, San Francisco, CA, USA, 2014: Th2A.24.

[9] Fang L, Wang J. Mode conversion and orbital angular momentum transfer among multiple modes by helical gratings[J]. IEEE Journal of Quantum Electronics, 2016, 52(8): 1-6.

[10] Yue Y, Yan Y, Ahmed N, et al. Mode properties and propagation effects of optical orbital angular momentum (OAM) modes in a ring fiber[J]. IEEE Photonics Journal, 2012, 4(2): 535-543.

第 5 章　模式耦合与色散的密度矩阵理论

光纤模式耦合和色散是现代光通信模分复用系统的一个基本问题 [1-4]。即便是 "单模" 光纤，实际上也存在两个相互正交的偏振模，因此对应的模式空间是 2 维的，或者说 $J = 2$(J 代表正交模式的数量，即模式空间的维数)。分析这类 2 维模式空间中的耦合和色散 (称为偏振模色散，Polarization-Mode Dispersion，PMD，很多时候即使两个模式都和偏振无关，人们仍然以类比的方式使用这个名称)，一般采用斯托克斯理论 [5-8]。通常模分复用系统要求尽可能多的正交光学模式来加载信号进行传输，因此多个 ($J > 2$) 模式耦合和色散的分析对于大容量和高性能通信网络的研发愈加重要 [9,10]。例如，作为模分复用的一项深具潜力的技术，基于 OAM 的复用方法 [11-15] 采用携带轨道角动量的光学模式 ($\text{HE}_{\nu,p}$, $\text{EH}_{\nu,p}$, $\nu = 1, 2, \cdots, p = 1, 2, \cdots$)[16-18] 来加载信号并进行传输。当多模光纤受到扰动时，同一个 $\text{HE}_{\nu,p}$ 或 $\text{EH}_{\nu,p}$ 的奇模和偶模之间以及具有相同 ν 的 $\text{HE}_{\nu+1,p}$ 和 $\text{EH}_{\nu-1,p}$ 之间会产生耦合。在这种情况下，需要处理至少 $J = 4$ 个正交模式的耦合与色散。

2 维模式空间中的模式耦合与色散一般选用斯托克斯理论来进行分析，而且原则上，可以将它推广到任意维数 J 的模式空间以分析多模光纤中的模式耦合与色散 [19-24]。斯托克斯理论的核心概念是斯托克斯矢量。斯托克斯矢量不仅能够描述相干的场态 (即纯态)，还能描述部分相干甚至完全非相干的场态 (即混合场态)，而模式空间中的琼斯矢量是不能正确描述混合场态的，这一点将在 5.1 节详细讨论。此外，2 维的复数模式空间对应的斯托克斯空间是一个 3 维实数矢量空间，因此斯托克斯矢量可以形象地用庞加莱球上的几何矢量来表示，这也是斯托克斯理论在偏振模色散分析中的一大优势。然而，对于多维 ($J > 2$) 模式空间，斯托克斯矢量 (维数为 $J^2 - 1 > 3$) 不能再以几何矢量的直观形式处理，而且它的应用需要 $J^2 - 1$ 个 Gell-Mann 矩阵的辅助才能实现 [19,20]，这使得理论的复杂性随着维数 J 的升高而迅速增加。基于以上原因，若能建立一种可以描述普遍的场态 (包括纯态和混合态) 且能够直接便捷地应用于任意维数模式空间的理论，将使得多模光纤模式耦合与色散的分析过程大为简化。

本章，我们借鉴量子力学的方法，引入密度矩阵算符 $\hat{\rho}$ 来描述普遍的场态，并在此基础上建立能够方便地用于分析多模光场耦合与色散的 "密度矩阵" 理论 [25]。以往的文献中曾出现过类似于密度矩阵的符号，但是它们大多被用作推导过程中某些中间步骤的辅助概念而没被赋予明确的物理意义 [6,19,20]，而在我们接下来要讨论的密度矩阵理论中，$\hat{\rho}$ 具有核心的地位。本章将详细讨论密度矩阵理论的关键概念、数学框架和实际应用。具体如下：引入密度矩阵 $\hat{\rho}$ 来描述光纤中电磁场的普遍状态，并从光纤中电磁场的最基本传播规律出发，建立 $\hat{\rho}$ 随传播距离 z 和频率 ω 变化的微分方程，这些方程与量子力学中密度矩阵的刘维尔方程在形式上非常相似，其中 z 或 ω 扮演了量子力学方程中时间 t 的角色，而模式传播算符 $\hat{Z}$ 或群时延算符 $\hat{\Omega}$ 取代了量子力学方程中的哈密顿量；用密度矩阵理论中的关键元素 (比如算符 $\hat{Z}$、$\hat{\Omega}$ 和 $\hat{\Omega}_\omega \equiv \dfrac{\partial \hat{\Omega}}{\partial \omega} \cdots$)表征光纤中模式的传播、耦合与色散等基本性质，并导出这些算符的微分演化方程；在此基础上，确立 $\hat{\Omega}$ 和 $\hat{\Omega}_\omega$ 的级联规则，即将一段光纤等效为多小段光纤的级联拼接，并由各小段光纤 $\hat{\Omega}$ 和 $\hat{\Omega}_\omega$ 计算出整段光纤 $\hat{\Omega}$ 和 $\hat{\Omega}_\omega$，这些规则在数值分析中尤其有用；结合随机过程理论，建立一个基于密度矩阵的统计模型，用以研究受随机扰动的光纤中多个模式的耦合和色散；最后，作为一个典型的应用例子，对一根 4 模光纤中的模式耦合和色散统计特性进行了深入的数值仿真分析。

5.1　密度矩阵算符

在光纤中沿 z 方向传播的单色电磁场用 $\boldsymbol{E}(x,y,z)\,\mathrm{e}^{\mathrm{i}\omega t}$，$\boldsymbol{H}(x,y,z)\,\mathrm{e}^{\mathrm{i}\omega t}$ 表示，其中 $\boldsymbol{E}$ 和 $\boldsymbol{H}$ 分别为电场强度和磁场强度的复振幅，ω 为单色波的频率。在本章中，除非另有说明，否则将默认所有光场为单色场并省略时谐因子 $\mathrm{e}^{\mathrm{i}\omega t}$。与量子力学类似，在纵向 (即传播方向) 上位置 z 处的场 $\boldsymbol{E}(x,y,z)$，$\boldsymbol{H}(x,y,z)$ 可以用右矢 $|\psi(z)\rangle$ 描述。在 J 维模式空间中，$|\psi(z)\rangle$ 可由 J 个正交归一的模式展开，这些正交归一模式通常称为 "基"。基的选择不是唯一的，但比较典型的做法是将理想光纤中的本征模式 ("自由模式") 作为一组基。为方便起见，将这些自由模式记为 $\{|j\rangle_\mathrm{f}, j=1,2,\cdots,J\}$，相应的有效折射率记为 $n_j^{(0)}$。如果光纤在 z 处偏离理想状态，则局域的本征模式会变为 $\{|j;z\rangle_\mathrm{e}, j=1,2,\cdots,J\}$，相应的有效折射率变为 $n_j(z)$。一般说来，局域的本征模式和自由模式通过一个 $J \times J$ 的幺正矩阵 $\bar{\varGamma}(z)$ 相联系

$$\begin{pmatrix} |1;z\rangle_\mathrm{e} \\ |2;z\rangle_\mathrm{e} \\ \vdots \\ |J;z\rangle_\mathrm{e} \end{pmatrix} = \bar{\varGamma}(z) \begin{pmatrix} |1\rangle_\mathrm{f} \\ |2\rangle_\mathrm{f} \\ \vdots \\ |J\rangle_\mathrm{f} \end{pmatrix}, \quad \bar{\varGamma}^\dagger(z)\bar{\varGamma}(z) = \bar{I} \tag{5.1.1}$$

其中 $\bar{I}$ 为单位矩阵,上标"†"表示"厄米共轭"。关于局域本征模式的概念,将在 5.2 节有更详细的分析。

在任意选定的基 $\{|1\rangle, |2\rangle, \cdots, |J\rangle\}$ 下,右矢 $|\psi\rangle$ 由一个列向量 (琼斯矢量)ψ 表示,

$$\psi = \begin{pmatrix} \psi_1 \\ \psi_2 \\ \vdots \\ \psi_J \end{pmatrix}, \quad \psi_j = \langle j|\psi\rangle \qquad (5.1.2)$$

其中 $\langle j|\psi\rangle$ 为 $|j\rangle$ 和 $|\psi\rangle$ 的内积,或者 $|\psi\rangle$ 在 $|j\rangle$ 上的投影值。显然,一旦给定了基矢量,则 ψ 与 $|\psi\rangle$ 一一对应。因此,右矢 $|\psi\rangle$ 和琼斯矢量 ψ 经常互用,而"模式空间"(意义侧重于物理场) 和"琼斯空间"(意义侧重于数学描述) 均指 $|\psi\rangle$ 或 ψ 所在的 J 维复数矢量空间。在这个框架中,电磁场的传播由状态 $|\psi(z)\rangle$ 随 z 的演化来描述。在没有损耗的情况下,$|\psi(z)\rangle$ 的演化是幺正的,所以态矢量的模方 $\langle\psi(z)\,|\,\psi(z)\rangle$ 保持不变。除非另有说明,否则本章中右矢及相应的模式全部默认是归一化的,即 $\langle\psi|\psi\rangle = 1$。

5.1.1 偏振模色散的斯托克斯理论

在正式介绍密度矩阵理论之前,先简要回顾一下偏振模色散理论中的琼斯空间和斯托克斯空间。偏振模色散涉及的模式空间为 2 维 $(J = 2)$,其中的电磁场由两个正交的偏振模 (例如,x 偏振态和 y 偏振态 $|x\rangle$ 和 $|y\rangle$) 展开。偏振模色散的斯托克斯理论并不是本书要系统阐述的内容,感兴趣的读者可以参考本章附录或文献 [5 − 8]。这里仅仅介绍斯托克斯理论的一些最基本的概念,并对斯托克斯空间和琼斯空间的优缺点进行简单比较,为引入"密度矩阵"理论做铺垫。

对于由 $|\psi^{(1)}\rangle, |\psi^{(2)}\rangle, \cdots$ 相干叠加而成的电磁场,其状态可用右矢

$$|\psi\rangle = \alpha_1 |\psi^{(1)}\rangle + \alpha_2 |\psi^{(2)}\rangle + \cdots \qquad (5.1.3)$$

来描述,其中 $\alpha_1, \alpha_2, \cdots$ 为复系数。然而,对于由 $|\psi^{(1)}\rangle, |\psi^{(2)}\rangle, \cdots$ 以 $p_1, p_2, \cdots$ 为概率通过非相干的方式混合而成的电磁场态,就不能再像式 (5.1.3) 那样用 $|\psi^{(1)}\rangle, |\psi^{(2)}\rangle, \cdots$ 的直接叠加来描述了,因为任何右矢 $|\psi\rangle$ 都只能代表纯态。在偏振模色散理论中,普遍的场态 (包括纯态和混合态) 用斯托克斯矢量 $\boldsymbol{S}$ 表示,

$$\boldsymbol{S} = \sum_{q=1,2,\cdots} p_q \boldsymbol{S}^{(q)}, \quad \boldsymbol{S}^{(q)} \equiv \begin{pmatrix} S_1^{(q)} \\ S_2^{(q)} \\ S_3^{(q)} \end{pmatrix} \qquad (5.1.4)$$

其中 $\boldsymbol{S}^{(q)}$ 为纯态 $|\psi^{(q)}\rangle$ 所对应的斯托克斯矢量，其各个分量定义为

$$S_1^{(q)} = \psi_x^{(q)} \psi_x^{(q)*} - \psi_y^{(q)} \psi_y^{(q)*}$$
$$S_2^{(q)} = 2\mathrm{Re}\psi_x^{(q)}\psi_y^{(q)*} \qquad\qquad (5.1.5)$$
$$S_3^{(q)} = -2\mathrm{Im}\psi_x^{(q)}\psi_y^{(q)*}$$

而 $\psi_x^{(q)}$ 和 $\psi_y^{(q)}$ 为 $|\psi\rangle$ 在基矢量 $|x\rangle$ 和 $|y\rangle$ 上的投影

$$\psi_x^{(q)} = \langle x|\psi^{(q)}\rangle, \quad \psi_y^{(q)} = \langle y|\psi^{(q)}\rangle \qquad\qquad (5.1.6)$$

本章不考虑光纤中的损耗，电磁场的能量在传播过程中保持不变，因此概率 $p_1 + p_2 + \cdots = 1$(若计其损耗，则 $p_1, p_2, \cdots$ 为相对概率，其总和不一定为 1)。从概率 $p_1, p_2, \cdots$ 为非负实数很容易看出 $\boldsymbol{S}$ 是实矢量，并且，若 $p_1, p_2, \cdots$ 中只有一个不等于零，则 $\boldsymbol{S}$ 代表的是纯态。为了清楚起见，我们将 $\boldsymbol{S}$ 所属的 3 维实数矢量空间称为 "斯托克斯空间"，它对应于 $|\psi\rangle$ 或 ψ 所属的 2 维复数矢量模式空间或琼斯空间。与琼斯矢量相比，斯托克斯矢量根本性的优势在于它能够描述混合态而琼斯矢量不能。斯托克斯矢量的另一个优势是它可以用庞加莱球中的几何矢量来表示，这个优点虽不是根本性的，但在实际处理问题的时候却非常有用。

在无损耗光纤中，纯态 $|\psi(z,\omega)\rangle$ 会按以下方程随着传播距离 z 演化[6,8]：

$$\mathrm{i}\frac{\partial}{\partial z}|\psi(z,\omega)\rangle = \hat{Z}(z,\omega)|\psi(z,\omega)\rangle \qquad\qquad (5.1.7)$$

其中场态可以依赖于频率 ω，模式传播算符 $\hat{Z}(z,\omega)$ 为琼斯空间中的厄米算符 $(\hat{Z}^\dagger = \hat{Z})$，其本征矢量和本征值分别代表局域本征模 $|l_\pm; z, \omega\rangle$ 和局域传播因子 $n_\pm(z,\omega)\frac{\omega}{c}$($n_\pm$ 为有效折射率，$n_+ \geqslant n_-$，c 为真空中的光速)。式 (5.1.7) 在斯托克斯空间中所对应的方程为

$$\frac{\partial}{\partial z}\boldsymbol{S}(z,\omega) = \boldsymbol{\beta}(z,\omega) \times \boldsymbol{S}(z,\omega) \qquad\qquad (5.1.8)$$

其中

$$\boldsymbol{\beta} = \begin{pmatrix} \beta_1 \\ \beta_2 \\ \beta_3 \end{pmatrix} \qquad\qquad (5.1.9)$$

$$\beta_1 = \bar{Z}_{xx} - \bar{Z}_{yy}, \quad \beta_2 = 2\mathrm{Re}\left(\bar{Z}_{xy}\right), \quad \beta_3 = -2\mathrm{Im}\left(\bar{Z}_{xy}\right)$$

为斯托克斯空间中的 "双折射矢量"，而 $\bar{Z}$ 为模式传播算符 $\hat{Z}$ 在基 $\{|x\rangle, |y\rangle\}$ 中的矩阵表示

$$\bar{Z}_{jj'} = \langle j|\hat{Z}|j'\rangle \quad (j, j' = x \text{ 或 } y) \qquad\qquad (5.1.10)$$

双折射矢量 $\boldsymbol{\beta}$ 具有明确的物理意义:模长 $|\boldsymbol{\beta}|$ 为两个局域传播因子之差 $(n_+ - n_-)$ $\frac{\omega}{c}$,而单位矢量 $\frac{\boldsymbol{\beta}}{|\boldsymbol{\beta}|}$ 为具有较大传播因子 $n_+ \frac{\omega}{c}$ 的局域本征模所对应的斯托克斯矢量 (详细说明见本章 5.6 节)。需要强调的是,方程 (5.1.8) 适用于式 (5.1.4) 中普遍的斯托克斯矢量。

形式上,方程 (5.1.7) 的解可表示为

$$|\psi(z,\omega)\rangle = \hat{U}(z,z',\omega)\,|\psi(z',\omega)\rangle \tag{5.1.11}$$

这里,z' 为 "初始" 位置,而演化算符 $\hat{U}(z,z',\omega)$ 本身遵循演化方程

$$\mathrm{i}\frac{\partial}{\partial z}\hat{U}(z,z',\omega) = \hat{Z}(z,\omega)\hat{U}(z,z',\omega) \tag{5.1.12}$$

和初始条件

$$\hat{U}(z=z',z',\omega) = \hat{I} \tag{5.1.13}$$

其中 $\hat{I}$ 为单位算符。根据方程 (5.1.12) 和 $\hat{Z}(z,\omega)$ 的厄米性,有

$$\frac{\partial}{\partial z}\left(\hat{U}^{\dagger}(z,z',\omega)\,\hat{U}(z,z',\omega)\right)$$

$$= \left(\frac{\partial}{\partial z}\hat{U}^{\dagger}(z,z',\omega)\right)\hat{U}(z,z',\omega) + \hat{U}^{\dagger}(z,z',\omega)\left(\frac{\partial}{\partial z}\hat{U}(z,z',\omega)\right)$$

$$= \mathrm{i}\hat{U}^{\dagger}(z,z',\omega)\,\hat{Z}(z,\omega)\,\hat{U}(z,z',\omega) - \mathrm{i}\hat{U}^{\dagger}(z,z',\omega)\,\hat{Z}(z,\omega)\,\hat{U}(z,z',\omega)$$

$$= 0 \tag{5.1.14}$$

再由式 (5.1.13) 有初始条件

$$\hat{U}^{\dagger}(z',z',\omega)\,\hat{U}(z',z',\omega) = \hat{I} \tag{5.1.15}$$

最后得到

$$\hat{U}^{\dagger}(z,z',\omega)\,\hat{U}(z,z',\omega) = \hat{I} \tag{5.1.16}$$

同理有

$$\hat{U}(z,z',\omega)\,\hat{U}^{\dagger}(z,z',\omega) = \hat{I} \tag{5.1.17}$$

方程 (5.1.16) 和 (5.1.17) 表明该光纤中电磁场传播的演化算符 $\hat{U}$ 是幺正的,这是无损耗光纤最基本的性质之一。

方程 (5.1.7) 或 (5.1.11)~(5.1.13) 决定电磁场态随传播距离 z 的演化。同时,光纤中的电磁场的状态依赖于频率 ω,接下来讨论 $|\psi(z,\omega)\rangle$ 随 ω 变化的规律。假

设初始位置 z' 处电磁场的状态不依赖于 ω, 即 $|\psi(z',\omega)\rangle = |\psi(z')\rangle$, 对式 (5.1.11) 取 ω 的微分并利用 $\hat{U}$ 的幺正性 (5.1.16) 和 (5.1.17) 得到

$$
\begin{aligned}
\mathrm{i}\frac{\partial}{\partial\omega}|\psi(z,\omega)\rangle &= \mathrm{i}\frac{\partial\hat{U}(z,z',\omega)}{\partial\omega}|\psi(z')\rangle \\
&= \mathrm{i}\frac{\partial\hat{U}(z,z',\omega)}{\partial\omega}\hat{U}^{\dagger}(z,z',\omega)\hat{U}(z,z',\omega)|\psi(z')\rangle \\
&= \hat{\Omega}(z,z',\omega)|\psi(z,\omega)\rangle
\end{aligned}
\tag{5.1.18}
$$

其中 $\hat{\Omega}$ 为 "群时延算符"

$$
\hat{\Omega}(z,z',\omega) = \mathrm{i}\hat{U}_{\omega}(z,z',\omega)\hat{U}^{\dagger}(z,z',\omega)
$$
$$
\hat{U}_{\omega}(z,z',\omega) \equiv \frac{\partial}{\partial\omega}\hat{U}(z,z',\omega)
\tag{5.1.19}
$$

$\hat{\Omega}(z,z',\omega)$ 是琼斯空间的厄米算符, 其本征矢量 $|\mathrm{p}_{\pm};z,z',\omega\rangle$ 和本征值 $\tau_{\mathrm{p}\pm}(z,z',\omega)$ $(\tau_{\mathrm{p}+}\geqslant\tau_{\mathrm{p}-})$ 分别表示从 z' 到 z 的光纤段的偏振主态和相应的群时延。方程 (5.1.18) 在斯托克斯空间中所对应的方程为

$$
\frac{\partial}{\partial\omega}\boldsymbol{S}(z,\omega) = \boldsymbol{\tau}(z,z',\omega)\times\boldsymbol{S}(z,\omega)
\tag{5.1.20}
$$

其中 $\boldsymbol{\tau}$ 为 "群时延矢量"

$$
\boldsymbol{\tau} = \begin{pmatrix} \tau_1 \\ \tau_2 \\ \tau_3 \end{pmatrix}
\tag{5.1.21}
$$
$$
\tau_1 = \bar{\Omega}_{xx} - \bar{\Omega}_{yy},\ \tau_2 = 2\mathrm{Re}\left(\bar{\Omega}_{xy}\right),\ \tau_3 = -2\mathrm{Im}\left(\bar{\Omega}_{xy}\right)
$$

而 $\bar{\Omega}$ 为群时延算符 $\hat{\Omega}$ 在基 $\{|x\rangle, |y\rangle\}$ 中的矩阵表示

$$
\bar{\Omega}_{jj'} = \langle j|\hat{\Omega}|j'\rangle \quad (j, j' = x\ \text{或}\ y)
\tag{5.1.22}
$$

群时延矢量 $\boldsymbol{\tau}$ 的模长 $|\boldsymbol{\tau}|$ 与单位矢量 $\dfrac{\boldsymbol{\tau}}{|\boldsymbol{\tau}|}$ 分别对应两个群时延之差 $(\tau_{\mathrm{p}+} - \tau_{\mathrm{p}-})$ 和具有较大群时延 $\tau_{\mathrm{p}+}$ 的偏振主态的斯托克斯矢量 (更多说明见本章附录)。和方程 (5.1.8) 类似, (5.1.20) 适用于普遍的 (描述纯态或混合态的) 斯托克斯矢量。

为了说明引入密度矩阵的必要性, 我们对 $\boldsymbol{\beta}, \boldsymbol{\tau}$(斯托克斯空间的矢量) 和 $\hat{Z}, \hat{\Omega}$ (琼斯空间的算符) 进行一个简单的比较。在偏振模色散理论中, 模式空间的维数 为 $2(J=2)$, $\boldsymbol{\beta}$ 和 $\hat{Z}$ 均能给出局域本征模及传播因子之差, 而 $\boldsymbol{\tau}$ 和 $\hat{\Omega}$ 均能给出 偏振主态及群时延之差。尽管 $\hat{Z}$ 和 $\hat{\Omega}$ 实际给出了每个局域本征模的传播因子和

每个偏振主态的群时延，但大多数情况下，只有差值才是真正重要的。因此，对于 $J = 2$，β, τ 和 $\hat{Z}, \hat{\Omega}$ 基本上提供了相同的光纤模式信息。然而，将 β, τ 推广至维数 $J > 2$ 的模式空间需要 $J^2 - 1$ 个相互正交的辅助矩阵 (Gell-Mann 矩阵)[19,20]，而且它们与局域本征模、传播因子、主态及群时延的关系随着 J 的增大而愈加复杂。另一方面，将 $\hat{Z}, \hat{\Omega}$ 向任意 $J > 2$ 维的模式空间扩展却很简单，而且上述局域本征模、传播因子、主态及群时延仍然由 $\hat{Z}, \hat{\Omega}$ 的本征态和本征值直接给出。

尽管如此，在一个关键方面，即便是多模场，斯托克斯空间也比琼斯空间优越：斯托克斯矢量 $\boldsymbol{S}$ 可以描述场的混合态，这是琼斯矢量 $|\psi\rangle$ 无法直接做到的。前面提到，对于 2 维 ($J = 2$) 的模式空间，斯托克斯矢量 $\boldsymbol{S}$ 是一个 3 维的实数矢量，可以用庞加莱球中的几何矢量表示。然而，和 β, τ 的情况类似，将 $\boldsymbol{S}$ 推广至高维 ($J > 2$) 模式空间也需要 $J^2 - 1$ 个 Gell-Mann 矩阵的辅助，而且在高维模式空间中，$\boldsymbol{S}$ 的维数 $J^2 - 1$ 大于 3，从而丧失了将其作为直观几何矢量处理的优势。因此，若能在任意维数的琼斯空间中引入一种简单的、能够描述普遍场态 (包括纯态和混合态) 的理论工具，就可以在研究多个模式的耦合与色散时避免使用复杂的斯托克斯空间矢量，使分析过程大为简化。接下来我们将在 5.1.2 节引入这样的理论工具——"密度矩阵" 算符 $\hat{\rho}$——来作为我们提出的模式耦合与色散新理论的核心概念。

5.1.2 密度矩阵算符

从现在起，除非另有说明，所有模式空间都默认是任意 $J \geqslant 2$ 维的。前面提到，人们在琼斯空间中借用量子力学符号——右矢 $|\psi\rangle$——来表征电磁场的纯态。同样借鉴量子力学的方法，我们可以引入 "密度矩阵" 算符

$$\hat{\rho} = |\psi\rangle \langle \psi| \tag{5.1.23}$$

来描述这个场的状态，因为从 $|\psi\rangle$ 中得到的任何物理信息都能从 $\hat{\rho}$ 中获得，反之亦然。任意给定一组基 $\{|1\rangle, |2\rangle, \cdots, |J\rangle\}$，$|\psi\rangle$ 由式 (5.1.2) 中的琼斯矢量 ψ 表示。相应地，密度矩阵算符 $\hat{\rho}$ 由一个 $J \times J$ 的矩阵 $\bar{\rho}$ 表示，其元素为

$$\bar{\rho}_{jj'} \equiv \langle j|\hat{\rho}|j'\rangle = \langle j|\psi\rangle \langle \psi|j'\rangle = \psi_j \psi_{j'}^*, \\ j, j' = 1, 2, \cdots, J \tag{5.1.24}$$

在同一组基下，将 $\langle \psi|$ 用 ψ 的厄米共轭表示

$$(\langle \psi \mid 1\rangle, \langle \psi \mid 2\rangle, \cdots, \langle \psi \mid J\rangle) = \psi^\dagger \tag{5.1.25}$$

则 $\bar{\rho}$ 可更紧凑地写成

$$\bar{\rho} = \psi \, \psi^\dagger \tag{5.1.26}$$

自然地, $\bar{\rho}$ 被称为 "密度矩阵"。跟右矢 $|\psi\rangle$ 与琼斯矢量 ψ 的关系类似, 在给定的基下, $\hat{\rho}$ 和 $\bar{\rho}$ 一一对应, 因此经常将密度矩阵算符 $\hat{\rho}$ 和密度矩阵 $\bar{\rho}$ 以及它们的名称互用。

对于 $|\psi^{(1)}\rangle, |\psi^{(2)}\rangle, \cdots$ 的非相干混合 (概率为 $p_1, p_2, \cdots$), 电磁场的状态由以下普遍形式的密度矩阵算符描述,

$$\hat{\rho} = \sum_{q=1,2,\cdots} p_q \hat{\rho}^{(q)} \tag{5.1.27}$$

其中

$$\hat{\rho}^{(q)} = |\psi^{(q)}\rangle\langle\psi^{(q)}| \tag{5.1.28}$$

为纯态 $|\psi^{(q)}\rangle$ 所对应的密度矩阵算符。若式 (5.1.27) 的和式中只有一个非零项, 则 $\hat{\rho}$ 代表纯态。在任何一组选定的基矢量下, 相应的密度矩阵表示为

$$\bar{\rho} = \sum_{q=1,2,\cdots} p_q \psi^{(q)} \psi^{(q)\dagger} \tag{5.1.29}$$

其中 $\psi^{(q)}$ 为 $|\psi^{(q)}\rangle$ 的琼斯矢量。

在 J 维模式空间中, $\hat{\rho}$ 是具有 J 个非负实数本征值的厄米算符。由

$$\langle\psi^{(q)} \mid \psi^{(q)}\rangle = 1, \quad p_1 + p_2 + \cdots = 1 \tag{5.1.30}$$

可以证明

$$\mathrm{Tr}\hat{\rho} = 1 \tag{5.1.31}$$

以及

$$\frac{1}{J} \leqslant \mathrm{Tr}\hat{\rho}^2 \leqslant 1 \tag{5.1.32}$$

其中 "Tr" 代表算符或矩阵的迹。在式 (5.1.32) 中, 当且仅当 $\hat{\rho}$ 为纯态时, $\mathrm{Tr}\hat{\rho}^2 = 1$, 而当且仅当 $\hat{\rho}$ 为完全混合态 (即 $\hat{\rho} = \frac{1}{J}\hat{I}$) 时, $\mathrm{Tr}\hat{\rho}^2 = \frac{1}{J}$。

跟量子力学中的量子态一样, 场态的所有可观测信息都能够从 $\hat{\rho}$ 中导出。原则上, 电磁场 $|\psi^{(q)}\rangle$ 可以通过适当的装置分解为任何一组完备的正交归一模式 $\{|\phi^{(1)}\rangle, |\phi^{(2)}\rangle, \cdots, |\phi^J\rangle\}$ 的线性叠加 (比如将系统中的信号场解复用为其组分模式)

$$|\psi^{(q)}\rangle = \sum_{j=1}^{J} \varepsilon_j |\phi_j\rangle \tag{5.1.33}$$

组分模式 $\left|\phi^{(j)}\right\rangle$ 中所含能量的比例，即 $\left|\phi^{(j)}\right\rangle$ 中的能量 $E_j^{(q)}$ 与 $\left|\psi^{(q)}\right\rangle$ 中的总能量 $E_T^{(q)}$ 之比 $P_j^{(q)}$ 由下式给出

$$P_j^{(q)} \equiv \frac{E_j^{(q)}}{E_T^{(q)}}$$

$$= \left|\left\langle \phi^{(j)} \mid \psi^{(q)} \right\rangle\right|^2 = \left\langle \phi^{(j)} \mid \psi^{(q)} \right\rangle \left\langle \psi^{(q)} \mid \phi^{(j)} \right\rangle \tag{5.1.34}$$

式 (5.1.34)类似于量子力学中对一个量子态 $\left(\sim\left|\psi^{(q)}\right\rangle\right)$ 进行物理量 $\hat{O}$ 的测量时发现系统处于 $\hat{O}$ 的一个本征态 $\left(\sim\left|\phi^{(j)}\right\rangle\right)$ 上的概率 $\left(\sim\left|P_j^{(q)}\right\rangle\right)$。相似地，场态 $\left|\psi^{(q)}\right\rangle$ 中组分模式 $\left|\phi^{(j)}\right\rangle$ 与 $\left|\phi^{(j')}\right\rangle$ 之间的相干性用 $C_{jj'}^{(q)}$ 进行量化

$$C_{jj'}^{(q)} = \left(\left\langle \phi^{(j)} \mid \psi^{(q)} \right\rangle\right)\left(\left\langle \phi^{(j')} \mid \psi^{(q)} \right\rangle\right)^*$$

$$= \left\langle \phi^{(j)} \mid \psi^{(q)} \right\rangle \left\langle \psi^{(q)} \mid \phi^{(j')} \right\rangle \tag{5.1.35}$$

自然地，对于一组纯场态 $\left\{\left|\psi^{(q)}\right\rangle, q=1,2,\cdots\right\}$ 以 p_q 为概率的非相干混合 $\hat{\rho} = \sum_{q=1,2,\cdots} p_q \left|\psi^{(q)}\right\rangle\left\langle\psi^{(q)}\right|$，$\left|\phi^{(j)}\right\rangle$ 所含能量的比例以及 $\left|\phi^{(j)}\right\rangle$ 与 $\left|\phi^{(j')}\right\rangle$ 之间的相干性为 $P_j^{(q)}$ 和 $C_{jj'}^{(q)}$ 的统计平均

$$P_j = \sum_q p_q P_j^{(q)}$$

$$= \left\langle \phi^{(j)}\right| \left(\sum_q p_q \left|\psi^{(q)}\right\rangle\left\langle\psi^{(q)}\right| \right) \left|\phi^{(j)}\right\rangle = \left\langle \phi^{(j)}\right| \hat{\rho} \left|\phi^{(j)}\right\rangle \tag{5.1.36}$$

$$C_{jj'} = \sum_q p_q C_{jj'}^{(q)}$$

$$= \left\langle \phi^{(j)}\right| \left(\sum_q p_q \left|\psi^{(q)}\right\rangle\left\langle\psi^{(q)}\right| \right) \left|\phi^{(j')}\right\rangle = \left\langle \phi^{(j)}\right| \hat{\rho} \left|\phi^{(j')}\right\rangle \tag{5.1.37}$$

更普遍地,对于具有正交归一本征态 $\left\{\left|\phi_A^{(j=1,2,\cdots,J)}\right\rangle\right\}$ 和相应本征值 $a_{j=1,2,\cdots,J}$ 的可观测量 A(比如轨道角动量) 的信息，式 (5.1.36) 给出 $\left|\phi_A^{(j)}\right\rangle$ 所含能量的比例为 $P_j = \left\langle \phi_A^{(j)}\right| \hat{\rho} \left|\phi_A^{(j)}\right\rangle$，因此 A 的平均值为

$$\langle A \rangle = \sum_{j=1}^J P_j a_j = \sum_{j=1}^J \left\langle \phi_A^{(j)}\right| \hat{\rho} \left|\phi_A^{(j)}\right\rangle a_j$$

$$= \mathrm{Tr} \left(\hat{\rho} \sum_{j=1}^{J} a_j \left| \phi_A^{(j)} \right\rangle \left\langle \phi_A^{(j)} \right| \right)$$

$$\equiv \mathrm{Tr} \left(\hat{\rho} \hat{A} \right) \tag{5.1.38}$$

这里，通过定义算符

$$\hat{A} = \sum_{j=1}^{J} a_j \left| \phi_A^{(j)} \right\rangle \left\langle \phi_A^{(j)} \right| \tag{5.1.39}$$

来表示可观测量 A，$\langle A \rangle$ 的公式已经转化为与量子力学中相同的形式。原则上，电磁场态的所有可观测信息均能简单地通过式 (5.1.36)~(5.1.38) 获得，这是密度矩阵理论的主要优势之一。

5.2　演　化　方　程

在这一节中，我们将推导任意维模式空间中密度矩阵算符 $\hat{\rho}$ 和其他用来表征模式关键属性的元素的演化方程。

在无损耗光纤中，频率为 ω 的单色纯态电磁场 $|\psi(z, \omega)\rangle$ 沿 z 方向的传播方程是 2 维 ($J = 2$) 模式空间中的方程 (5.1.7) 向 $J \geqslant 2$ 的直接推广

$$\mathrm{i} \frac{\partial}{\partial z} |\psi(z, \omega)\rangle = \hat{Z}(z, \omega) |\psi(z, \omega)\rangle \tag{5.2.1}$$

这里的模式传播算符 $\hat{Z}(z, \omega)$ 是厄米算符，因此具有 J 个正交归一的本征矢量

$$\hat{Z}(z, \omega) |l_j; z, \omega\rangle = n_j(z, \omega) \frac{\omega}{c} |l_j; z, \omega\rangle, \quad j = 1, 2, \cdots, J \tag{5.2.2}$$

且相应的本征值 $n_j(z, \omega) \frac{\omega}{c}$ 全部为实数。接下来将阐述 $\hat{Z}(z, \omega)$ 的本征态和本征值的物理意义。假定光纤中频率为 ω 的单色电磁波在某一位置 z 的场态为 $\hat{Z}(z, \omega)$，在该点的本征态，即

$$|\psi(z, \omega)\rangle = |l_j; z, \omega\rangle \tag{5.2.3}$$

则根据方程 (5.2.1) 和 (5.2.2)，有

$$\frac{\partial}{\partial z} |\psi(z, \omega)\rangle = -\mathrm{i} n_j(z, \omega) \frac{\omega}{c} |l_j; z, \omega\rangle \tag{5.2.4}$$

从而当 $\delta z \to 0$ 时，

$$|\psi(z + \delta z, \omega)\rangle$$

$$= \left(1 - \mathrm{i} n_j \left(z, \omega \right) \frac{\omega}{c} \delta z \right) \left| l_j; z, \omega \right\rangle$$

$$= \exp \left(-\mathrm{i} n_j \left(z, \omega \right) \frac{\omega}{c} \delta z \right) \left| l_j; z, \omega \right\rangle \tag{5.2.5}$$

注意最后一步是近似至 δz 的一阶项, 或者说对无穷小 δz 严格成立。式 (5.2.5) 表明, 在 $z + \delta z (\delta z \to 0)$ 处, 场的状态和 z 处的状态只相差一个相因子 $\mathrm{e}^{-\mathrm{i} n_j(z,\omega) \frac{\omega}{c} \delta z}$。因此, $\left| l_j; z, \omega \right\rangle$ 为 z 点光场的局域本征模, 而 $n_j \left(z, \omega \right) \frac{\omega}{c}$ 为相应的局域传播因子, $n_j \left(z, \omega \right)$ 为局域有效折射率。为简单起见, 本书中提到 $\hat{Z}$ 和它的本征态及本征值时, 通常将 "局域" 两个字省去。同时, 为了方便讨论, 定义归一化的传播算符 $\hat{N} \left(z, \omega \right)$ 如下:

$$\hat{N} \left(z, \omega \right) = \frac{c}{\omega} \hat{Z} \left(z, \omega \right) \tag{5.2.6}$$

使得其本征值直接为有效折射率 $n_j \left(z, \omega \right)$。

由式 (5.2.1) 及其厄米共轭 (注意到 $\hat{Z}^\dagger = \hat{Z}$)

$$\mathrm{i} \frac{\partial}{\partial z} \left\langle \psi \left(z, \omega \right) \right| = - \left\langle \psi \left(z, \omega \right) \right| \hat{Z} \left(z, \omega \right) \tag{5.2.7}$$

容易推导出相应的密度矩阵算符 $\hat{\rho} \left(z, \omega \right) = \left| \psi \left(z, \omega \right) \right\rangle \left\langle \psi \left(z, \omega \right) \right|$ 随 z 演化的微分方程,

$$\mathrm{i} \frac{\partial}{\partial z} \hat{\rho} \left(z, \omega \right)$$

$$= \hat{Z} \left(z, \omega \right) \hat{\rho} \left(z, \omega \right) - \hat{\rho} \left(z, \omega \right) \hat{Z} \left(z, \omega \right)$$

$$\equiv \left[\hat{Z} \left(z, \omega \right), \hat{\rho} \left(z, \omega \right) \right] \tag{5.2.8}$$

其中引入了两个算符的对易子,

$$\left[\hat{A}, \hat{B} \right] \equiv \hat{A} \hat{B} - \hat{B} \hat{A} \tag{5.2.9}$$

对于普遍的混合态情形, 假设初始位置 z_I 处的光场为 $\left| \psi^{(1)} \left(z_\mathrm{I} \right) \right\rangle, \left| \psi^{(2)} \left(z_\mathrm{I} \right) \right\rangle, \cdots$ 以 $p_1, p_2, \cdots$ 为概率的非相干混合, 则光纤中的光场用以下的密度算符表示:

$$\hat{\rho} \left(z, \omega \right) = \sum_{q=1,2,\cdots} p_q \hat{\rho}^{(q)} \left(z, \omega \right)$$

$$\hat{\rho}^{(q)} \left(z, \omega \right) = \left| \psi^{(q)} \left(z, \omega \right) \right\rangle \left\langle \psi^{(q)} \left(z, \omega \right) \right| \tag{5.2.10}$$

其演化方程可从方程 (5.2.8) 直接导出

$$\mathrm{i} \frac{\partial}{\partial z} \hat{\rho} \left(z, \omega \right) = \mathrm{i} \sum_{q=1,2,\cdots} p_q \frac{\partial}{\partial z} \hat{\rho}^{(q)} \left(z, \omega \right)$$

$$= \sum_{q=1,2,\cdots} p_q \left[\hat{Z}(z,\omega), \hat{\rho}^{(q)}(z,\omega) \right]$$

$$= \left[\hat{Z}(z,\omega), \sum_{q=1,2,\cdots} p_q \hat{\rho}^{(q)}(z,\omega) \right]$$

$$= \left[\hat{Z}(z,\omega), \hat{\rho}(z,\omega) \right] \tag{5.2.11}$$

方程 (5.2.11) 为无损耗光纤中场态的密度矩阵算符随传播距离演化的动力学方程普遍形式, 它和量子力学中密度矩阵的刘维尔方程非常相似, 只是由模式传播算符 $\hat{Z}$ 和位置 z 分别替换量子力学方程中的哈密顿量算符 $\hat{H}$ 和时间 t。在任一组基矢量 $\{|1\rangle, |2\rangle, \cdots, |J\rangle\}$ 下, 方程 (5.2.11) 的矩阵形式为

$$\mathrm{i}\frac{\partial}{\partial z}\bar{\rho}(z,\omega) = \left[\bar{Z}(z,\omega), \bar{\rho}(z,\omega) \right] \tag{5.2.12}$$

其中 $\bar{\rho}$ 和 $\bar{Z}$ 分别为 $\hat{\rho}$ 和 $\hat{Z}$ 的矩阵表示。在给定的基矢量下, 任何关于算符 $\hat{A}(\hat{A} = \hat{\rho}, \hat{Z}, \cdots)$ 和右矢 $|\psi\rangle$ 的方程都跟一个形式完全相同的矩阵 $\bar{A}$ 和向量 ψ 的方程等价, 其中 $\bar{A}$ 和 ψ 为算符 $\hat{A}$ 和右矢 $|\psi\rangle$ 在基矢量下的表示,

$$\hat{A} \to \bar{A}: \bar{A}_{jj'} = \langle j| \hat{A} |j'\rangle$$

$$|\psi\rangle \to \psi = \begin{pmatrix} \psi_1 \\ \psi_2 \\ \vdots \\ \psi_J \end{pmatrix}: \psi_j = \langle j | \psi \rangle \tag{5.2.13}$$

$$j, j' = 1, 2, \cdots, J$$

在不引发歧义的情况下, 我们将不区分模式空间的算符/右矢和相应的矩阵/向量表示, 而且也不区分算符/右矢的方程和相应的矩阵/向量方程。

跟 2 维的情况一样, 在任意 J 维模式空间中, 右矢 $|\psi(z,\omega)\rangle$ 的演化方程 (5.2.1) 的解可以通过演化算符 $\hat{U}(z,z',\omega)$ 来表示

$$|\psi(z,\omega)\rangle = \hat{U}(z,z',\omega) |\psi(z',\omega)\rangle \tag{5.2.14}$$

而 $\hat{U}(z,z',\omega)$ 满足方程

$$\mathrm{i}\frac{\partial}{\partial z}\hat{U}(z,z',\omega) = \hat{Z}(z,\omega)\hat{U}(z,z',\omega) \tag{5.2.15}$$

及初始条件

$$\hat{U}(z=z',z',\omega) = \hat{I} \tag{5.2.16}$$

其中 $\hat{I}$ 为 J 维矢量空间的单位算符。根据 (5.2.15) 和 (5.2.16)，能够证明 $\hat{U}(z, z', \omega)$ 为幺正算符

$$\hat{U}^{\dagger}(z, z', \omega)\hat{U}(z, z', \omega) = \hat{U}(z, z', \omega)\hat{U}^{\dagger}(z, z', \omega) = \hat{I} \tag{5.2.17}$$

将方程 (5.2.15) 两边右乘 $\hat{U}^{\dagger}(z, z', \omega)$ 并应用式 (5.2.17)，可得

$$\hat{Z}(z, \omega) = \mathrm{i}\hat{U}_z(z, z', \omega)\hat{U}^{\dagger}(z, z', \omega)$$
$$\tag{5.2.18}$$
$$\hat{U}_z(z, z', \omega) \equiv \frac{\partial}{\partial z}\hat{U}(z, z', \omega)$$

这个关系式将在以后的推导中反复用到。

将式 (5.2.14) 及其厄米共轭

$$\langle\psi(z, \omega)| = \langle\psi(z', \omega)|\hat{U}^{\dagger}(z, z', \omega) \tag{5.2.19}$$

应用到式 (5.2.10) 的混合态 $\hat{\rho}(z, \omega)$ 中每一个右矢 $|\psi^{(q)}\rangle$ 及其共轭左矢 $\langle\psi^{(q)}|$ 上，即得到用演化算符 $\hat{U}(z, z', \omega)$ 表示的 $\hat{\rho}(z, \omega)$ 的解

$$\hat{\rho}(z, \omega)$$
$$= \sum_{q=1,2,\cdots} p_q\hat{U}(z, z', \omega)|\psi(z', \omega)\rangle\langle\psi(z', \omega)|\hat{U}^{\dagger}(z, z', \omega)$$
$$= \hat{U}(z, z', \omega)\left(\sum_{q=1,2,\cdots} p_q|\psi(z', \omega)\rangle\langle\psi(z', \omega)|\right)\hat{U}^{\dagger}(z, z', \omega)$$
$$= \hat{U}(z, z', \omega)\hat{\rho}(z', \omega)\hat{U}^{\dagger}(z, z', \omega) \tag{5.2.20}$$

方程 (5.2.11)，或等效地，方程 (5.2.15)，(5.2.16) 和 (5.2.20)，支配单色电磁场在光纤中的传播，即 $\hat{\rho}$ 随位置 z 的演化。为了分析模式色散，还需要找到 $\hat{\rho}$ 随频率 ω 的变化规律。在初始场态 $|\psi(z')\rangle$ 不依赖于频率 ω 的条件下，对式 (5.2.14) 两边取 ω 微分，并利用 $\hat{U}$ 的幺正性 (5.2.17)，可导出 $|\psi\rangle$ 随 ω 变化的方程

$$\mathrm{i}\frac{\partial}{\partial\omega}|\psi(z, \omega)\rangle$$
$$= \mathrm{i}\frac{\partial}{\partial\omega}\left(\hat{U}(z, z', \omega)|\psi(z')\rangle\right)$$
$$= \mathrm{i}\hat{U}_{\omega}(z, z', \omega)|\psi(z')\rangle$$
$$= \left(\mathrm{i}\hat{U}_{\omega}(z, z', \omega)\hat{U}^{\dagger}(z, z', \omega)\right)\left(\hat{U}(z, z', \omega)|\psi(z')\rangle\right)$$

$$=\hat{\Omega}\left(z, z', \omega\right)\left|\psi\left(z, \omega\right)\right\rangle \tag{5.2.21}$$

其中 $\hat{\Omega}$ 为 J 维模式空间中的 "群时延" 算符

$$\hat{\Omega}\left(z, z', \omega\right) = \mathrm{i}\hat{U}_{\omega}\left(z, z', \omega\right)\hat{U}^{\dagger}\left(z, z', \omega\right)$$

$$\hat{U}_{\omega}\left(z, z', \omega\right) \equiv \frac{\partial}{\partial \omega}\hat{U}\left(z, z', \omega\right) \tag{5.2.22}$$

方程 (5.2.21) 的厄米共轭方程为

$$\mathrm{i}\frac{\partial}{\partial \omega}\left\langle \psi\left(z, \omega\right)\right| = -\left\langle \psi\left(z, \omega\right)\right|\hat{\Omega}\left(z, z', \omega\right) \tag{5.2.23}$$

其中用到了 $\hat{\Omega}$ 的厄米性。将式 (5.2.22) 和 (5.2.23) 应用至式 (5.2.10) 中密度矩阵 $\hat{\rho}\left(z, \omega\right)$ 的每个右矢 $\left|\psi^{(q)}\right\rangle$ 及其共轭左矢 $\left\langle \psi^{(q)}\right|$ 上，可以推导出 $\hat{\rho}\left(z, \omega\right)$ 随 ω 变化的微分方程

$$\mathrm{i}\frac{\partial}{\partial \omega}\hat{\rho}\left(z, \omega\right)$$

$$= \sum_{q=1,2,\cdots} p_q \left(\mathrm{i}\frac{\partial}{\partial \omega}\left|\psi^{(q)}\left(z, \omega\right)\right\rangle\right)\left\langle \psi^{(q)}\left(z, \omega\right)\right|$$

$$+ \sum_{q=1,2,\cdots} p_q \left|\psi^{(q)}\left(z, \omega\right)\right\rangle\left(\mathrm{i}\frac{\partial}{\partial \omega}\left\langle \psi^{(q)}\left(z, \omega\right)\right|\right)$$

$$= \sum_{q=1,2,\cdots} p_q \hat{\Omega}\left(z, z', \omega\right)\left|\psi^{(q)}\left(z, \omega\right)\right\rangle\left\langle \psi^{(q)}\left(z, \omega\right)\right|$$

$$- \sum_{q=1,2,\cdots} p_q \left|\psi^{(q)}\left(z, \omega\right)\right\rangle\left\langle \psi^{(q)}\left(z, \omega\right)\right|\hat{\Omega}\left(z, z', \omega\right)$$

$$= \hat{\Omega}\left(z, z', \omega\right)\left(\sum_{q=1,2,\cdots} p_q \left|\psi^{(q)}\left(z, \omega\right)\right\rangle\left\langle \psi^{(q)}\left(z, \omega\right)\right|\right)$$

$$- \left(\sum_{q=1,2,\cdots} p_q \left|\psi^{(q)}\left(z, \omega\right)\right\rangle\left\langle \psi^{(q)}\left(z, \omega\right)\right|\right)\hat{\Omega}\left(z, z', \omega\right)$$

$$= \hat{\Omega}\left(z, z', \omega\right)\hat{\rho}\left(z, \omega\right) - \hat{\rho}\left(z, \omega\right)\hat{\Omega}\left(z, z', \omega\right)$$

$$= \left[\hat{\Omega}\left(z, z', \omega\right), \hat{\rho}\left(z, \omega\right)\right] \tag{5.2.24}$$

需要强调的是，方程 (5.2.21) 和 (5.2.24) 只有在初始状态 $\left|\psi\left(z'\right)\right\rangle$ 或 $\hat{\rho}\left(z'\right)$ 不依赖于频率 ω 时才适用。

由 $\hat{\Omega}(z, z', \omega)$ 的定义式 (5.2.22) 能够证明它是厄米算符

$$
\begin{aligned}
\hat{\Omega}^\dagger(z, z', \omega) &= -\mathrm{i}\hat{U}(z, z', \omega)\hat{U}_\omega^\dagger(z, z', \omega) \\
&= \mathrm{i}\hat{U}_\omega(z, z', \omega)\hat{U}^\dagger(z, z', \omega) \\
&= \hat{\Omega}(z, z', \omega)
\end{aligned}
\tag{5.2.25}
$$

其中第二个等号用到了

$$
\hat{U}(z, z', \omega)\hat{U}_\omega^\dagger(z, z', \omega) = -\hat{U}_\omega(z, z', \omega)\hat{U}^\dagger(z, z', \omega)
\tag{5.2.26}
$$

而这又由 $\hat{U}$ 的幺正性 (5.2.17) 直接得到

$$
\begin{aligned}
&\hat{U}_\omega(z, z', \omega)\hat{U}^\dagger(z, z', \omega) + \hat{U}(z, z', \omega)\hat{U}_\omega^\dagger(z, z', \omega) \\
&= \frac{\partial}{\partial\omega}\left(\hat{U}(z, z', \omega)\hat{U}^\dagger(z, z', \omega)\right) \\
&= \frac{\partial\hat{I}}{\partial\omega} = 0
\end{aligned}
\tag{5.2.27}
$$

根据式 (5.2.25)，显然有

$$
\hat{\Omega}(z, z', \omega) = -\mathrm{i}\hat{U}(z, z', \omega)\hat{U}_\omega^\dagger(z, z', \omega)
\tag{5.2.28}
$$

为了方便下面的推导，我们在这里给出另外一个和式 (5.2.26) 类似 (同样由 $\hat{U}$ 的幺正性得到) 的关系式

$$
\hat{U}(z, z', \omega)\hat{U}_z^\dagger(z, z', \omega) = -\hat{U}_z(z, z', \omega)\hat{U}^\dagger(z, z', \omega)
\tag{5.2.29}
$$

再结合式 (5.2.18)，有

$$
\hat{Z}(z, z', \omega) = -\mathrm{i}\hat{U}_z(z, z', \omega)\hat{U}_z^\dagger(z, z', \omega)
\tag{5.2.30}
$$

如前所述，$\hat{\Omega}$ 是厄米算符，因此它有 J 个正交归一的本征矢量

$$
\begin{aligned}
\hat{\Omega}(z, z', \omega)\left|\mathrm{p}_j; z, z', \omega\right\rangle = \tau_{\mathrm{p}_j}(z, z', \omega)\left|\mathrm{p}_j; z, z', \omega\right\rangle \\
j = 1, 2, \cdots, J
\end{aligned}
\tag{5.2.31}
$$

且本征值 $\tau_{\mathrm{p}_j}(z, z', \omega)$ 均为实数。$\hat{\Omega}(z, z', \omega)$ 的本征态和本征值对模式色散的分析极其重要：$\hat{\Omega}$ 的本征态是 z 至 z' 光纤段的输出主态，且相应的本征值是该输出主态下的群时延。为了更清楚地说明这一点，先简单介绍一下模式主态的概念。

考虑在给定频率 ω 上，电磁场在初始点 z' 的状态 (输入态) 为 $|\psi(z',\omega)\rangle = |\mathrm{p}\rangle_{\mathrm{in}}$，传播至终点 z 处，电磁场的状态 (输出态) 为 $|\psi(z,\omega)\rangle = |\mathrm{p}\rangle_{\mathrm{out}}$；在频率 $\omega+\delta\omega$ 上，若输入态 $|\psi(z',\omega+\delta\omega)\rangle$ 仍为 $|\mathrm{p}\rangle_{\mathrm{in}}$，一般说来输出态 $|\psi(z,\omega+\delta\omega)\rangle$ 并不会正比于 $|\mathrm{p}\rangle_{\mathrm{out}}$，即除了相位，输出态光场的空间分布 (即态矢量 $|\psi(z,\omega+\delta\omega)\rangle$ 的 "方向") 也发生了变化，因此无法明确地定义群时延。但是，如果存在特定的输入态和输出态，使得直至 $\delta\omega$ 的一阶，有 $|\psi(z,\omega+\delta\omega)\rangle = \mathrm{e}^{-\mathrm{i}\tau\delta\omega}|\mathrm{p}\rangle_{\mathrm{out}}$，即在 ω 的邻域内输出态矢量只有相位变化，而 "方向" 不变，从而能够明确将 τ 定义为群时延。这时，$|\mathrm{p}\rangle_{\mathrm{in}}$ 和 $|\mathrm{p}\rangle_{\mathrm{out}}$ 分别称为输入主态和输出主态，它们通过演化算符 $\hat{U}$ 建立一一对应的关系

$$|\mathrm{p};z,z',\omega\rangle\rangle_{\mathrm{out}} = \hat{U}(z,z',\omega)|\mathrm{p};z,z',\omega\rangle\rangle_{\mathrm{in}} \tag{5.2.32}$$

因此一般只需要讨论其中一个即可。本章主要关注输出主态，且为了叙述方便，通常把输出主态简称为主态，只有需要一并讨论输入和输出主态时才使用全称。

现在证明 $\hat{\varOmega}$ 的本征态和本征值分别是光纤段的主态和相应的群时延。假定在给定频率 ω 上，电磁场的输出态为 $\hat{\varOmega}$ 的本征态

$$|\psi(z,\omega)\rangle = |\mathrm{p}_j;z,z',\omega\rangle \tag{5.2.33}$$

根据方程 (5.2.21) 和 (5.2.31)，有

$$\frac{\partial}{\partial\omega}|\psi(z,\omega)\rangle = -\mathrm{i}\tau_{\mathrm{p}_j}(z,z',\omega)|\mathrm{p}_j;z,z',\omega\rangle \tag{5.2.34}$$

从而当 $\delta\omega \to 0$ 时，

$$\begin{aligned}
&|\psi(z,\omega+\delta\omega)\rangle \\
&= \left(1-\mathrm{i}\tau_{\mathrm{p}_j}(z,z',\omega)\,\delta\omega\right)|\mathrm{p}_j;z,z',\omega\rangle \\
&= \exp\left(-\mathrm{i}\tau_{\mathrm{p}_j}(z,z',\omega)\,\delta\omega\right)|\mathrm{p}_j;z,z',\omega\rangle
\end{aligned} \tag{5.2.35}$$

和式 (5.2.5) 类似，以上最后一步是近似至 $\delta\omega$ 的一阶项，或者说对无穷小 $\delta\omega$ 严格成立。式 (5.2.35) 表明，直至 $\delta\omega$ 一阶项，频率 $\omega+\delta\omega$ 处的场态和 ω 处的场态只差一个相因子 $\mathrm{e}^{-\mathrm{i}\tau_{\mathrm{p}_j}(z,z',\omega)\delta\omega}$，从而证明了 $|\mathrm{p}_j;z,z',\omega\rangle$ 是输出主态，而 $\tau_{\mathrm{p}_j}(z,z',\omega)$ 是相应的群时延。由此可见，群时延算符 $\hat{\varOmega}(z,z',\omega)$ 包含了一阶模式色散 (即群时延) 的所有关键信息。

与 $\hat{Z}(z,\omega)$ 的局域性 (即 $\hat{Z}(z,\omega)$ 由光纤在 z 点的光学性质完全决定) 不同，$\hat{\varOmega}(z,z',\omega)$ 取决于从 z' 至 z 全段光纤的整体光学性质，因此，有必要建立支配 $\hat{\varOmega}(z,z',\omega)$ 随位置 z 变化的微分方程。首先对 $\hat{\varOmega}$ 的定义式 (5.2.22) 取 z 微分，

$$\mathrm{i}\frac{\partial}{\partial z}\hat{\varOmega}(z,z',\omega)$$

$$=\mathrm{i}\frac{\partial}{\partial z}\left(\mathrm{i}\hat{U}_\omega\left(z,z',\omega\right)\hat{U}^\dagger\left(z,z',\omega\right)\right)$$

$$=\mathrm{i}\left\{\mathrm{i}\left(\frac{\partial}{\partial z}\hat{U}_\omega\left(z,z',\omega\right)\right)\hat{U}^\dagger\left(z,z',\omega\right)+\mathrm{i}\hat{U}_\omega\left(z,z',\omega\right)\hat{U}_z^\dagger\left(z,z',\omega\right)\right\}$$

$$=\mathrm{i}\left\{\frac{\partial}{\partial\omega}\left(\mathrm{i}\hat{U}_z\left(z,z',\omega\right)\hat{U}^\dagger\left(z,z',\omega\right)\right)-\mathrm{i}\hat{U}_z\left(z,z',\omega\right)\hat{U}_\omega^\dagger\left(z,z',\omega\right)\right\}$$

$$+\mathrm{i}\left\{\mathrm{i}\hat{U}_\omega\left(z,z',\omega\right)\hat{U}_z^\dagger\left(z,z',\omega\right)\right\}$$

$$=\mathrm{i}\frac{\partial}{\partial\omega}\left(\mathrm{i}\hat{U}_z\left(z,z',\omega\right)\hat{U}^\dagger\left(z,z',\omega\right)\right)$$

$$+\left(\mathrm{i}\hat{U}_z\left(z,z',\omega\right)\hat{U}^\dagger\left(z,z',\omega\right)\right)\left(-\mathrm{i}\hat{U}\left(z,z',\omega\right)U_\omega^\dagger\left(z,z',\omega\right)\right)$$

$$-\left(\mathrm{i}\hat{U}_\omega\left(z,z',\omega\right)\hat{U}^\dagger\left(z,z',\omega\right)\right)\left(-\mathrm{i}\hat{U}\left(z,z',\omega\right)U_z^\dagger\left(z,z',\omega\right)\right) \tag{5.2.36}$$

再利用式 (5.2.18)，(5.2.28) 及 (5.2.30)，得

$$\mathrm{i}\frac{\partial}{\partial z}\hat{\Omega}\left(z,z',\omega\right)$$

$$=\mathrm{i}\hat{Z}_\omega\left(z,\omega\right)+\hat{Z}\left(z,\omega\right)\hat{\Omega}\left(z,z',\omega\right)-\hat{\Omega}\left(z,z',\omega\right)\hat{Z}\left(z,\omega\right)$$

$$=\mathrm{i}\hat{Z}_\omega\left(z,\omega\right)+\left[\hat{Z}\left(z,\omega\right),\;\hat{\Omega}\left(z,z',\omega\right)\right] \tag{5.2.37}$$

其中 $\hat{Z}_\omega\equiv\frac{\partial}{\partial\omega}\hat{Z}$。根据定义式 (5.2.22)，由 $\hat{U}\left(z',z',\omega\right)=\hat{I}$ 即能得到 $\hat{\Omega}$ 的初始条件，

$$\hat{\Omega}\left(z',z',\omega\right)=0 \tag{5.2.38}$$

方程 (5.2.11) 和 (5.2.37)，或等效地，方程 (5.2.15)，(5.2.20) 和 (5.2.22)，在相关的初始条件下，构成了多模光纤中模式耦合与色散密度矩阵理论的基础。如果传播算符 $\hat{Z}\left(z,\omega\right)$ 已知 (比如通过测量或根据光纤的光学结构计算得到)，就可以在任意频率 ω 上求解方程 (5.2.11) 和 (5.2.37) 得到 $\hat{\rho}\left(z,\omega\right)$ 和 $\hat{\Omega}\left(z,z',\omega\right)$；或者在频率 ω 的一个领域内求解方程 (5.2.15) 得到演化算符 $\hat{U}\left(z,z',\omega\right)$，并通过方程 (5.2.20) 和 (5.2.22) 导出 $\hat{\rho}\left(z,\omega\right)$ 和 $\hat{\Omega}\left(z,z',\omega\right)$。

群时延算符 $\hat{\Omega}\left(z,z',\omega\right)$ 直接给出了光纤中一阶模式色散 (即群时延) 的信息。二阶色散的信息由 $\hat{\Omega}\left(z,z',\omega\right)$ 的一阶 ω 导数 $\hat{\Omega}_\omega\equiv\frac{\partial}{\partial\omega}\hat{\Omega}$ 给出，三阶模式色散由 $\hat{\Omega}\left(z,z',\omega\right)$ 二阶 ω 导数 $\hat{\Omega}_{\omega\omega}\equiv\frac{\partial^2}{\partial\omega^2}\hat{\Omega}$ 给出，更高阶色散依此类推。原则上，每一

个频率 ω 处的 $\hat{\Omega}_\omega$, $\hat{\Omega}_{\omega\omega}$, $\cdots$ 都能够通过求解 ω 邻域中的 $\hat{\Omega}$ 并由此计算 $\hat{\Omega}$ 的频率导数来获得。实际上更可行的方法是将方程 (5.2.37) 对 ω 求导至所需的阶数，从而建立 $\hat{\Omega}_\omega$, $\hat{\Omega}_{\omega\omega}$, $\cdots$ 随 z 演化的微分方程，并与方程 (5.2.37) 一起求解这些方程。大多数情况下，三阶或更高阶的模式色散基本上没有实际意义，因此这里只给出 $\hat{\Omega}_\omega$ 的微分演化方程，即式 (5.2.37) 的一阶 ω 偏导数，

$$\mathrm{i}\frac{\partial}{\partial z}\hat{\Omega}_\omega\left(z,z',\omega\right)$$

$$=\mathrm{i}\hat{Z}_{\omega\omega}\left(z,\omega\right)+\left[\hat{Z}_\omega\left(z,\omega\right),\hat{\Omega}\left(z,z',\omega\right)\right]+\left[\hat{Z}\left(z,\omega\right),\hat{\Omega}_\omega\left(z,z',\omega\right)\right] \qquad (5.2.39)$$

其中 $\hat{Z}_{\omega\omega}\equiv\dfrac{\partial^2}{\partial\omega^2}\hat{Z}$。由 $\hat{\Omega}$ 的初始条件式 (5.2.38) 直接得到 $\hat{\Omega}_\omega$ 的初始条件

$$\hat{\Omega}_\omega\left(z',z',\omega\right)=0 \qquad (5.2.40)$$

一旦求得频率 ω 上的 $\hat{\Omega}\left(z,z',\omega\right)$ 和 $\hat{\Omega}_\omega\left(z,z',\omega\right)$，则该频率上的二阶模式色散信息可由如下方式获得。对于足够小的频率增量 $\delta\omega$，有

$$\hat{\Omega}\left(\omega+\delta\omega\right)=\hat{\Omega}\left(\omega\right)+\hat{\Omega}_\omega\left(\omega\right)\delta\omega \qquad (5.2.41)$$

其中为了简化记号，已经省略了和推导无关的 z 和 z'。接着 (在一组选定的基下) 对 $\hat{\Omega}\left(\omega\right)$ 和 $\hat{\Omega}\left(\omega+\delta\omega\right)$ 进行对角化求出它们的本征值 (群时延)

$$\begin{aligned}\tau_{\mathrm{p}_1}\left(\omega\right)\geqslant\tau_{\mathrm{p}_2}\left(\omega\right)\geqslant\cdots\geqslant\tau_{\mathrm{p}_J}\left(\omega\right)\\\tau_{\mathrm{p}_1}\left(\omega+\delta\omega\right)\geqslant\tau_{\mathrm{p}_2}\left(\omega+\delta\omega\right)\geqslant\cdots\geqslant\tau_{\mathrm{p}_J}\left(\omega+\delta\omega\right)\end{aligned} \qquad (5.2.42)$$

和相应的本征矢量 (主态)

$$\left|\mathrm{p}_{j=1,2,\cdots,J};\omega\right\rangle,\quad\left|\mathrm{p}_{j=1,2,\cdots,J};\omega+\delta\omega\right\rangle \qquad (5.2.43)$$

二阶模式色散的信息至少包括两个方面：

(1) 模式相关色度色散 (Mode-Dependent Chromatic Dispersion, MDCD)，即群时延随频率 ω 的变化

$$\begin{aligned}\tau_{\mathrm{p}_j,\omega}\left(\omega\right)&\equiv\frac{\partial\tau_{\mathrm{p}_j}\left(\omega\right)}{\partial\omega}\\&=\frac{\tau_{\mathrm{p}_j}\left(\omega+\delta\omega\right)-\tau_{\mathrm{p}_j}\left(\omega\right)}{\delta\omega}\end{aligned} \qquad (5.2.44)$$

(2) 主态变化趋势 (Tendency for the Principal States to Change, TPSC)，

$$\hat{\rho}_{\mathrm{p}_j,\omega}\left(\omega\right)\equiv\frac{\partial}{\partial\omega}\left(\left|\mathrm{p}_j;\omega\right\rangle\left\langle\mathrm{p}_j;\omega\right|\right)$$

$$= \frac{\left|\mathrm{p}_j; \omega + \delta\omega\right\rangle \left\langle \mathrm{p}_j; \omega + \delta\omega\right| - \left|\mathrm{p}_j; \omega\right\rangle \left\langle \mathrm{p}_j; \omega\right|}{\delta\omega} \tag{5.2.45}$$

在偏振模色散理论中，模式相关色度色散和主态变化趋势分别对应 "偏振相关色度色散" 和 "去偏振"。由于 $\hat{\rho}_{\mathrm{p}_j,\omega}$ 是一个算符 (或在一组基下表示为矩阵)，则通过 $\hat{\rho}_{\mathrm{p}_j,\omega}$ 的模长

$$\left|\hat{\rho}_{\mathrm{p}_j,\omega}\right| \equiv \sqrt{J \mathrm{Tr}\hat{\rho}_{\mathrm{p}_j,\omega}^2} \tag{5.2.46}$$

来衡量主态变化趋势应当更方便。此外，根据具体情况，也可以把群时延 τ_{p_j} 和 $\left|\hat{\rho}_{\mathrm{p}_j,\omega}\right|$ 结合起来量化主态变化趋势。例如，在偏振模色散理论中，用 $\left|\boldsymbol{\tau}_{\omega\perp}\right|$ 表征主态变化趋势 (即去偏振)，而 $\boldsymbol{\tau}_{\omega\perp}$ 定义为

$$\boldsymbol{\tau}_{\omega\perp} = \left(\tau_{\mathrm{p}+} - \tau_{\mathrm{p}-}\right) \frac{\partial}{\partial\omega} \boldsymbol{S}_{\mathrm{p}}^{(+)} \tag{5.2.47}$$

其中 $\tau_{\mathrm{p}+}$ 和 $\tau_{\mathrm{p}-}$ 分别为两个偏振主态的群时延 $(\tau_{\mathrm{p}+} \geqslant \tau_{\mathrm{p}-})$，$\boldsymbol{S}_{\mathrm{p}}^{(+)}$ 为具有较大群时延 $\tau_{\mathrm{p}+}$ 的偏振主态对应的斯托克斯矢量。$\left|\boldsymbol{\tau}_{\omega\perp}\right|$ 在密度矩阵理论中表示为 (见 5.6 节)

$$\left|\boldsymbol{\tau}_{\omega\perp}(\omega)\right| = \left(\tau_{\mathrm{p}+}(\omega) - \tau_{\mathrm{p}-}(\omega)\right) \frac{\left|\hat{\rho}_{\mathrm{p}+,\omega}(\omega)\right| + \left|\hat{\rho}_{\mathrm{p}-,\omega}(\omega)\right|}{2} \tag{5.2.48}$$

在 J 维模式空间中，可将 $\left|\boldsymbol{\tau}_{\omega\perp}\right|$ 自然推广为

$$T_{\mathrm{p}}(\omega) = \left(\tau_{\mathrm{p}1}(\omega) - \tau_{\mathrm{p}J}(\omega)\right) \frac{\left|\hat{\rho}_{\mathrm{p}1,\omega}(\omega)\right| + \left|\hat{\rho}_{\mathrm{p}2,\omega}(\omega)\right| + \cdots + \left|\hat{\rho}_{\mathrm{p}J,\omega}(\omega)\right|}{J} \tag{5.2.49}$$

用于衡量主态的变化趋势。

5.3 级 联 规 则

为了数值求解 5.2 节中 $\hat{\Omega}$ 和 $\hat{\Omega}_{\omega}$ 随 z 演化的方程 (5.2.37) 和 (5.2.39)，一般是将光纤分成足够小的小段 $m = 1, 2, \cdots$，每一小段中 $\hat{Z}(z,\omega) = \hat{Z}_m(\omega)$ 近似与 z 无关，从而将微分方程转换为差分方程。这种做法实际上是级联规则的一种特例，即将一段光纤等效为多个小段光纤的拼接，然后从每一小段的 $\hat{\Omega}$ 和 $\hat{\Omega}_{\omega}$ 出发求出整段光纤的 $\hat{\Omega}$ 和 $\hat{\Omega}_{\omega}$。在传统的偏振模色散理论中，级联规则主要是针对斯托克斯空间的群时延矢量 $\boldsymbol{\tau}$ 及其 ω 导数 $\boldsymbol{\tau}_{\omega}$，本节中，我们将给出密度矩阵理论中的群时延算符 $\hat{\Omega}$ 及其 ω 导数 $\hat{\Omega}_{\omega}$ 的级联规则。需要强调的是，原则上，级联规则并不要求每一小段光纤足够短或者每一小段光纤内的 $\hat{Z}$ 与 z 无关。

根据式 (5.2.14)，对于从 z_1 到 z_2 和从 z_2 到 z_3 两截级联光纤小段，初态通过下式转换为终态：

$$\begin{aligned} \left|\psi\left(z_2, \omega\right)\right\rangle &= \hat{U}\left(z_2, z_1, \omega\right) \left|\psi\left(z_1, \omega\right)\right\rangle \\ \left|\psi\left(z_3, \omega\right)\right\rangle &= \hat{U}\left(z_3, z_2, \omega\right) \left|\psi\left(z_2, \omega\right)\right\rangle \end{aligned} \tag{5.3.1}$$

将两个等式联立, 得到

$$|\psi(z_3,\omega)\rangle = \hat{U}(z_3,z_2,\omega)\,\hat{U}(z_2,z_1,\omega)\,|\psi(z_1,\omega)\rangle \tag{5.3.2}$$

而另一方面, 从 z_1 到 z_3 的整个光纤段由其自身的演化算符 $\hat{U}(z_3,z_1,\omega)$ 连接初态和终态

$$|\psi(z_3,\omega)\rangle = \hat{U}(z_3,z_1,\omega)\,|\psi(z_1,\omega)\rangle \tag{5.3.3}$$

由于 $|\psi(z_1,\omega)\rangle$ 可以是任意右矢, 比较方程 (5.3.2) 和 (5.3.3), 立即得

$$\hat{U}(z_3,z_1,\omega) = \hat{U}(z_3,z_2,\omega)\,\hat{U}(z_2,z_1,\omega) \tag{5.3.4}$$

将式 (5.3.4) 代入 $\hat{\Omega}$ 的定义式 (5.2.22) 并计及 $\hat{U}$ 的幺正性 (5.2.17), 可导出 $\hat{\Omega}$ 的基本 (两级) 级联规则

$$\hat{\Omega}(z_3,z_1,\omega)$$

$$=\mathrm{i}\frac{\partial}{\partial\omega}\left(\hat{U}(z_3,z_2,\omega)\,\hat{U}(z_2,z_1,\omega)\right)\left(\hat{U}(z_3,z_2,\omega)\,\hat{U}(z_2,z_1,\omega)\right)^{\dagger}$$

$$=\mathrm{i}\left(\hat{U}_\omega(z_3,z_2,\omega)\,\hat{U}(z_2,z_1,\omega) + \hat{U}(z_3,z_2,\omega)\,\hat{U}_\omega(z_2,z_1,\omega)\right)$$

$$\quad\times\left(\hat{U}^{\dagger}(z_2,z_1,\omega)\,\hat{U}^{\dagger}(z_3,z_2,\omega)\right)$$

$$=\mathrm{i}\hat{U}_\omega(z_3,z_2,\omega)\,\hat{U}^{\dagger}(z_3,z_2,\omega)$$

$$\quad+\hat{U}(z_3,z_2,\omega)\left(\mathrm{i}\hat{U}_\omega(z_2,z_1,\omega)\,\hat{U}^{\dagger}(z_2,z_1,\omega)\right)\hat{U}^{\dagger}(z_3,z_2,\omega)$$

$$=\hat{\Omega}(z_3,z_2,\omega) + \hat{U}(z_3,z_2,\omega)\,\hat{\Omega}(z_2,z_1,\omega)\,\hat{U}^{\dagger}(z_3,z_2,\omega) \tag{5.3.5}$$

$\hat{\Omega}_\omega$ 的基本 (两级) 级联规则由 $\hat{\Omega}$ 级联规则的 ω 导数给出, 具体推导过程如下。对式 (5.3.5) 取 ω 的微分并在适当的位置插入 $\hat{I} = \hat{U}\hat{U}^{\dagger}$ 或 $\hat{U}^{\dagger}\hat{U}$ (根据 $\hat{U}$ 的幺正性 (5.2.17)), 得到

$$\hat{\Omega}_\omega(z_3,z_1,\omega)$$

$$=\hat{\Omega}_\omega(z_3,z_2,\omega) + \hat{U}(z_3,z_2,\omega)\,\hat{\Omega}_\omega(z_2,z_1,\omega)\,\hat{U}^{\dagger}(z_3,z_2,\omega)$$

$$\quad+\hat{U}_\omega(z_3,z_2,\omega)\,\hat{\Omega}(z_2,z_1,\omega)\,\hat{U}^{\dagger}(z_3,z_2,\omega)$$

$$\quad+\hat{U}(z_3,z_2,\omega)\,\hat{\Omega}(z_2,z_1,\omega)\,\hat{U}_\omega^{\dagger}(z_3,z_2,\omega)$$

$$=\hat{\Omega}_\omega(z_3,z_2,\omega) + \hat{U}(z_3,z_2,\omega)\,\hat{\Omega}_\omega(z_2,z_1,\omega)\,\hat{U}^{\dagger}(z_3,z_2,\omega)$$

$$- \mathrm{i} \left(\mathrm{i} \hat{U}_\omega \left(z_3, z_2, \omega \right) \hat{U}^\dagger \left(z_3, z_2, \omega \right) \right) \hat{U} \left(z_3, z_2, \omega \right) \hat{\Omega} \left(z_2, z_1, \omega \right) \hat{U}^\dagger \left(z_3, z_2, \omega \right)$$

$$+ \mathrm{i} \hat{U} \left(z_3, z_2, \omega \right) \hat{\Omega} \left(z_2, z_1, \omega \right) \hat{U}^\dagger \left(z_3, z_2, \omega \right) \left(-\mathrm{i} \hat{U} \left(z_3, z_2, \omega \right) \hat{U}_\omega^\dagger \left(z_3, z_2, \omega \right) \right) \tag{5.3.6}$$

而根据 $\hat{\Omega}$ 的级联规则 (5.3.5) 有

$$\hat{U} \left(z_3, z_2, \omega \right) \hat{\Omega} \left(z_2, z_1, \omega \right) \hat{U}^\dagger \left(z_3, z_2, \omega \right) = \hat{\Omega} \left(z_3, z_1, \omega \right) - \hat{\Omega} \left(z_3, z_2, \omega \right) \tag{5.3.7}$$

将式 (5.3.7) 和 $\hat{\Omega}$ 的表达式 (5.2.22), (5.2.28) 代入式 (5.3.6), 最终得到 $\hat{\Omega}_\omega$ 的基本 (两级) 级联规则

$$\hat{\Omega}_\omega \left(z_3, z_1, \omega \right)$$
$$= \hat{\Omega}_\omega \left(z_3, z_2, \omega \right) + \hat{U} \left(z_3, z_2, \omega \right) \hat{\Omega}_\omega \left(z_2, z_1, \omega \right) \hat{U}^\dagger \left(z_3, z_2, \omega \right)$$
$$- \mathrm{i} \hat{\Omega} \left(z_3, z_2, \omega \right) \left(\hat{\Omega} \left(z_3, z_1, \omega \right) - \hat{\Omega} \left(z_3, z_2, \omega \right) \right)$$
$$+ \mathrm{i} \left(\hat{\Omega} \left(z_3, z_1, \omega \right) - \hat{\Omega} \left(z_3, z_2, \omega \right) \right) \hat{\Omega} \left(z_3, z_2, \omega \right)$$
$$= \hat{\Omega}_\omega \left(z_3, z_2, \omega \right) + \hat{U} \left(z_3, z_2, \omega \right) \hat{\Omega}_\omega \left(z_2, z_1, \omega \right) \hat{U}^\dagger \left(z_3, z_2, \omega \right)$$
$$- \mathrm{i} \left[\hat{\Omega} \left(z_3, z_2, \omega \right), \ \hat{\Omega} \left(z_3, z_1, \omega \right) \right] \tag{5.3.8}$$

式 (5.3.4), (5.3.5) 和 (5.3.8) 是 $\hat{U}$, $\hat{\Omega}$ 和 $\hat{\Omega}_\omega$ 最基本的、两个级联段的级联规则, 接下来将通过逐次应用这些基本级联规则来导出任意 M 个级联段的级联规则。将一段 z_0 到 z_M 的光纤从 $z_1 \leqslant z_2 \leqslant \cdots \leqslant z_{M-1}$ 处分成 M 个级联小段。对于演化算符 $\hat{U}$, 反复应用式 (5.3.4), 得 M 级级联规则

$$\hat{U} \left(z_M, z_0, \omega \right)$$
$$= \hat{U} \left(z_M, z_{M-1}, \omega \right) \hat{U} \left(z_{M-1}, z_0, \omega \right)$$
$$= \hat{U} \left(z_M, z_{M-1}, \omega \right) \hat{U} \left(z_{M-1}, z_{M-2}, \omega \right) \hat{U} \left(z_{M-2}, z_0, \omega \right)$$
$$= \cdots$$
$$= \hat{U} \left(z_M, z_{M-1}, \omega \right) \hat{U} \left(z_{M-1}, z_{M-2}, \omega \right) \cdots \hat{U} \left(z_1, z_0, \omega \right) \tag{5.3.9}$$

类似地, 反复应用式 (5.3.5) 可以导出群时延算符 $\hat{\Omega}$ 的 M 级级联规则

$$\hat{\Omega} \left(z_M, z_0, \omega \right)$$

$$=\hat{\Omega}\left(z_M, z_{M-1}, \omega\right) + \hat{U}\left(z_M, z_{M-1}, \omega\right) \hat{\Omega}\left(z_{M-1}, z_0, \omega\right) \hat{U}^\dagger\left(z_M, z_{M-1}, \omega\right)$$

$$=\hat{\Omega}\left(z_M, z_{M-1}, \omega\right) + \hat{U}\left(z_M, z_{M-1}, \omega\right) \hat{U}\left(z_{M-1}, z_{M-2}, \omega\right) \hat{\Omega}\left(z_{M-2}, z_0, \omega\right)$$

$$\times \hat{U}^\dagger\left(z_{M-1}, z_{M-2}, \omega\right) \hat{U}^\dagger\left(z_M, z_{M-1}, \omega\right)$$

$$=\cdots$$

$$=\sum_{m=1}^{M} \hat{W}_m \hat{\Omega}\left(z_{M-m+1}, z_{M-m}, \omega\right) \hat{W}_m^\dagger \tag{5.3.10}$$

其中

$$\hat{W}_m = \hat{U}\left(z_M, z_{M-1}, \omega\right) \hat{U}\left(z_{M-1}, z_{M-2}, \omega\right) \cdots \hat{U}\left(z_{M-m+2}, z_{M-m+1}, \omega\right) \tag{5.3.11}$$

利用式 (5.3.9)，可将式 (5.3.10) 形式上简化为

$$\hat{\Omega}\left(z_M, z_0, \omega\right)$$

$$=\sum_{m=1}^{M} \hat{U}\left(z_M, z_{M-m+1}, \omega\right) \hat{\Omega}\left(z_{M-m+1}, z_{M-m}, \omega\right) \hat{U}^\dagger\left(z_M, z_{M-m+1}, \omega\right) \tag{5.3.12}$$

最后，将式 (5.3.12) 对 ω 取导数，并根据 $\hat{U}$ 的幺正性 (5.2.17) 在适当的位置插入 $\hat{I} = \hat{U}\hat{U}^\dagger$ 或 $\hat{U}^\dagger\hat{U}$，得

$$\hat{\Omega}_\omega\left(z_M, z_0, \omega\right)$$

$$=\sum_{m=1}^{M} \hat{U}\left(z_M, z_{M-m+1}, \omega\right) \hat{\Omega}_\omega\left(z_{M-m+1}, z_{M-m}, \omega\right) \hat{U}^\dagger\left(z_M, z_{M-m+1}, \omega\right)$$

$$+\sum_{m=1}^{M} \hat{U}_\omega\left(z_M, z_{M-m+1}, \omega\right) \hat{\Omega}\left(z_{M-m+1}, z_{M-m}, \omega\right) \hat{U}^\dagger\left(z_M, z_{M-m+1}, \omega\right)$$

$$+\sum_{m=1}^{M} \hat{U}\left(z_M, z_{M-m+1}, \omega\right) \hat{\Omega}\left(z_{M-m+1}, z_{M-m}, \omega\right) \hat{U}_\omega^\dagger\left(z_M, z_{M-m+1}, \omega\right)$$

$$=\sum_{m=1}^{M} \hat{U}\left(z_M, z_{M-m+1}, \omega\right) \hat{\Omega}_\omega\left(z_{M-m+1}, z_{M-m}, \omega\right) \hat{U}^\dagger\left(z_M, z_{M-m+1}, \omega\right)$$

$$-\mathrm{i}\sum_{m=1}^{M} \left(\mathrm{i}\hat{U}_\omega\left(z_M, z_{M-m+1}, \omega\right) \hat{U}^\dagger\left(z_M, z_{M-m+1}, \omega\right)\right)$$

$$\times \hat{U}\left(z_M, z_{M-m+1}, \omega\right) \hat{\Omega}\left(z_{M-m+1}, z_{M-m}, \omega\right) \hat{U}^\dagger\left(z_M, z_{M-m+1}, \omega\right)$$

$$+ \mathrm{i} \sum_{m=1}^{M} \hat{U}\left(z_M, z_{M-m+1}, \omega\right) \hat{\Omega}\left(z_{M-m+1}, z_{M-m}, \omega\right) \hat{U}^{\dagger}\left(z_M, z_{M-m+1}, \omega\right)$$

$$\times \left(-\mathrm{i}\hat{U}\left(z_M, z_{M-m+1}, \omega\right) \hat{U}_{\omega}^{\dagger}\left(z_M, z_{M-m+1}, \omega\right)\right) \tag{5.3.13}$$

而根据 $\hat{\Omega}$ 的级联规则 (5.3.5) 有

$$\hat{U}\left(z_M, z_{M-m+1}, \omega\right) \hat{\Omega}\left(z_{M-m+1}, z_{M-m}, \omega\right) \hat{U}^{\dagger}\left(z_M, z_{M-m+1}, \omega\right)$$

$$= \hat{\Omega}\left(z_M, z_{M-m}, \omega\right) - \hat{\Omega}\left(z_M, z_{M-m+1}, \omega\right) \tag{5.3.14}$$

将其代入式 (5.3.13)，即可以推导出 $\hat{\Omega}_{\omega}$ 的多级级联规则

$$\hat{\Omega}_{\omega}\left(z_M, z_0, \omega\right)$$

$$= \sum_{m=1}^{M} \hat{U}\left(z_M, z_{M-m+1}, \omega\right) \hat{\Omega}_{\omega}\left(z_{M-m+1}, z_{M-m}, \omega\right) \hat{U}^{\dagger}\left(z_M, z_{M-m+1}, \omega\right)$$

$$- \mathrm{i} \sum_{m=1}^{M} \hat{\Omega}\left(z_M, z_{M-m+1}, \omega\right) \left(\hat{\Omega}\left(z_M, z_{M-m}, \omega\right) - \hat{\Omega}\left(z_M, z_{M-m+1}, \omega\right)\right)$$

$$+ \mathrm{i} \sum_{m=1}^{M} \left(\hat{\Omega}\left(z_M, z_{M-m}, \omega\right) - \hat{\Omega}\left(z_M, z_{M-m+1}, \omega\right)\right) \hat{\Omega}\left(z_M, z_{M-m+1}, \omega\right)$$

$$= \sum_{m=1}^{M} \hat{U}\left(z_M, z_{M-m+1}, \omega\right) \hat{\Omega}_{\omega}\left(z_{M-m+1}, z_{M-m}, \omega\right) \hat{U}^{\dagger}\left(z_M, z_{M-m+1}, \omega\right)$$

$$- \mathrm{i} \sum_{m=1}^{M} \left[\hat{\Omega}\left(z_M, z_{M-m+1}, \omega\right), \ \hat{\Omega}\left(z_M, z_{M-m}, \omega\right)\right] \tag{5.3.15}$$

在某些理论分析中，使用级联规则的积分形式 (即连续极限) 是方便的。为了把 $\hat{\Omega}$ 的级联规则化为积分形式，将从 z_{I} 到 z 的光纤分为充分小的 M 小段，分割点依次为 $z_1, z_2, \cdots, z_{M-1}$，且 $z_0 = z_{\mathrm{I}}, z_M = z, \delta z = z_{m+1} - z_m$。由式 (5.3.4) 可知

$$\hat{U}\left(z_{m+1}, z_0, \omega\right) = \hat{U}\left(z_{m+1}, z_m, \omega\right) \hat{U}\left(z_m, z_0, \omega\right) \tag{5.3.16}$$

两边右乘 $\hat{U}^{\dagger}\left(z_m, z_0, \omega\right)$，计及 $\hat{U}$ 的幺正性 (5.2.17)，得

$$\hat{U}\left(z_{m+1}, z_m, \omega\right)$$

$$= \hat{U}\left(z_{m+1}, z_0, \omega\right) \hat{U}^{\dagger}\left(z_m, z_0, \omega\right)$$

$$=\hat{U}\left(z_{m+1}, z_0, \omega\right)\left(\hat{U}^{\dagger}\left(z_{m+1}, z_0, \omega\right)-U_z^{\dagger}\left(z_{m+1}, z_0, \omega\right) \delta z\right)$$

$$=\hat{I}-\mathrm{i} \hat{Z}\left(z_{m+1}, \omega\right) \delta z \tag{5.3.17}$$

其中还使用了式 (5.2.30)，并忽略了 δz 中的二阶及更高阶项。

将式 (5.3.17) 代入 $\hat{\Omega}$ 的定义式 (5.2.22)，有

$$\hat{\Omega}\left(z_{m+1}, z_m, \omega\right)$$

$$=\mathrm{i}\left(\frac{\partial}{\partial \omega}\left(\hat{I}-\mathrm{i} \hat{Z}\left(z_{m+1}, \omega\right) \delta z\right)\right)\left(\hat{I}+\mathrm{i} \hat{Z}\left(z_{m+1}, \omega\right)\right) \delta z$$

$$=\mathrm{i}\left(-\mathrm{i} \hat{Z}_\omega\left(z_{m+1}, \omega\right) \delta z\right)\left(\hat{I}+\mathrm{i} \hat{Z}\left(z_{m+1}, \omega\right) \delta z\right)$$

$$=\hat{Z}_\omega\left(z_{m+1}, \omega\right) \delta z \tag{5.3.18}$$

把式 (5.3.18) 代入 $\hat{\Omega}$ 的多级级联规则式 (5.3.12)，并作代换 $m'=M-m+1$，且注意到 $z=z_M$ 及 $z_\mathrm{I}=z_0$，将 $\hat{\Omega}\left(z, z_\mathrm{I}, \omega\right)$ 化为

$$\hat{\Omega}\left(z, z_\mathrm{I}, \omega\right)$$

$$=\sum_{m'=1}^M \hat{U}\left(z, z_{m'}, \omega\right) \hat{\Omega}\left(z_{m'}, z_{m'-1}, \omega\right) \hat{U}^{\dagger}\left(z, z_{m'}, \omega\right)$$

$$=\sum_{m'=1}^M \delta z \hat{U}\left(z, z_{m'}, \omega\right) \hat{Z}_\omega\left(z_{m'}, \omega\right) \hat{U}^{\dagger}\left(z, z_{m'}, \omega\right) \tag{5.3.19}$$

令 $\delta z \rightarrow 0$，即得到 $\hat{\Omega}$ 级联规则的积分形式

$$\hat{\Omega}\left(z, z_\mathrm{I}, \omega\right)=\int_{z_\mathrm{I}}^z \mathrm{d} z'\, \hat{U}\left(z, z', \omega\right) \hat{Z}_\omega\left(z', \omega\right) \hat{U}^{\dagger}\left(z, z', \omega\right) \tag{5.3.20}$$

对式 (5.3.20) 求关于 ω 的微分，并利用 $\hat{U}$ 的幺正性 (5.2.17)，$\hat{\Omega}$ 的表达式 (5.2.22)，(5.2.28)，最终推导出 $\hat{\Omega}_\omega$ 级联规则的积分形式

$$\hat{\Omega}_\omega\left(z, z_\mathrm{I}, \omega\right)$$

$$=\int_{z_\mathrm{I}}^z \mathrm{d} z'\, \hat{U}\left(z, z', \omega\right) \hat{Z}_{\omega \omega}\left(z', \omega\right) \hat{U}^{\dagger}\left(z, z', \omega\right)$$

$$+\int_{z_\mathrm{I}}^z \mathrm{d} z'\, \hat{U}_\omega\left(z, z', \omega\right) \hat{Z}_\omega\left(z', \omega\right) \hat{U}^{\dagger}\left(z, z', \omega\right)$$

$$+ \int_{z_I}^z \mathrm{d}z' \, \hat{U}(z,z',\omega) \, \hat{Z}_\omega(z',\omega) \, \hat{U}_\omega^\dagger(z,z',\omega)$$

$$= \int_{z_I}^z \mathrm{d}z' \, \hat{U}(z,z',\omega) \, \hat{Z}_\omega(z',\omega) \, \hat{U}^\dagger(z,z',\omega)$$

$$- \mathrm{i} \int_{z_I}^z \mathrm{d}z' \, \left(\mathrm{i}\hat{U}_\omega(z,z',\omega) \, \hat{U}^\dagger(z,z',\omega) \right) \hat{U}(z,z',\omega) \, \hat{Z}_\omega(z',\omega) \, \hat{U}^\dagger(z,z',\omega)$$

$$+ \mathrm{i} \int_{z_I}^z \mathrm{d}z' \, \hat{U}(z,z',\omega) \, \hat{Z}_\omega(z',\omega) \, \hat{U}^\dagger(z,z',\omega) \left(-\mathrm{i}\hat{U}(z,z',\omega) \, \hat{U}_\omega^\dagger(z,z',\omega) \right)$$

$$= \int_{z_1}^z \mathrm{d}z' \hat{U}(z,z',\omega) \, \hat{Z}_{\omega\omega}(z',\omega) \, \hat{U}^\dagger(z,z',\omega)$$

$$- \mathrm{i} \int_{z_I}^z \mathrm{d}z' \left[\hat{\Omega}(z,z',\omega) , \hat{U}(z,z',\omega) \, \hat{Z}_\omega(z',\omega) \, \hat{U}^\dagger(z,z',\omega) \right] \tag{5.3.21}$$

5.4 统 计 模 型

前面几节建立了多模模式耦合与色散密度矩阵理论的基本框架, 导出了密度矩阵算符 $\hat{\rho}$ 和群时延算符 $\hat{\Omega}$ 及其 ω 导数 $\hat{\Omega}_\omega$ 的演化方程和级联规则。很多实际应用 (特别是数值计算) 中, 需要选定一组基矢量, 然后用基矢量下的矩阵代替算符来进行计算、分析和处理, 而算符方程和相应的矩阵方程具有完全相同的形式。接下来的两节 (5.4 节, 5.5 节) 侧重数值模拟, 因此将使用矩阵形式的方程, 符号对应为 $\hat{A} \leftrightarrow \bar{A}$, 前者为算符, 后者为其矩阵表示。一般情况下, 使用正交归一的自由本征模 $\{ |j\rangle_f, j = 1, 2, \cdots, J \}$ (即理想光纤的本征模式) 作为基矢量是比较自然的选择。当光纤受到随机扰动时, 模式传播矩阵 $\bar{Z}$ 随 z 做随机变化,

$$\bar{Z}(z,\omega) = \bar{Z}_{ID}(z,\omega) + \Delta \bar{Z}(z,\omega)$$

$$\bar{Z}_{ID}(z,\omega) = \frac{\omega}{c} \bar{N}_{ID}(\omega), \quad \Delta \bar{Z}(z,\omega) = \frac{\omega}{c} \Delta \bar{N}(z) \tag{5.4.1}$$

其中, $\bar{Z}_{ID}(z,\omega)$ 和 $\Delta \bar{Z}(z,\omega)$ 分别为理想光纤的模式传播矩阵和由扰动引起的随机变化。这里假定了归一化部分 $\bar{N}_{ID}(\omega)$ 与 z 无关 (均匀光纤), 而 $\Delta \bar{N}(z)$ 与 ω 无关。统计模型采用朗之万微分方程描述 $\Delta \bar{N}$ 的变化,

$$\frac{\mathrm{d}}{\mathrm{d}z} \Delta \bar{N}(z) = -L_C^{-1} \left\{ \Delta \bar{N}(z) + \sqrt{L_C} \bar{g}(z) \right\}$$

$$\Delta \bar{N}(z_I) = 0 \tag{5.4.2}$$

这里，L_C 为关联长度，厄米矩阵 $\bar{g}(z)$ 为白噪声随机过程，满足

$$\langle \bar{g}(z) \rangle = 0 \tag{5.4.3}$$

和

$$\langle \bar{g}_{jj}(z)\bar{g}_{jj}(z') \rangle = \gamma_{jj}^2 \delta(z - z')$$

$$\langle \mathrm{Re}(\bar{g}_{j<j'}(z))\, \mathrm{Re}(\bar{g}_{j<j'}(z')) \rangle = \gamma_{j<j'(\mathrm{Re})}^2 \delta(z - z') \tag{5.4.4}$$

$$\langle \mathrm{Im}(\bar{g}_{j<j'}(z))\, \mathrm{Im}(\bar{g}_{j<j'}(z')) \rangle = \gamma_{j<j'(\mathrm{Im})}^2 \delta(z - z')$$

其中 $\langle\ \rangle$ 表示统计平均值。此外，矩阵 $\bar{g}$ 主对角线及右上方的元素 (即 $\bar{g}_{j\leqslant j'}$)，以及同一 $\bar{g}_{j<j'}$ 的实部与虚部，都是相互统计独立的，同时由于 $\bar{g}_{j'j} = \bar{g}_{jj'}^*$，所以不再把主对角线以下的元素视为独立变量。一旦给定 $\bar{N}_{\mathrm{ID}}(\omega)$ 和 $\bar{g}_{j\leqslant j'}$ 的概率分布，就能利用 5.2 节和 5.3 节中的演化方程和/或级联规则计算模式耦合与色散的统计特性。

为了模拟 $\bar{\rho}(z,\omega)$、$\bar{\Omega}(z,z_{\mathrm{I}},\omega)$ 和 $\bar{\Omega}_\omega(z,z_{\mathrm{I}},\omega)$ 随 z 的随机演化，将光纤从起点 z_{I} 到终点 z_{F} 分割为长度 $\delta z \ll L_C$ 的小段 (z_{m-1}, z_m)，其中 $z_m - z_{m-1} = \delta z$，$m = 1, 2, \cdots, M$，$z_0 = z_{\mathrm{I}}$，$z_M = z_{\mathrm{F}}$。每一小段内的 $\Delta\bar{N}$ 近似为常矩阵，即对于第 m 小段 $z \in (z_{m-1}, z_m)$，有 $\Delta\bar{N}(z) = \Delta\bar{N}(z_{m-1}^+)$，而 z_m^+ 为从右侧无限接近 z_m。在目前的模型中，$\mathrm{Re}(\bar{g}_{j<j'})$、$\mathrm{Im}(\bar{g}_{j<j'})$ 和 $\bar{g}_{jj}$ 均以相同的概率 $p = \dfrac{1}{2}$ 随机取值 $\dfrac{\gamma\cdots}{\sqrt{\delta z}}$ 或 $-\dfrac{\gamma\cdots}{\sqrt{\delta z}}$，其中 $\gamma\cdots$ 指式 (5.4.4) 中的各个 γ。取定了这些随机量的值，就能根据演化方程或级联规则由 $\Delta\bar{N}(z_{m-1}^+)$、$\bar{\rho}(z_{m-1},\omega)$、$\bar{\Omega}(z_{m-1},z_{\mathrm{I}},\omega)$ 和 $\bar{\Omega}_\omega(z_{m-1},z_{\mathrm{I}},\omega)$ 求出 $\Delta\bar{N}(z_m^+)$、$\bar{\rho}(z_m,\omega)$、$\bar{\Omega}(z_m,z_{\mathrm{I}},\omega)$ 和 $\bar{\Omega}_\omega(z_m,z_{\mathrm{I}},\omega)$。

通过独立生成 $\mathrm{Re}(\bar{g}_{j<j'})$、$\mathrm{Im}(\bar{g}_{j<j'})$ 和 $\bar{g}_{jj}$ 的随机值，$\Delta\bar{N}(z_m^+)$ 按照方程 (5.4.2) 由 $\Delta\bar{N}(z_{m-1}^+)$ 算出，

$$\Delta\bar{N}(z_m^+) = \Delta\bar{N}(z_{m-1}^+) - L_C^{-1}\left\{ \Delta\bar{N}(z_{m-1}^+) + \sqrt{L_C}\,\bar{g} \right\}\delta z \tag{5.4.5}$$

与此同时，根据式 (5.2.20)，$\bar{\rho}(z_m,\omega)$ 由 $\bar{\rho}(z_{m-1},\omega)$ 得到

$$\bar{\rho}(z_m,\omega) = \bar{U}(z_m,z_{m-1},\omega)\,\bar{\rho}(z_{m-1},\omega)\,\bar{U}^\dagger(z_m,z_{m-1},\omega) \tag{5.4.6}$$

其中

$$\bar{U}(z_m,z_{m-1},\omega)$$

$$= \exp\left(-\mathrm{i}\bar{Z}(z_{m-1}^+,\omega)\,\delta z \right)$$

$$= \exp\left(-\mathrm{i}\frac{\omega}{c}\left\{ \bar{N}_{\mathrm{ID}}(\omega) + \Delta\bar{N}(z_{m-1}^+) \right\}\delta z \right) \tag{5.4.7}$$

为演化算符。接下来，利用级联规则 (5.3.5)，从 $\bar{\Omega}\left(z_{m-1}, z_{\mathrm{I}}, \omega\right)$ 算出 $\bar{\Omega}\left(z_m, z_{\mathrm{I}}, \omega\right)$，

$$\bar{\Omega}\left(z_m, z_{\mathrm{I}}, \omega\right)$$

$$=\bar{\Omega}\left(z_m, z_{m-1}, \omega\right)+\bar{U}\left(z_m, z_{m-1}, \omega\right) \bar{\Omega}\left(z_{m-1}, z_{\mathrm{I}}, \omega\right) \bar{U}^{\dagger}\left(z_m, z_{m-1}, \omega\right) \quad (5.4.8)$$

这里，根据 $\hat{\Omega}$ 的定义式 (5.2.22)，有

$$\bar{\Omega}\left(z_m, z_{m-1}, \omega\right)$$

$$=\mathrm{i} \bar{U}_{\omega}\left(z_m, z_{m-1}, \omega\right) \bar{U}^{\dagger}\left(z_m, z_{m-1}, \omega\right)$$

$$=\mathrm{i} \frac{\bar{U}\left(z_m, z_{m-1}, \omega+\delta \omega\right)-\bar{U}\left(z_m, z_{m-1}, \omega\right)}{\delta \omega} \bar{U}^{\dagger}\left(z_m, z_{m-1}, \omega\right) \quad (5.4.9)$$

而

$$\bar{U}\left(z_m, z_{m-1}, \omega+\delta \omega\right)$$

$$=\exp \left\{-\mathrm{i}\left(\bar{Z}\left(z_{m-1}^{+}, \omega\right)+\bar{Z}_{\omega}\left(z_{m-1}^{+}, \omega\right) \delta \omega+\frac{1}{2} \bar{Z}_{\omega \omega}\left(z_{m-1}^{+}, \omega\right)(\delta \omega)^2\right) \delta z\right\}$$

$$=\exp \left\{-\mathrm{i} \frac{\omega}{c}\left(\bar{N}_0+\overline{N}_1 \delta \omega+\overline{N}_2(\delta \omega)^2\right) \delta z\right\} \quad (5.4.10)$$

其中

$$\overline{N}_0=\bar{N}_{\mathrm{ID}}(\omega)+\Delta \bar{N}\left(z_{m-1}^{+}\right)$$

$$\overline{N}_1=\frac{1}{\omega}\left(\bar{N}_{\mathrm{ID}}^{(\mathrm{G})}(\omega)+\Delta \bar{N}\left(z_{m-1}^{+}\right)\right)$$

$$\overline{N}_2=\frac{1}{2 \omega} \bar{N}_{\mathrm{ID}, \omega}^{(\mathrm{G})}(\omega)$$

$$\bar{N}_{\mathrm{ID}}^{(\mathrm{G})}(\omega)=\bar{N}_{\mathrm{ID}}(\omega)+\omega \frac{\partial}{\partial \omega} \bar{N}_{\mathrm{ID}}(\omega)$$

$$\bar{N}_{\mathrm{ID}, \omega}^{(\mathrm{G})}(\omega) \equiv \frac{\partial}{\partial \omega} \bar{N}_{\mathrm{ID}}^{(\mathrm{G})}(\omega) \quad (5.4.11)$$

当 $\delta \omega$ 足够小时，式 (5.4.11) 中的 $(\delta \omega)^2$ 项不影响 (5.4.9) 中 $\bar{U}_{\omega}$ 的求值，但是它对于后面计算 $\bar{U}_{\omega \omega}$ 是必要的。最后，根据级联规则 (5.3.8)，$\bar{\Omega}_{\omega}\left(z_m, z_{\mathrm{I}}, \omega\right)$ 可以从 $\bar{\Omega}_{\omega}\left(z_{m-1}, z_{\mathrm{I}}, \omega\right)$ 得到，

$$\bar{\Omega}_{\omega}\left(z_m, z_{\mathrm{I}}, \omega\right)$$

$$=\bar{\Omega}_\omega\left(z_m, z_{m-1}, \omega\right) + \bar{U}\left(z_m, z_{m-1}, \omega\right)\bar{\Omega}_\omega\left(z_{m-1}, z_\mathrm{I}, \omega\right)\bar{U}^\dagger\left(z_m, z_{m-1}, \omega\right)$$

$$- \mathrm{i}\left[\bar{\Omega}\left(z_m, z_{m-1}, \omega\right),\ \bar{\Omega}\left(z_m, z_\mathrm{I}, \omega\right)\right] \tag{5.4.12}$$

其中根据 $\hat{\Omega}_\omega \equiv \dfrac{\partial \hat{\Omega}}{\partial \omega}$ 及 $\hat{\Omega}$ 的定义式 (5.2.22)，有

$$\bar{\Omega}_\omega\left(z_m, z_{m-1}, \omega\right)$$

$$=\mathrm{i}\frac{\partial}{\partial \omega}\left(\bar{U}_\omega\left(z_m, z_{m-1}, \omega\right)\bar{U}^\dagger\left(z_m, z_{m-1}, \omega\right)\right)$$

$$=\mathrm{i}\bar{U}_{\omega\omega}\left(z_m, z_{m-1}, \omega\right)\bar{U}^\dagger\left(z_m, z_{m-1}, \omega\right) + \mathrm{i}\bar{U}_\omega\left(z_m, z_{m-1}, \omega\right)\bar{U}^\dagger_\omega\left(z_m, z_{m-1}, \omega\right) \tag{5.4.13}$$

而 $\bar{U}_{\omega\omega}$ 以如下方式进行数值计算：

$$\bar{U}_{\omega\omega}\left(z_m, z_{m-1}, \omega\right)$$

$$\equiv \frac{\partial^2}{\partial \omega^2}\bar{U}\left(z_m, z_{m-1}, \omega\right)$$

$$=\frac{\bar{U}\left(z_m, z_{m-1}, \omega + 2\delta\omega\right) - 2\bar{U}\left(z_m, z_{m-1}, \omega + \delta\omega\right) + \bar{U}\left(z_m, z_{m-1}, \omega\right)}{(\delta\omega)^2} \tag{5.4.14}$$

从初始条件

$$\Delta\bar{N}\left(z_\mathrm{I}^+\right) = 0, \quad \bar{\rho}\left(z_\mathrm{I}, \omega\right) = \bar{\rho}_0$$
$$\bar{\Omega}\left(z_\mathrm{I}, z_\mathrm{I}, \omega\right) = 0, \quad \bar{\Omega}_\omega\left(z_\mathrm{I}, z_\mathrm{I}, \omega\right) = 0 \tag{5.4.15}$$

出发，从 $m = 1, 2, \cdots, M$ 依次按上一段所述的过程由 $\Delta\bar{N}\left(z_{m-1}^+\right)$、$\bar{\rho}\left(z_{m-1}, \omega\right)$、$\bar{\Omega}\left(z_{m-1}, z_\mathrm{I}, \omega\right)$ 和 $\bar{\Omega}_\omega\left(z_{m-1}, z_\mathrm{I}, \omega\right)$ 求出 $\Delta\bar{N}\left(z_m^+\right)$、$\bar{\rho}\left(z_m, \omega\right)$、$\bar{\Omega}\left(z_m, z_\mathrm{I}, \omega\right)$ 和 $\bar{\Omega}_\omega\left(z_m, z_\mathrm{I}, \omega\right)$，直至 $\bar{\rho}\left(z_\mathrm{F}, \omega\right)$，$\bar{\Omega}\left(z_\mathrm{F}, z_\mathrm{I}, \omega\right)$，$\bar{\Omega}_\omega\left(z_\mathrm{F}, z_\mathrm{I}, \omega\right)$，即完成随机演化过程的一个样本。重复该过程 Q 次，将形成具有 Q 个样本的系综，

$$\left\{\begin{array}{c}\bar{\rho}^{(q)}\left(z_{m=1,2,\cdots,M}, \omega\right) \\ \bar{\Omega}^{(q)}\left(z_{m=1,2,\cdots,M}, z_\mathrm{I}, \omega\right) \\ \bar{\Omega}_\omega^{(q)}\left(z_{m=1,2,\cdots,M}, z_\mathrm{I}, \omega\right) \\ q = 1, 2, \cdots, Q\end{array}\right\} \tag{5.4.16}$$

整个随机过程的密度矩阵是系综中所有 $\bar{\rho}^{(q)}\left(z_{m=1,2,\cdots,M}, \omega\right)$ 的统计平均

$$\bar{\rho}\left(z_m, \omega\right) = \frac{1}{Q}\sum_{q=1}^{Q}\bar{\rho}^{(q)}\left(z_m, \omega\right) \tag{5.4.17}$$

它包含了传播过程中每个位置 z_m 处电磁场的所有可观测信息，特别是关于模式耦合的信息。比如将 $\bar{\rho}\,(z_{m=1,2,\cdots,M},\omega)$ 代入方程 (5.1.36) 和 (5.1.37)，即可算出电磁场能量在一组正交模式中的分布以及各模式之间的相干性。对于模式色散，需要通过方程 (5.2.41)~(5.2.49) 针对系综中的每个 $\bar{\Omega}^{(q)}$ 和 $\bar{\Omega}^{(q)}_{\omega}$ 求出相关物理量，然后计算这些物理量的统计值或概率分布。

5.5 数值模拟

作为密度矩阵理论应用的典型例子，本节分别在 2 维和 4 维模式空间中利用数值模拟来研究模式耦合与色散的统计性质，其中 2 维的结果主要是用来与传统偏振模色散理论的结果进行比较 (2 维模式空间的密度矩阵理论和斯托克斯理论之间的关系参见本章 5.6 节)。通常，对于维数为 J 的模式空间，选用自由模式 (理想光纤的本征模式) $\{|j\rangle_{\mathrm{f}}, j = 1, 2, \cdots, J\}$ 为基矢量，则理想光纤的归一化传播矩阵具有最简单的对角形式，

$$\bar{N}_{\mathrm{ID}}\,(\omega) = \begin{pmatrix} n_1^{(0)}\,(\omega) & 0 & \cdots & 0 \\ 0 & n_2^{(0)}\,(\omega) & \cdots & 0 \\ \vdots & \vdots & & \vdots \\ 0 & 0 & \cdots & n_J^{(0)}\,(\omega) \end{pmatrix} \tag{5.5.1}$$

相应地，式 (5.4.11) 中的 $\bar{N}_{\mathrm{ID}}^{(\mathrm{G})}\,(\omega)$ 为

$$\bar{N}_{\mathrm{ID}}^{(\mathrm{G})}\,(\omega) = \begin{pmatrix} n_{\mathrm{G},1}^{(0)}\,(\omega) & 0 & \cdots & 0 \\ 0 & n_{\mathrm{G},2}^{(0)}\,(\omega) & \cdots & 0 \\ \vdots & \vdots & & \vdots \\ 0 & 0 & \cdots & n_{\mathrm{G},J}^{(0)}\,(\omega) \end{pmatrix} \tag{5.5.2}$$

其中

$$n_{\mathrm{G},j}^{(0)} = n_j^{(0)} + \omega \frac{\mathrm{d} n_j^{(0)}}{\mathrm{d}\omega} \tag{5.5.3}$$

为模式 $|j\rangle_{\mathrm{f}}$ 的有效群折射率。

首先对光纤中由两个相互正交自由模式 (比如 x 和 y 偏振模) 张成的 2 维模式空间的耦合与色散性质进行数值分析，所采用的参数如下：真空波长 $\lambda = 1.55\mu\mathrm{m}\left(\omega = \dfrac{2\pi c}{\lambda}\right)$，假定两个理想模式简并，有效折射率为 $n_1^{(0)} = n_2^{(0)} = 1.47777$，有效群折射率为 $n_{\mathrm{G},j}^{(0)} = n_j^{(0)}$ (这里忽略了理想模式的二阶及更高阶色散)，关联长度 $L_{\mathrm{C}} = 50\mathrm{m}$，光纤总长 $L = z_{\mathrm{F}} - z_{\mathrm{I}} = 100 L_{\mathrm{C}}$，"随机冲撞" 系数为

$$\gamma_{11} = \gamma_{22} = \gamma_{12(\mathrm{Re})} = 10^{-5} \gamma_{12(\mathrm{Im})} = 0 \tag{5.5.4}$$

其中 $\gamma_{12(\mathrm{Im})}=0$ 表明随机扰动并没有引起 "圆偏双折射"。总共模拟了 $Q=20000$ 个随机传播的样本。对于密度矩阵，分别从两个初始状态 $\hat{\rho}(z_{\mathrm{I}})=|1\rangle_{\mathrm{ff}}\langle1|$ 和 $\frac{1}{2}(|1\rangle_{\mathrm{f}}+|2\rangle_{\mathrm{f}})(_{\mathrm{f}}\langle1|+_{\mathrm{f}}\langle2|)$ 出发模拟两个包含 Q 个样本的系综，而 $\bar{\Omega}$ 和 $\bar{\Omega}_{\omega}$ 具有确定的初始条件 $\bar{\Omega}(z_{\mathrm{I}},z_{\mathrm{I}},\omega)=0$ 和 $\bar{\Omega}_{\omega}(z_{\mathrm{I}},z_{\mathrm{I}},\omega)=0$，因此分别只有一个系综。通过方程 (5.4.17)，可由密度矩阵的样本系综求得总密度矩阵 $\bar{\rho}$，根据方程 (5.1.36) 和 (5.1.37)，电磁场在自由本征基矢量 $|1\rangle_{\mathrm{f}},|2\rangle_{\mathrm{f}}$ 之间的能量分布和相干性由 $\bar{\rho}$ 的矩阵元素给出，即 $P_1=\bar{\rho}_{11}, P_2=\bar{\rho}_{22}$ 及 $C_{12}=\rho_{12}$。利用 $\bar{\Omega}$ 和 $\bar{\Omega}_{\omega}$ 的样本系综，则能够计算一阶和二阶模式色散的统计值和概率密度函数。

图 5-1 画出了两个不同初始状态下，电磁场的能量分布和相干性 ($\bar{\rho}_{11}, \bar{\rho}_{22}$ 和 $|\bar{\rho}_{12}|$) 随传播距离 $z-z_{\mathrm{I}}$ 变化的曲线。可以看到，对于 $\hat{\rho}(z_{\mathrm{I}})=|1\rangle_{\mathrm{ff}}\langle1|$，能量逐渐从模 $|1\rangle_{\mathrm{f}}$ 转移到模 $|2\rangle_{\mathrm{f}}$，直至两个模式具有相同的能量，即 $\bar{\rho}_{11}=\bar{\rho}_{22}=0.5$，而 $|1\rangle_{\mathrm{f}},|2\rangle_{\mathrm{f}}$ 之间的相干性基本保持为零 (除了一些微小的涨落)；对于 $\hat{\rho}(z_{\mathrm{I}})=\frac{1}{2}(|1\rangle_{\mathrm{f}}+|2\rangle_{\mathrm{f}})(_{\mathrm{f}}\langle1|+_{\mathrm{f}}\langle2|)$，能量始终在 $|1\rangle_{\mathrm{f}}$ 和 $|2\rangle_{\mathrm{f}}$ 之间均匀分布，而相干性则从 0.5 开始逐渐下降到 0。以上结果说明光纤中的随机扰动趋向使能量均匀分布于一组完备的正交模式中并破坏这些正交模式之间的相干性。

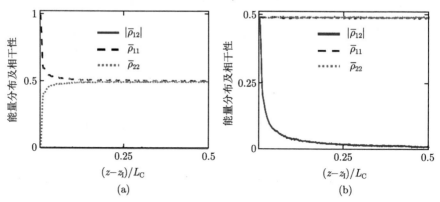

图 5-1　2 维模式空间中能量分布及相干性与传播距离 $z-z_{\mathrm{I}}$ 的关系曲线 [25]

初始状态为 (a) $|1\rangle_{\mathrm{ff}}\langle1|$, (b) $\frac{1}{2}(|1\rangle_{\mathrm{f}}+|2\rangle_{\mathrm{f}})(_{\mathrm{f}}\langle1|+_{\mathrm{f}}\langle2|)$

图 5-2 给出了两个主态群时延差 $\Delta\tau=\tau_{\mathrm{p1}}-\tau_{\mathrm{p2}}$ ($\tau_{\mathrm{p1}}\geqslant\tau_{\mathrm{p2}}$) 的均值 $\overline{\Delta\tau}$ 和均方根 $\sqrt{\langle\Delta\tau^2\rangle}$ 随 $z-z_{\mathrm{I}}$ 演变的曲线，而图 5-3 给出了长度为 L 的整条光纤的 $\Delta\tau, \Delta\tau_{\omega}\equiv\dfrac{\partial}{\partial\omega}\Delta\tau$ 和 $|\boldsymbol{\tau}_{\omega\perp}|$ (方程 (5.2.48)) 的概率密度函数 P。显然，两张图的模拟结果与偏振模色散理论中相应的解析结果一致 [7,8]，

$$\sqrt{\langle \Delta\tau^2(z,z_{\mathrm{I}})\rangle} = \sqrt{2\langle\Delta\tau_{\mathrm{C}}^2\rangle}\left(\mathrm{e}^{-\frac{z-z_{\mathrm{I}}}{L_{\mathrm{C}}}} + \frac{z-z_{\mathrm{I}}}{L_{\mathrm{C}}} - 1\right)^{\frac{1}{2}} \tag{5.5.5}$$

$$\langle\Delta\tau(z,z_{\mathrm{I}})\rangle = \sqrt{\frac{8}{3\pi}}\sqrt{\langle\Delta\tau^2(z,z_{\mathrm{I}})\rangle}$$

$$P_{\Delta\tau}(x\geqslant 0) = \frac{32x^2}{\pi^2\langle\Delta\tau\rangle^3}\exp\left(-\frac{4}{\pi}\left(\frac{x}{\langle\Delta\tau\rangle}\right)^2\right) \tag{5.5.6}$$

$$P_{\Delta\tau}(x<0) = 0$$

$$P_{\Delta\tau_\omega}(x) = \frac{2}{\langle\Delta\tau\rangle^2}\mathrm{sech}^2\left(\frac{4x}{\langle\Delta\tau\rangle^2}\right) \tag{5.5.7}$$

$$P_{|\tau_{\omega\perp}|}(x\geqslant 0) = x\left(\frac{8}{\pi\langle\Delta\tau\rangle^2}\right)^2\int_0^\infty \mathrm{d}\zeta\, J_0\left(\frac{8\zeta x}{\pi\langle\Delta\tau\rangle^2}\right)(\mathrm{sech}\zeta)\sqrt{(\zeta\tanh\zeta)} \tag{5.5.8}$$

$$P_{|\tau_{\omega\perp}|}(x<0) = 0$$

式 (5.5.5) 中，$\langle\Delta\tau_{\mathrm{C}}^2\rangle$ 为 $\langle\Delta\tau^2\rangle$ 在 $z-z_{\mathrm{I}}\simeq 1.2L_{\mathrm{C}}$ 处的值。

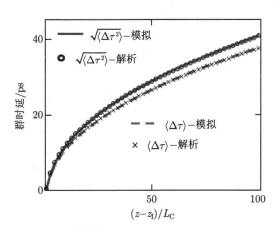

图 5-2 2 维模式空间中 $\sqrt{\langle\Delta\tau^2\rangle}$ 和 $\langle\Delta\tau\rangle$ 与 $z-z_{\mathrm{I}}$ 的函数关系，解析曲线由方程 (5.5.5) 获得 [25]

接下来研究光纤中由四个正交自由模式张成的 4 维模式空间的耦合与色散性质。数值模拟使用的参数如下：真空波长 $\lambda = 1.55\mu\mathrm{m}$，理想模式的有效折射率 $n_1^{(0)} = n_2^{(0)} = 1.47778$，$n_3^{(0)} = n_4^{(0)} = 1.47777$，有效群折射率 $n_{\mathrm{G},j}^{(0)} = n_j^{(0)}$，关联长度 $L_{\mathrm{C}} = 50\mathrm{m}$，光纤总长度 $L = 100L_{\mathrm{C}}$，"随机冲撞" 因子

$$\gamma_{11} = \gamma_{22} = \gamma_{33} = \gamma_{44} = \gamma_{12(\mathrm{Re})} = \gamma_{34(\mathrm{Re})} = \gamma_0 = 10^{-5}$$

$$\gamma_{13(\mathrm{Re})} = \gamma_{14(\mathrm{Re})} = \gamma_{23(\mathrm{Re})} = \gamma_{24(\mathrm{Re})} = 0.5\gamma_0 \tag{5.5.9}$$

$$\gamma_{j<j'(\mathrm{Im})} = 0$$

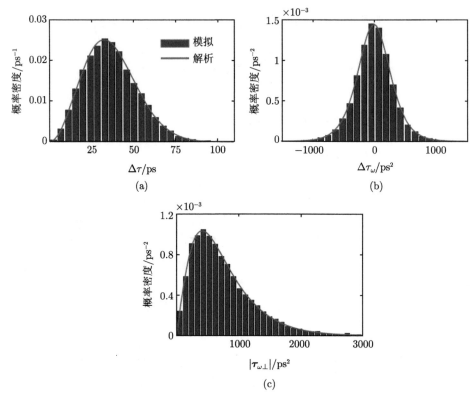

图 5-3　2 维模式空间中 $\Delta\tau, \Delta\tau_\omega, |\tau_{\omega\perp}|$ 的概率密度函数，解析结果由方程 (5.5.6)～
(5.5.8) 获得 [25]

总共模拟了 $Q = 20000$ 个随机传播过程的样本。跟 2 维的情况类似，分别模拟了
初始状态为 $\hat\rho(z_{\mathrm I}) = |1\rangle_{\mathrm{ff}}\langle 1|$ 和 $\frac{1}{2}(|1\rangle_{\mathrm f} + |2\rangle_{\mathrm f})({}_{\mathrm f}\langle 1| + {}_{\mathrm f}\langle 2|)$ 的两个包含 Q 个样本
的密度矩阵系综，而 $\bar\Omega$ 和 $\bar\Omega_\omega$ 分别有一个系综。然后根据样本系综计算模式耦合
与色散的统计性质。

图 5-4 绘制了两个不同初始状态下的电磁场能量分布 $P_{jj} = \bar\rho_{jj}$ 和相干性
$|C_{j<j'}| = |\bar\rho_{j<j'}|$。与 2 维的情况 (图 5-2) 类似，在随机扰动下，能量最终趋向在
一组完备的正交模式中均匀分布，而且相干性在传播过程中遭到破坏。主态的群
时延最大差 $\Delta\tau_{\max} \equiv \tau_{\mathrm{p1}} - \tau_{\mathrm{p4}}$ $(\tau_{\mathrm{p1}} \geqslant \tau_{\mathrm{p2}} \geqslant \tau_{\mathrm{p3}} \geqslant \tau_{\mathrm{p4}})$ 的均值 $\langle\Delta\tau_{\max}\rangle$ 和均方根
$\sqrt{\langle\Delta\tau_{\max}^2\rangle}$ 作为 $z - z_{\mathrm I}$ 函数的曲线画在图 5-5 中。通过数值拟合，我们发现与式
(5.5.5) 中的 $\langle\Delta\tau\rangle$ 和 $\sqrt{\langle\Delta\tau^2\rangle}$ 相似，这里 $\sqrt{\langle\Delta\tau_{\max}^2\rangle}$ 和 $\langle\Delta\tau_{\max}\rangle$ 也基本上以

$$\sqrt{\langle\Delta\tau_{\max}^2(z, z_{\mathrm I})\rangle},\ \langle\Delta\tau_{\max}(z, z_{\mathrm I})\rangle \propto \left(\mathrm e^{-\frac{z - z_{\mathrm I}}{L_{\mathrm C}}} + \frac{z - z_{\mathrm I}}{L_{\mathrm C}} - 1\right)^{\frac{1}{2}} \tag{5.5.10}$$

的方式随传播距离演化，只是比例 $\dfrac{\langle \Delta \tau_{\max} \rangle}{\sqrt{\langle \Delta \tau_{\max}^2 \rangle}}$ 要大于 $\sqrt{\dfrac{8}{3\pi}}$。

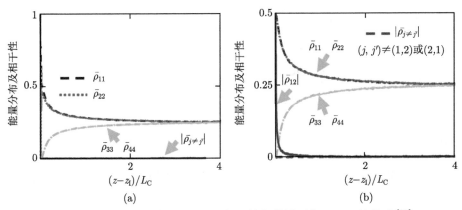

图 5-4 4 维模式空间中能量分布及相干性与传播距离 $z - z_{\mathrm{I}}$ 的关系 [25]

初始状态为 (a) $|1\rangle_{\mathrm{ff}} \langle 1|$，(b) $\dfrac{1}{2} \left(|1\rangle_{\mathrm{f}} + |2\rangle_{\mathrm{f}} \right) \left({}_{\mathrm{f}}\langle 1| + {}_{\mathrm{f}}\langle 2| \right)$

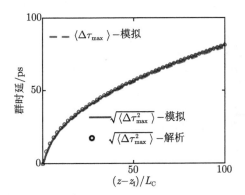

图 5-5 4 模式空间中 $\sqrt{\langle \Delta \tau_{\max}^2 \rangle}$ 和 $\langle \Delta \tau_{\max} \rangle$ 与 $z - z_{\mathrm{I}}$ 的函数关系，解析曲线为方程
(5.5.10)，其中比例系数为 $67\mathrm{ps}$[25]

整条光纤的 $\Delta \tau_{\max}$，$\Delta \tau_{\max,\omega} \equiv \dfrac{\partial}{\partial \omega} \Delta \tau_{\max}$ 和 T_{p}（方程 (5.2.49)）的概率密度函数示于图 5-6(a)~(c)。同样通过数值拟合发现，这些概率密度函数能够用和方程 (5.5.6)~(5.5.8) 相似的解析表达式来描述，即

$$P_{\Delta \tau_{\max}}(x \geqslant 0) = \frac{32\alpha_1 x^2}{\pi^2 \langle \Delta \tau_{\max} \rangle^3} \exp \left(-\frac{4\alpha_2}{\pi} \left(\frac{x - \tau_0}{\langle \Delta \tau_{\max} \rangle} \right)^2 \right) \tag{5.5.11}$$

$$P_{\Delta \tau_{\max}}(x < 0) = 0$$

$$P_{\Delta\tau_{\max,\omega}}(x \geqslant 0) = \frac{2}{\alpha_3^2 \langle \Delta\tau_{\max}\rangle^2}\operatorname{sech}^2\left(\frac{4x}{\alpha_3^2 \langle \Delta\tau_{\max}\rangle^2}\right) \tag{5.5.12}$$

$$P_{T_{\mathrm{p}}}\left(x \geqslant T_1^{(0)}\right) = \alpha_4\left(x - T_1^{(0)}\right)\left(\frac{8}{\pi\langle\Delta\tau_{\max}\rangle^2}\right)^2$$
$$\times \int_0^\infty \mathrm{d}\zeta J_0\left(\frac{8\zeta\left(x - T_2^{(0)}\right)}{\pi\alpha_5^2\langle\Delta\tau_{\max}\rangle^2}\right)(\operatorname{sech}\zeta)\sqrt{(\zeta\tanh\zeta)} \tag{5.5.13}$$

$$P_{T_{\mathrm{p}}}\left(x < T_1^{(0)}\right) = 0$$

其中

$$\alpha_1 = 0.72, \quad \alpha_2 = 10, \quad \alpha_3 = 0.62, \quad \alpha_4 = 0.40, \quad \alpha_5 = 0.89$$
$$\tau_0 = 72\mathrm{ps} \tag{5.5.14}$$
$$T_1^{(0)} = 1.8 \times 10^3\mathrm{ps}^2, \quad T_2^{(0)} = 4.6 \times 10^3\mathrm{ps}^2$$

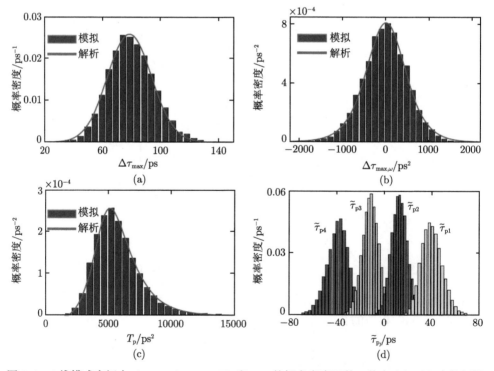

图 5-6　4 维模式空间中 $\Delta\tau_{\max}, \Delta\tau_{\max,\omega}, T_{\mathrm{p}}$ 和 $\tilde{\tau}_{\mathrm{p}j}$ 的概率密度函数，其中 (a)~(c) 中的解析
曲线由式 (5.5.11)~(5.5.13) 直接计算得到 [25]

同时，我们用数值方法验证了 (这里限于篇幅没有给出细节) 方程 (5.5.11)～(5.5.13) 在一定条件下对其他的扰动强度 γ_0 也有效，且 $\alpha_{i=1,2,\cdots,5}$ 与 γ_0 无关，但 $\tau_0, T_{1,2}^{(0)}$ 依赖于 γ_0。此外，我们还注意到，假如恰当地选择 $\alpha_1, \alpha_2, \tau_0$ 且用 $\langle \Delta\tau_{j<j'} \rangle$ 代替 $\langle \Delta\tau_{\max} \rangle$，则式 (5.5.11) 能够描述 $\Delta\tau_{j<j'} \equiv \tau_{\mathrm{p}_j} - \tau_{\mathrm{p}_{j'}}$ $(j < j')$ 的概率密度函数；特别地，要拟合 $\Delta\tau_{j,j+1}$ 的概率密度函数，只需取 $\alpha_1 = \alpha_2 = 1, \tau_0 = 0$，这时 $P_{\Delta\tau_{j,j+1}}$ 的表达式与 2 维模式空间中的 $P_{\Delta\tau}$ 表达式 (5.5.6) 具有几乎相同的形式。当然，(5.5.11)～(5.5.13) 是通过数值拟合获得的经验公式，其适用范围并不完全明确，因此希望能在后续的研究中利用密度矩阵理论严格地推导出这些 (以及更普遍的) 关系式。

为了更直接地比较多模光纤中模式耦合与色散的密度矩阵理论和传统的处理方法，我们对整条光纤的所有主态群时延 $\tau_{\mathrm{p}_1} \geqslant \tau_{\mathrm{p}_2} \geqslant \tau_{\mathrm{p}_3} \geqslant \tau_{\mathrm{p}_4}$ 计算了概率密度函数 $P_{\tau_{\mathrm{p}_j}}$，得到的结果如图 5-6(d) 所示。注意图中概率密度函数的随机变量实际上是各个主态群时延与四个群时延平均值的差，即 $\tilde{\tau}_{\mathrm{p}_j} = \tau_{\mathrm{p}_j} - \dfrac{\tau_{\mathrm{p}_1} + \tau_{\mathrm{p}_2} + \tau_{\mathrm{p}_3} + \tau_{\mathrm{p}_4}}{4}$。可以看到，尽管理想的光纤只有两个群时延值 ($n_{\mathrm{G},1}^{(0)} = n_{\mathrm{G},2}^{(0)}$, $n_{\mathrm{G},3}^{(0)} = n_{\mathrm{G},4}^{(0)}$)，但是在随机扰动下产生了四个峰值不同的群时延分布，且 $P_{\tau_{\mathrm{p}_1}^{(0)}}$ 与 $P_{\tau_{\mathrm{p}_4}^{(0)}}$，$P_{\tau_{\mathrm{p}_2}^{(0)}}$ 与 $P_{\tau_{\mathrm{p}_3}^{(0)}}$ 分别关于原点对称，这与文献 [9, 10] 中关于四模光纤的分析结果一致。

最后，为更深入地了解扰动强度的影响，我们对不同的 γ_0 值模拟了整条光纤的 $\langle \Delta\tau_{\max} \rangle$，结果如图 5-7 中的实曲线所示：当 γ_0 从 0 开始增长时，$\langle \Delta\tau_{\max} \rangle$ 首先从理想光纤值 $\left(n_{\mathrm{G},1}^{(0)} - n_{\mathrm{G},4}^{(0)} \right) \dfrac{L}{c} = 167\mathrm{ps}$ 下降，直至在 $\gamma_0 = 4.5 \times 10^{-6}$ 处达到最小值 62ps，然后随着 γ_0 的继续增长而单调上升。这可以解释如下：没有扰动时 ($\gamma_0 = 0$)，光场在理想光纤中传播会积累确定 (或内禀) 的 $\Delta\tau_{\max,0} = 167\mathrm{ps}$；当 γ_0 较小时，主态 $|\mathrm{p}_j\rangle$ 和群时延 τ_{p_j} 的随机波动会抹平一部分内禀的 $\Delta\tau_{\max}$，从而使总体平均值 $\langle \Delta\tau_{\max} \rangle$ 降低，因此 $\langle \Delta\tau_{\max} \rangle$ 随着 γ_0 的增加而减小；当 γ_0 足够大时，光纤扰动引起的 "随机走离" 效应所积累的 $\langle \Delta\tau_{\max} \rangle$ 将压倒内禀部分，因此总体的 $\langle \Delta\tau_{\max} \rangle$ 基本上按 "随机走离" 的规律随 γ_0 线性上升；对于中间的 γ_0 值，扰动的 "抹平" 效应和 "随机走离积累" 效应相互竞争，在 $\gamma_0 = 4.5 \times 10^{-6}$ 处产生一个最小值 $\langle \Delta\tau_{\max} \rangle = 62\mathrm{ps}$。按照这个解释机制，如果 $\Delta\tau_{\max,0}$ 为零，"抹平" 效应实际上不起作用，则 $\langle \Delta\tau_{\max} \rangle$ 全部来源于 "随机走离积累" 效应，所以 $\langle \Delta\tau_{\max} \rangle$ 应该从 $\gamma_0 = 0$ 开始就线性增长。为了验证这一点，我们将前面的 4 模光纤中的有效折射率改为 $n_{j=1,2,3,4}^{(0)} = n_{\mathrm{G},j=1,2,3,4}^{(0)} = 1.47777$，而其他参数不变，然后模拟该光纤的 $\langle \Delta\tau_{\max} \rangle$-$\gamma_0$ 曲线，即图 5-7 中的虚线。显然，和预想的一致，$\langle \Delta\tau_{\max} \rangle$ 全程随 γ_0 单调线性上升。

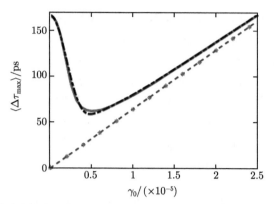

图 5-7　4 维模式空间中平均最大时延差 $\langle \Delta \tau_{\max} \rangle$ 与扰动强度 γ_0 的关系曲线 [25]

$\Delta \tau_{\max,0} = 167\text{ps}$ 的光纤：实线为模拟，点划线为解析式 (5.5.15)；

$\Delta \tau_{\max,0} = 0$ 的光纤：虚线为模拟，星号为直线 $\langle \Delta \tau_{\max} \rangle = \gamma_0 \sigma_2^{-1}$

基于上述"抹平–积累"机制，再加上数值拟合与物理直觉，我们得到了 $\langle \Delta \tau_{\max} \rangle$ 和 γ_0 的一个解析关系式

$$\langle \Delta \tau_{\max} \rangle = \sqrt{\tau_{\max,0}^2 (1+\delta)^{-1} \left(e^{-\left(\frac{\gamma_0}{\sigma_1} \right)^2} + \delta \right) + \left(\frac{\gamma_0}{\sigma_2} \right)^2} \tag{5.5.15}$$

其中

$$\delta = 0.09, \quad \sigma_1 = 2.2 \times 10^{-6}, \quad \sigma_2 = 1.55 \times 10^{-7} \text{ps}^{-1} \tag{5.5.16}$$

由这个关系式直接计算出来的结果也画在图 5-7 中，为点划线 ($\Delta \tau_{\max,0} = 167\text{ps}$) 和星号点 ($\Delta \tau_{\max,0} = 0$)，它们与模拟曲线 (实线和虚线) 非常吻合。

5.6　附录——2 维模式空间中密度矩阵理论和斯托克斯理论的对应关系

本节阐述 2 维模式空间的密度矩阵理论与斯托克斯理论之间的关系。为此，首先引入 2 维琼斯空间中的泡利算符

$$\begin{aligned} \hat{\sigma}_1 &= |1\rangle \langle 1| - |2\rangle \langle 2| \\ \hat{\sigma}_2 &= |1\rangle \langle 2| + |2\rangle \langle 1| \\ \hat{\sigma}_3 &= -\mathrm{i} |1\rangle \langle 2| + \mathrm{i} |2\rangle \langle 1| \end{aligned} \tag{5.6.1}$$

其中 $\{|1\rangle, |2\rangle\}$ 为一组选定的基矢量。泡利算符具有以下性质：

$$\sigma_\mu^\dagger = \hat{\sigma}_\mu \tag{5.6.2}$$

$$\mathrm{Tr}\hat{\sigma}_\mu = 0 \tag{5.6.3}$$

$$\hat{\sigma}_\mu \hat{\sigma}_\nu = \delta_{\mu\nu}\hat{I} + \mathrm{i}\sum_{\xi=1}^{3}\varepsilon_{\mu\nu\xi}\hat{\sigma}_\xi \tag{5.6.4}$$

$$[\hat{\sigma}_\mu,\ \hat{\sigma}_\nu] = 2\mathrm{i}\sum_{\xi=1}^{3}\varepsilon_{\mu\nu\xi}\hat{\sigma}_\xi \tag{5.6.5}$$

其中 $\delta_{\mu\nu}$ 和 $\varepsilon_{\mu\nu\xi}$ 分别定义为

$$\delta_{\mu\nu} = \begin{cases} 1, & \mu = \nu \\ 0, & \mu \neq \nu \end{cases} \tag{5.6.6}$$

和

$$\varepsilon_{\mu\nu\xi} = \begin{cases} 1, & (\mu\nu\xi)\,\text{是}\,(123)\,\text{的偶排列} \\ -1, & (\mu\nu\xi)\,\text{是}\,(123)\,\text{的奇排列} \\ 0, & \text{其他，即}\,\mu\nu\xi\,\text{中间有重复} \end{cases} \tag{5.6.7}$$

注意式 (5.6.5) 实际能够由式 (5.6.4) 导出，但由于在推导中更常用到式 (5.6.5)，因此把它单独列出来。根据泡利算子的定义式 (5.6.1) 可以证明，2 维琼斯空间中的任意算子 $\hat{O}$ 能够展开为 $\hat{\sigma}_\mu$ 和单位算子 $\hat{I}$ 的线性叠加

$$\hat{O} = \frac{1}{2}\hat{I}\mathrm{Tr}\left(\hat{O}\right) + \frac{1}{2}\sum_{\mu=1}^{3}\hat{\sigma}_\mu\mathrm{Tr}\left(\hat{\sigma}_\mu\hat{O}\right) \tag{5.6.8}$$

利用泡利矩阵的定义式 (5.6.1)，容易验证式 (5.1.4) 中的斯托克斯矢量 $\boldsymbol{S}$、式 (5.1.9) 中的双折射矢量 $\boldsymbol{\beta}$ 和式 (5.1.21) 中的群时延矢量 $\boldsymbol{\tau}$ 与密度矩阵 $\hat{\rho}$、模式传播算符 $\hat{Z}$ 和群时延算符 $\hat{\Omega}$ 之间的关系为

$$S_{\mu=1,2,3} = \mathrm{Tr}\left(\hat{\rho}\hat{\sigma}_\mu\right)$$

$$\hat{\rho} = \frac{1}{2}\hat{I} + \frac{1}{2}\sum_{\mu=1}^{3}S_\mu\hat{\sigma}_\mu \tag{5.6.9}$$

$$\beta_\mu = \mathrm{Tr}\left(\hat{Z}\hat{\sigma}_\mu\right)$$

$$\hat{Z} = \frac{1}{2}\hat{I}\mathrm{Tr}\hat{Z} + \frac{1}{2}\beta_\mu\hat{\sigma}_\mu \tag{5.6.10}$$

$$\tau_\mu = \mathrm{Tr}\left(\hat{\Omega}\hat{\sigma}_\mu\right)$$

$$\hat{\Omega} = \frac{1}{2}\hat{I}\mathrm{Tr}\hat{\Omega} + \frac{1}{2}\tau_\mu\hat{\sigma}_\mu \tag{5.6.11}$$

式 (5.6.9)中默认了密度矩阵的迹为 1 (在无损耗光纤中可以不失一般性地作此假设)，否则 $\frac{1}{2}\hat{I}$ 项应该有个因子 $\mathrm{Tr}\hat{\rho}$，这时斯托克斯理论应该使用扩展斯托克斯矢量 $\begin{pmatrix} S_0 \\ \boldsymbol{S} \end{pmatrix}$，其中 $S_0 = \mathrm{Tr}\hat{\rho}$。根据关系式 (5.6.9)~(5.6.11)，并利用泡利算子的性质 (5.6.2)~(5.6.5)，可以方便地将斯托克斯理论和密度矩阵理论中的关键物理量或方程联系起来。为了简化记号，我们在接下来的推导中将使用爱因斯坦求和约定，该约定默认，如果某乘积项中同一个指标出现两次，则需要对该指标的所有可能取值求和，除非另有明确说明。

首先看斯托克斯矢量和密度矩阵的迹之间的关系。由式 (5.6.9) 的第一个方程有

$$\begin{aligned} S_\mu S_\mu &= \mathrm{Tr}\left(\hat{\rho}\hat{\sigma}_\mu\right)\mathrm{Tr}\left(\hat{\rho}\hat{\sigma}_\mu\right) \\ &= \mathrm{Tr}\left(\hat{\rho}\hat{\sigma}_\mu\mathrm{Tr}\left(\hat{\rho}\hat{\sigma}_\mu\right)\right) \end{aligned} \tag{5.6.12}$$

然后利用式 (5.6.9) 的第二个公式得

$$\hat{\sigma}_\mu\mathrm{Tr}\left(\hat{\rho}\hat{\sigma}_\mu\right) = 2\hat{\rho} - \hat{I} \tag{5.6.13}$$

将其代入式 (5.6.12)，即得

$$\begin{aligned} S_\mu S_\mu &= \mathrm{Tr}\left\{\hat{\rho}\left(2\hat{\rho} - \hat{I}\right)\right\} \\ &= 2\mathrm{Tr}\left(\hat{\rho}^2\right) - \mathrm{Tr}\left(\hat{\rho}\right) \end{aligned} \tag{5.6.14}$$

从关系式 (5.6.9) 出发，能够从密度矩阵演化方程 (5.2.11) 推导出斯托克斯矢量演化方程 (5.1.8)，具体过程如下：将式 (5.6.9) 的第一个方程对 z 取微分，并利用密度矩阵演化方程 (5.2.11)，得

$$\begin{aligned} \frac{\partial S_\mu}{\partial z} &= \mathrm{Tr}\left(\frac{\partial \hat{\rho}}{\partial z}\hat{\sigma}_\mu\right) \\ &= -\mathrm{i}\mathrm{Tr}\left(\left[\hat{Z}, \hat{\rho}\right]\hat{\sigma}_\mu\right) = \mathrm{i}\mathrm{Tr}\left(\hat{\rho}\hat{Z}\hat{\sigma}_\mu - \hat{Z}\hat{\rho}\hat{\sigma}_\mu\right) \end{aligned} \tag{5.6.15}$$

再将式 (5.6.9) 的第二个方程代入，

$$\begin{aligned} \frac{\partial S_\mu}{\partial z} &= \mathrm{i}\mathrm{Tr}\left\{\left(\frac{1}{2}\hat{I} + \frac{1}{2}\hat{\sigma}_\nu\mathrm{Tr}\hat{\rho}\hat{\sigma}_\nu\right)\hat{Z}\hat{\sigma}_\mu - \hat{Z}\left(\frac{1}{2}\hat{I} + \frac{1}{2}\hat{\sigma}_\nu\mathrm{Tr}\hat{\rho}\hat{\sigma}_\nu\right)\hat{\sigma}_\mu\right\} \\ &= \mathrm{i}\mathrm{Tr}\left\{\frac{1}{2}\left(\mathrm{Tr}\hat{\rho}\hat{\sigma}_\nu\right)\hat{\sigma}_\nu\hat{Z}\hat{\sigma}_\mu - \left(\frac{1}{2}\mathrm{Tr}\hat{\rho}\hat{\sigma}_\nu\right)\hat{Z}\hat{\sigma}_\nu\hat{\sigma}_\mu\right\} \end{aligned}$$

$$= i\frac{1}{2} \left(\mathrm{Tr}\hat{\rho}\hat{\sigma}_\nu\right) \mathrm{Tr} \left(\hat{\sigma}_\nu \hat{Z}\hat{\sigma}_\mu - \hat{Z}\hat{\sigma}_\nu \hat{\sigma}_\mu\right) \tag{5.6.16}$$

接着利用迹的循环性质，有

$$\frac{\partial S_\mu}{\partial z} = i\frac{1}{2} \left(\mathrm{Tr}\hat{\rho}\hat{\sigma}_\nu\right) \mathrm{Tr} \left(\hat{Z}\hat{\sigma}_\mu \hat{\sigma}_\nu - \hat{Z}\hat{\sigma}_\nu \hat{\sigma}_\mu\right)$$

$$= i\frac{1}{2} \left(\mathrm{Tr}\hat{\rho}\hat{\sigma}_\nu\right) \mathrm{Tr} \left(\hat{Z}\left[\hat{\sigma}_\mu, \ \hat{\sigma}_\nu\right]\right) \tag{5.6.17}$$

然后根据泡利算符的性质 (5.6.5)，以及 (5.6.7) 中 $\varepsilon_{\mu\nu\xi}$ 对任意两个指标交换反对称的性质，最终得到

$$\frac{\partial S_\mu}{\partial z} = -\varepsilon_{\mu\nu\gamma} \left(\mathrm{Tr}\hat{\rho}\hat{\sigma}_\nu\right) \mathrm{Tr} \left(\hat{Z}\hat{\sigma}_\gamma\right)$$

$$= -\varepsilon_{\mu\nu\gamma} S_\nu \beta_\gamma$$

$$= \varepsilon_{\mu\gamma\nu} \beta_\gamma S_\nu \tag{5.6.18}$$

将式 (5.6.18) 写成矢量的形式即为方程 (5.1.8)

$$\frac{\partial}{\partial z} \boldsymbol{S} = \boldsymbol{\beta} \times \boldsymbol{S} \tag{5.6.19}$$

类似地，由群时延算符的演化方程 (5.2.37) 可以推导出群时延矢量 $\boldsymbol{\tau}$ 的演化方程：

$$\frac{\partial \tau_\mu}{\partial z} = \mathrm{Tr} \left(\frac{\partial \hat{\Omega}}{\partial z}\hat{\sigma}_\mu\right)$$

$$= \mathrm{Tr} \left(\hat{Z}_\omega \hat{\sigma}_\mu\right) - i\mathrm{Tr} \left(\left[\hat{Z}, \ \hat{\Omega}\right]\hat{\sigma}_\mu\right)$$

$$= \frac{\partial}{\partial \omega} \mathrm{Tr} \left(\hat{Z}\hat{\sigma}_\mu\right) + i\mathrm{Tr} \left(\hat{\Omega}\hat{Z}\hat{\sigma}_\mu - \hat{Z}\hat{\Omega}\hat{\sigma}_\mu\right)$$

$$= \frac{\partial \beta_\mu}{\partial \omega} + i\mathrm{Tr} \left\{\left(\frac{1}{2}\mathrm{Tr}\hat{\Omega} + \frac{1}{2}\hat{\sigma}_\nu \mathrm{Tr}\hat{\Omega}\hat{\sigma}_\nu\right) \hat{Z}\hat{\sigma}_\mu - \hat{Z}\left(\frac{1}{2}\mathrm{Tr}\hat{\Omega} + \frac{1}{2}\hat{\sigma}_\nu \mathrm{Tr}\hat{\Omega}\hat{\sigma}_\nu\right) \hat{\sigma}_\mu\right\}$$

$$= \frac{\partial \beta_\mu}{\partial \omega} + i\mathrm{Tr} \left\{\frac{1}{2}\left(\mathrm{Tr}\hat{\Omega}\hat{\sigma}_\nu\right) \hat{\sigma}_\nu \hat{Z}\hat{\sigma}_\mu - \left(\frac{1}{2}\mathrm{Tr}\hat{\Omega}\hat{\sigma}_\nu\right) \hat{Z}\hat{\sigma}_\nu \hat{\sigma}_\mu\right\}$$

$$= \frac{\partial \beta_\mu}{\partial \omega} + i\frac{1}{2} \left(\mathrm{Tr}\hat{\Omega}\hat{\sigma}_\nu\right) \mathrm{Tr} \left(\hat{Z}\hat{\sigma}_\mu \hat{\sigma}_\nu - \hat{Z}\hat{\sigma}_\nu \hat{\sigma}_\mu\right)$$

$$= \frac{\partial \beta_\mu}{\partial \omega} + i\frac{1}{2} \left(\mathrm{Tr}\hat{\Omega}\hat{\sigma}_\nu\right) \mathrm{Tr} \left(\hat{Z}\left[\hat{\sigma}_\mu, \ \hat{\sigma}_\nu\right]\right)$$

$$= \frac{\partial \beta_\mu}{\partial \omega} - \varepsilon_{\mu\nu\gamma} \left(\mathrm{Tr} \hat{\Omega} \hat{\sigma}_\nu \right) \mathrm{Tr} \left(\hat{Z} \hat{\sigma}_\gamma \right)$$

$$= \frac{\partial \beta_\mu}{\partial \omega} - \varepsilon_{\mu\nu\gamma} \tau_\nu \beta_\gamma$$

$$= \frac{\partial \beta_\mu}{\partial \omega} + \varepsilon_{\mu\gamma\nu} \beta_\gamma \tau_\nu \tag{5.6.20}$$

将式 (5.6.20) 写成矢量的形式, 即为偏振模色散理论中熟知的群时延矢量的演化
方程

$$\frac{\partial \boldsymbol{\tau}}{\partial z} = \frac{\partial \boldsymbol{\beta}}{\partial \omega} + \boldsymbol{\beta} \times \boldsymbol{\tau} \tag{5.6.21}$$

密度矩阵理论和斯托克斯理论中的其他公式也可以通过类似的方式联系起
来. 比如对于琼斯空间中密度矩阵的相似变换 (无损耗时为幺正变换)

$$\hat{\rho}' = \hat{W}^{-1} \hat{\rho} \hat{W} \tag{5.6.22}$$

相应的斯托克斯矢量的变换为

$$\begin{aligned}
S'_\mu &= \mathrm{Tr} \left(\hat{\rho}' \hat{\sigma}_\mu \right) = \mathrm{Tr} \left(\hat{W}^{-1} \hat{\rho} \hat{W} \hat{\sigma}_\mu \right) \\
&= \mathrm{Tr} \left\{ \hat{W}^{-1} \left(\frac{1}{2} \hat{I} + \frac{1}{2} \hat{\sigma}_\nu \mathrm{Tr} \left(\hat{\rho} \hat{\sigma}_\nu \right) \right) \hat{W} \hat{\sigma}_\mu \right\} \\
&= \frac{1}{2} \mathrm{Tr} \left(\hat{W}^{-1} \hat{W} \hat{\sigma}_\mu \right) + \frac{1}{2} \mathrm{Tr} \left(\hat{W}^{-1} \hat{\sigma}_\nu \hat{W} \hat{\sigma}_\mu \right) \mathrm{Tr} \left(\hat{\rho} \hat{\sigma}_\nu \right) \\
&= \frac{1}{2} \mathrm{Tr} \left(\hat{W} \hat{\sigma}_\mu \hat{W}^{-1} \hat{\sigma}_\nu \right) \mathrm{Tr} \left(\hat{\rho} \hat{\sigma}_\nu \right) \\
&= \bar{R}_{\mu\nu} S_\nu \tag{5.6.23}
\end{aligned}$$

其中用到了泡利矩阵迹为零的性质 (5.6.3). 式 (5.6.23) 可写成斯托克斯空间的矢
量变换形式

$$\boldsymbol{S}' = \bar{R} \boldsymbol{S} \tag{5.6.24}$$

其中斯托克斯空间的矩阵 $\bar{R}$ 和式 (5.6.22) 中的琼斯空间相似变换算符 $\hat{W}$ 的关系
为

$$R_{\mu\nu} \equiv \frac{1}{2} \mathrm{Tr} \left(\hat{W} \hat{\sigma}_\mu \hat{W}^{-1} \hat{\sigma}_\nu \right) \tag{5.6.25}$$

同理, 琼斯空间中的模式传播算符和群时延算符的相似变换与斯托克斯空间中的
双折射矢量和群时延矢量的矢量变换有如下的对应关系:

$$\hat{Z}' = \hat{W}^{-1} \hat{Z} \hat{W} \quad \Rightarrow \quad \boldsymbol{\beta}' = \bar{R} \boldsymbol{\beta} \tag{5.6.26}$$

和

$$\hat{\Omega}' = \hat{W}^{-1}\hat{\Omega}\hat{W} \quad \Rightarrow \quad \boldsymbol{\tau}' = \bar{R}\boldsymbol{\tau} \tag{5.6.27}$$

其中矩阵 $\bar{R}$ 和算符 $\hat{W}$ 的关系仍然由式 (5.6.25) 给出。

利用式 (5.6.27)，可以进一步将斯托克斯理论和密度矩阵理论中的级联规则联系起来。比如，由 $\hat{\Omega}$ 的两级级联规则 (5.3.5)

$$\hat{\Omega}\left(z_3, z_1, \omega\right) = \hat{\Omega}\left(z_3, z_2, \omega\right) + \hat{U}^\dagger\left(z_3, z_2, \omega\right)\hat{\Omega}\left(z_2, z_1, \omega\right)\hat{U}\left(z_3, z_2, \omega\right) \tag{5.6.28}$$

通过对应关系 (注意 $\hat{U}^\dagger = \hat{U}^{-1}$)

$$\begin{aligned}
&\hat{\Omega}\left(z_3, z_1, \omega\right) \to \boldsymbol{\tau}\left(z_3, z_1, \omega\right) \\
&\hat{\Omega}\left(z_3, z_2, \omega\right) \to \boldsymbol{\tau}\left(z_3, z_2, \omega\right) \\
&\hat{U}\left(z_3, z_2, \omega\right)\hat{\Omega}\left(z_2, z_1, \omega\right)\hat{U}^\dagger\left(z_3, z_2, \omega\right) \to \bar{R}\left(z_3, z_2, \omega\right)\boldsymbol{\tau}\left(z_2, z_1, \omega\right) \\
&\left(\bar{R}\left(z_3, z_2, \omega\right)\right)_{\mu\nu} \equiv \frac{1}{2}\mathrm{Tr}\left(\hat{U}^\dagger\left(z_3, z_2, \omega\right)\hat{\sigma}_\mu\hat{U}_{32}\left(z_3, z_2, \omega\right)\hat{\sigma}_\nu\right)
\end{aligned} \tag{5.6.29}$$

立即得到群时延矢量 $\boldsymbol{\tau}$ 的两级级联规则

$$\boldsymbol{\tau}\left(z_3, z_1, \omega\right) = \boldsymbol{\tau}\left(z_3, z_2, \omega\right) + \bar{R}\left(z_3, z_2, \omega\right)\boldsymbol{\tau}\left(z_2, z_1, \omega\right) \tag{5.6.30}$$

总之，在模式空间为 2 维 $(J=2)$ 时，借助泡利矩阵能够方便地建立斯托克斯理论和密度矩阵理论之间的联系。对于多维 $(J>2)$ 的模式空间，上述对应关系仍然存在，但比 2 维的情况要复杂得多。

密度矩阵理论除了直接应用在模式耦合和色散的分析中，还可以借助泡利算符的性质和对应关系 (5.6.9)~(5.6.11) 证明斯托克斯理论中的一些结论。先以双折射矢量 $\boldsymbol{\beta}$ 的物理意义为例，根据式 (5.6.10)，有

$$\begin{aligned}
\beta_\mu &= \mathrm{Tr}\left(\hat{Z}\hat{\sigma}_\mu\right) \\
&= \mathrm{Tr}\left\{\left(n_+\frac{\omega}{c}\left|l_+\right\rangle\left\langle l_+\right| + n_-\frac{\omega}{c}\left|l_-\right\rangle\left\langle l_-\right|\right)\hat{\sigma}_\mu\right\} \\
&= \mathrm{Tr}\left\{\left(\left(n_+ - n_-\right)\frac{\omega}{c}\left|l_+\right\rangle\left\langle l_+\right| + n_-\frac{\omega}{c}\hat{I}\right)\hat{\sigma}_\mu\right\} \\
&= \left(n_+ - n_-\right)\frac{\omega}{c}\mathrm{Tr}\left(\left|l_+\right\rangle\left\langle l_+\right|\hat{\sigma}_\mu\right) \\
&= \left(n_+ - n_-\right)\frac{\omega}{c}S_{l,\mu}^{(+)}
\end{aligned} \tag{5.6.31}$$

其中

$$S_{l,\mu}^{(+)} = \mathrm{Tr}\left(\left|l_+\right\rangle\left\langle l_+\right|\hat{\sigma}_\mu\right) \tag{5.6.32}$$

在上面的推导中，已经把 $\hat{Z}$ 用它的正交归一本征矢量 $|l_\pm\rangle$ 和本征值 $n_\pm \dfrac{\omega}{c}$ $(n_+ \geqslant n_-)$ 表示

$$\hat{Z} = n_+ \frac{\omega}{c} |l_+\rangle \langle l_+| + n_- \frac{\omega}{c} |l_-\rangle \langle l_-| \tag{5.6.33}$$

并且利用了

$$|l_+\rangle \langle l_+| + |l_-\rangle \langle l_-| = \hat{I} \tag{5.6.34}$$

以及泡利算符的零迹性质 (5.6.3)。将式 (5.6.31) 写成矢量形式即得

$$\boldsymbol{\beta} = (n_+ - n_-) \frac{\omega}{c} \boldsymbol{S}_l^{(+)} \tag{5.6.35}$$

显然，$\boldsymbol{S}_l^{(+)}$ 是 $|l_+\rangle \langle l_+|$ 对应的斯托克斯矢量，其模长为 1。因此，双折射矢量 $\boldsymbol{\beta}$ 的模长 $|\boldsymbol{\beta}|$ 为两个传播因子之差的绝对值，而归一化矢量 $\dfrac{\boldsymbol{\beta}}{|\boldsymbol{\beta}|}$ 为传播因子较大的本征模式对应的斯托克斯矢量。

类似地，对于群时延矢量 $\boldsymbol{\tau}$ 的物理意义，将 $\hat{\Omega}$ 用它的正交归一本征矢量 $|\mathrm{p}_\pm\rangle$ 和相应的本征值 $\tau_\pm$ $(\tau_+ \geqslant \tau_-)$ 表示，且注意到

$$|\mathrm{p}_+\rangle \langle \mathrm{p}_+| + |\mathrm{p}_-\rangle \langle \mathrm{p}_-| = \hat{I} \tag{5.6.36}$$

即可由式 (5.6.11) 得到

$$
\begin{aligned}
\tau_\mu &= \mathrm{Tr}\left(\hat{\Omega} \hat{\sigma}_\mu\right) \\
&= \mathrm{Tr}\left\{\left(\tau_+ \frac{\omega}{c} |\mathrm{p}_+\rangle \langle \mathrm{p}_+| + \tau_- |\mathrm{p}_-\rangle \langle \mathrm{p}_-|\right) \hat{\sigma}_\mu\right\} \\
&= \mathrm{Tr}\left\{\left((\tau_+ - \tau_-) |\mathrm{p}_+\rangle \langle \mathrm{p}_+| + \tau_- \hat{I}\right) \hat{\sigma}_\mu\right\} \\
&= (\tau_+ - \tau_-) \mathrm{Tr}\left(|\mathrm{p}_+\rangle \langle \mathrm{p}_+| \hat{\sigma}_\mu\right) \\
&\equiv (\tau_+ - \tau_-) S_{\mathrm{p},\mu}^{(+)}
\end{aligned}
\tag{5.6.37}
$$

其中

$$S_{\mathrm{p},\mu}^{(+)} = \mathrm{Tr}\left(|\mathrm{p}_+\rangle \langle \mathrm{p}_+| \hat{\sigma}_\mu\right) \tag{5.6.38}$$

式 (5.6.37) 写成矢量形式即为

$$\boldsymbol{\tau} = (\tau_+ - \tau_-) \boldsymbol{S}_{\mathrm{p}}^{(+)} \tag{5.6.39}$$

因此，群时延矢量 $\boldsymbol{\tau}$ 的模长 $|\boldsymbol{\tau}|$ 为两个群时延之差的绝对值，而归一化矢量 $\dfrac{\boldsymbol{\tau}}{|\boldsymbol{\tau}|}$ 为群时延较大的主态对应的斯托克斯矢量。

最后，我们将偏振模色散理论中的斯托克斯空间矢量

$$\boldsymbol{\tau}_{\omega\perp} = (\tau_+ - \tau_-)\frac{\partial}{\partial\omega}\boldsymbol{S}_{\mathrm{p}}^{(+)} \tag{5.6.40}$$

的模长 $|\boldsymbol{\tau}_{\omega\perp}|$ (表征二阶偏振模色散的 "去偏振"[8]) 用密度矩阵理论中的元素表示。将式 (5.6.38) 代入式 (5.6.40) 的分量形式，得

$$\tau_{\omega\perp,\mu=1,2,3} = (\tau_+ - \tau_-)\,\mathrm{Tr}\left(\hat{\rho}_{\mathrm{p}+,\omega}\hat{\sigma}_\mu\right)$$

$$\hat{\rho}_{\mathrm{p}\pm,\omega} \equiv \frac{\partial}{\partial\omega}\hat{\rho}_{\mathrm{p}\pm,\omega}, \quad \hat{\rho}_{\mathrm{p}\pm} \equiv |\mathrm{p}_\pm\rangle\langle\mathrm{p}_\pm| \tag{5.6.41}$$

由此求出 $\boldsymbol{\tau}_{\omega\perp}$ 的模长在密度矩阵理论中的表达式

$$\begin{aligned}
|\boldsymbol{\tau}_{\omega\perp}| &= (\tau_+ - \tau_-)\sqrt{\tau_{\omega\perp,\mu}\tau_{\omega\perp,\mu}} \\
&= (\tau_+ - \tau_-)\sqrt{\mathrm{Tr}\left(\hat{\rho}_{\mathrm{p}+,\omega}\hat{\sigma}_\mu\right)\mathrm{Tr}\left(\hat{\rho}_{\mathrm{p}+,\omega}\hat{\sigma}_\mu\right)} \\
&= (\tau_+ - \tau_-)\sqrt{\mathrm{Tr}\left(\hat{\rho}_{\mathrm{p}+,\omega}\hat{\sigma}_\mu\mathrm{Tr}\left(\hat{\rho}_{\mathrm{p}+,\omega}\hat{\sigma}_\mu\right)\right)}
\end{aligned} \tag{5.6.42}$$

再将式 (5.6.13) 代入，得

$$\begin{aligned}
|\boldsymbol{\tau}_{\omega\perp}| &= (\tau_+ - \tau_-)\sqrt{\mathrm{Tr}\left\{\hat{\rho}_{\mathrm{p}+,\omega}\frac{\partial}{\partial\omega}(2\hat{\rho}_{\mathrm{p}+}) - \hat{I}\right\}} \\
&= (\tau_+ - \tau_-)\sqrt{2\mathrm{Tr}\hat{\rho}_{\mathrm{p}+,\omega}^2}
\end{aligned} \tag{5.6.43}$$

定义

$$\left|\hat{\rho}_{\mathrm{p}\pm,\omega}\right| = \sqrt{2\mathrm{Tr}\hat{\rho}_{\mathrm{p}\pm,\omega}^2} \tag{5.6.44}$$

并注意到根据式 (5.6.36) 有

$$\left|\hat{\rho}_{\mathrm{p}-,\omega}\right| = \left|\frac{\partial}{\partial\omega}\left(\hat{I} - \hat{\rho}_{\mathrm{p}+}\right)\right| = \left|\hat{\rho}_{\mathrm{p}+,\omega}\right| \tag{5.6.45}$$

最终将 $|\boldsymbol{\tau}_{\omega\perp}|$ 由式 (5.6.43) 化为更适合推广到高维模式空间的形式

$$|\boldsymbol{\tau}_{\omega\perp}| = (\tau_+ - \tau_-)\frac{\left|\hat{\rho}_{\mathrm{p}+,\omega}\right| + \left|\hat{\rho}_{\mathrm{p}-,\omega}\right|}{2} \tag{5.6.46}$$

参 考 文 献

[1] Berdague S, Facq P. Mode division multiplexing in optical fibers[J]. Applied Optics, 1982, 21(11): 1950-1955.

[2] Ryf R, Randel S, Gnauck A H, et al. Mode-division multiplexing over 96km of fewmode fiber using coherent 66 MIMO processing[J]. Journal of Lightwave Technology, 2012, 30(4): 521-531.

[3] Luo L W, Ophir N, Chen C P, et al. WDM-compatible mode-division multiplexing on a silicon chip[J]. Nature Communications, 2014, 5(1): 3069.

[4] Zhou D, Sun C, Lai Y, et al. Integrated silicon multifunctional mode-division multiplexing system[J]. Optics Express, 2019, 27(8): 10798-10805.

[5] Foschini G J, Poole C D. Statistical theory of polarization dispersion in single mode Fibers[J]. Journal of Lightwave Technology, 1991, 9(11): 1439-1456.

[6] Gordon J P, Kogelnik H. PMD fundamentals: polarization mode dispersion in optical fibers[J]. Proceedings of the National Academy of Sciences of the United States of America, 2000, 97(9): 4541-4550.

[7] Kogelnik H, Jopson R M, Nelson L E. Polarization-Mode Dispersion[M]//Optical Fiber Telecommunications IV-B. Academic, 2002: 725-861.

[8] Damask J N. Polarization Optics in Telecommunications[M]. Vol. 101. Springer Science & Business Media, 2004.

[9] Ho K P, Kahn J M. Statistics of group delays in multimode fiber with strong mode coupling[J]. Journal of Lightwave Technology, 2011, 29(21): 3119-3128.

[10] Ho K P, Kahn J M. Mode Coupling and its Impact on Spatially Multiplexed Systems[M]// Optical Fiber Telecommunications VI. Elsevier, 2013: 491-568.

[11] Wang J, Yang J Y, Fazal I M N, et al. Terabit free-space data transmission employing orbital angular momentum multiplexing[J]. Nature Photonics, 2012, 6(7): 488-496.

[12] Bozinovic N, Yue Y, Ren Y, et al. Terabit-scale orbital angular momentum mode division multiplexing in fibers[J]. Science, 2013, 340(6140): 1545-1548.

[13] Nejad R M, Allahverdyan K, Vaity P, et al. Mode division multiplexing using orbital angular momentum modes over 1.4-km ring core fiber[J]. Journal of Lightwave Technology, 2016, 34(18): 4252-4258.

[14] Liu J, Zhu G X, Zhang J W, et al. Mode division multiplexing based on ring core optical fibres[J]. IEEE Journal of Quantum Electronics, 2018, 54(5): 0700118.

[15] Yang J, Liu H, Pang F, et al. All-fiber multiplexing and transmission of high-order circularly polarized orbital angular momentum modes with mode selective couplers[J]. IEEE Photonics Journal, 2019, 11(3): 1-9.

[16] Allen L, Beijersbergen M W, Spreeuw R J, et al. Orbital angular momentum of light and the transformation of Laguerre-Gaussian laser modes[J]. Physical Review A, 1992, 45(11): 8185-8189.

[17] Yao A M, Padgett M J. Orbital angular momentum: origins, behavior and applications[J]. Advances in Optics & Photonics, 2011, 3(2): 161-204.

[18] Andrews D L, Babiker M. The Angular Momentum of Light[M]. Cambridge: Cambridge University Press, 2012.

[19] Antonelli C, Mecozzi A, Shtaif M, et al. Stokes-space analysis of modal dispersion in

fibers with multiple mode transmission[J]. Optics Express, 2012, 20(11): 11718-11733.

[20] Roudas I, Kwapisz J. Stokes space representation of modal dispersion[J]. IEEE Photonics Journal, 2017, 9(5): 7203715.

[21] Fernandes G M, Muga N J, Pinto A N. Digital monitoring and compensation of MDL based on higher-order poincaré spheres[J]. Optics Express, 2019, 27(14): 19996-20011.

[22] Antonelli C, Mecozzi A, Shtaif M, et al. Stokes-space analysis of modal dispersion of SDM fibers with mode-dependent loss: theory and experiments[J]. Journal of Lightwave Technology, 2020, 38(7): 1668-1677.

[23] Ho K P, Kahn J M. Linear propagation effects in mode-division multiplexing systems[J]. Journal of Lightwave Technology, 2014, 32(4): 614-628.

[24] Arik S Ö, Ho K, Kahn J M. Delay spread reduction in mode-division multiplexing: mode coupling versus delay compensation[J]. Journal of Lightwave Technology, 2015, 33(21): 4504-4512.

[25] Yang Z, Zhang X, Zhang B, et al. Density-matrix formalism for modal coupling and dispersion in mode-division multiplexing communications systems[J]. Optics Express, 2020, 28(13): 18658.

第 6 章　OAM 模式的激励与干涉

目前常见的 OAM 模式激励方法主要包括微腔、波导 [1-5] 以及基于空间光调制器 [6-14] 或相位板的方法 [15-20]，其中由于空间光调制器能够仅通过计算机软件编程的方式改变光模场的相位分布而有可能达到最好的模式激励效果，因此成为目前 OAM 模式激励中最常用的方法。本章首先详细推导了反射型纯相位空间光调制器的工作原理，并基于纯相位空间光调制器的模式激励原理，搭建了垂直入射型 OAM 模式激励实验平台，并基于该实验平台，根据纯相位空间光调制器的分辨率等参数，利用 MATLAB 设计相应的相位板，并将其加载到空间光调制器的液晶面上，实验实现了单一 OAM 模式的产生。另外，还通过同时加载多个相位板的叠加，分别仿真和实验得到了多个拓扑荷对应 OAM 模式的叠加态。

6.1　纯相位空间光调制器

6.1.1　纯相位空间光调制器的结构

空间光调制器是一类可以在随时间变化的电驱动信号或其他信号的控制下，将信息加载于一维或二维的光学数据场上，从而改变光场的空间分布或者把非相干光转化成相干光的器件。按照光的读出方式，空间光调制器可分为反射型和透射型。根据 OAM 模式产生的特点，本节的实验中主要利用反射型、纯相位空间光调制器来进行相位调制，从而实现基模向 OAM 模式的转换。

图 6-1 为反射型纯相位液晶空间光调制器的横截面，纯相位空间光调制器光学头由盖板玻璃 (Cover Glass)、透明导电膜层 (Transparent Conductive Film)、液晶层 (Liquid Crystal)、镀膜层 (Mirror Coating)、像素电极 (Reflective Pixel) 以及大规模集成电路 (VLSI Die) 等组成。由于光入射到各向异性晶体 (如方解石晶体，扭曲向列液晶等，此后统一称为液晶) 后，会产生两束折射光，其中始终遵守折射定律的一束被称为寻常光，用 o 光来表示。另一束光不遵守普通的折射定律，被称为非常光，用 e 光来表示。扭曲向列液晶存在一个特殊方向，即电极电压为 0，相位调制也为 0 的状态，光沿该方向传播时不发生双折射现象，此时 o 光和 e 光在该方向上重合且折射率相等。当液晶分子的排列方向发生偏转时，o 光和 e 光不再重合，二者产生光程差，从而实现对相位的调制。

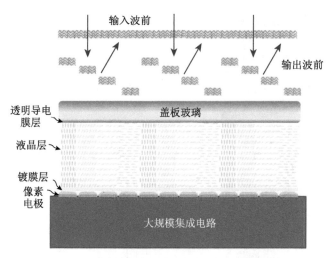

图 6-1　反射型纯相位液晶空间光调制器的结构

6.1.2　纯相位空间光调制器的相位调制原理

图 6-2 给出了空间光调制器相位调制的原理图。通过给空间光调制器加载不同灰度分布的图片，可以控制空间光调制器像素电极上的电压，使两个像素电极之间形成电势差，从而改变液晶分子的排列方向。若像素电极的电压为 0，则液晶分子呈水平排列，此时相位调制量为 0，如图 6-2(a) 所示。当像素电极的电压增加时，液晶分子在电场的作用下发生旋转，与电场之间形成夹角 θ，如图 6-2(b) 所示。加载到空间光调制器上的灰度值越大，像素电极的电压就越大，则夹角 θ 就越大，造成 o 光和 e 光的折射率差增大，从而使得它们对应的反射光的光程差增加，相位调制量增大。每一个像素单元对应一个电极，因此每一个液晶单元的相位可单独控制。根据控制器的分辨率不同，相位调制的精度也不同。例如 PCIe-8bit 的控制器，$0 \sim 2\pi$ 的相位调制量与 0~255 的灰度对应，调制精度为 $2\pi/50 \sim 2\pi/100$。DVI-16bit 的控制器，$0 \sim 2\pi$ 的相位调制量与 0~65535 的灰度对应，调制精度为 $2\pi/500 \sim 2\pi/1000$。

如果给空间光调制器的液晶层加载电压，则液晶分子在电压的作用下会发生旋转，且与电场之间的夹角 θ 满足

$$\theta = \begin{cases} 0, & V_{\mathrm{r}} \leqslant V_{\mathrm{c}} \\ \dfrac{\pi}{2} - 2\arctan\left[\exp\left(-\dfrac{V_{\mathrm{r}} - V_{\mathrm{c}}}{V_{\mathrm{o}}}\right)\right], & V_{\mathrm{r}} > V_{\mathrm{c}} \end{cases} \tag{6.1.1}$$

其中 V_{c} 是阈值电压，V_{o} 是饱和电压。液晶的 e 光 (非常光) 的折射率 $n_{\mathrm{e}}(\theta)$ 与 θ

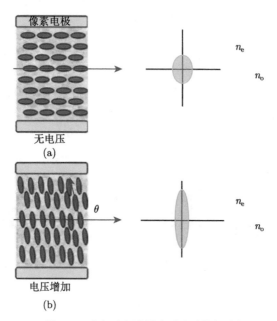

图 6-2　空间光调制器相位调制原理图

角满足

$$\frac{1}{n_{\mathrm{e}}^2(\theta)} = \frac{\cos^2\theta}{n_{\mathrm{e}}^2} + \frac{\sin^2\theta}{n_{\mathrm{o}}^2} \tag{6.1.2}$$

式 (6.1.2) 中，n_{e}、n_{o} 为液晶的主折射率。此时光的相位延迟 δ 为

$$\delta = \frac{2\pi d\Delta n}{\lambda} = \frac{2\pi d}{\lambda}\left[n_{\mathrm{e}}\left(\theta\right) - n_{\mathrm{o}}\right] \tag{6.1.3}$$

光从垂直入射到空间光调制器再反射出空间光调制器的过程中，依次通过了起振器 → 窗口片 → 透明电极 → 液晶层 → 硅板电极 → 液晶 → 透明电极 → 窗口片。下面我们采用琼斯矩阵法来分析光场发生的变化。假设液晶光轴方向为 x 轴，则液晶单元的琼斯矩阵可以表示为

$$J = J_{\mathrm{p}}(-\alpha)J_{\mathrm{LC}}J_{\mathrm{M}}J_{\mathrm{LC}}J_{\mathrm{p}}(\alpha) \tag{6.1.4}$$

其中，$J_{\mathrm{p}}(\alpha)$、J_{LC}、J_{M} 分别为起偏角为 α 的偏振片、空间光调制器的液晶层以及反射镜的琼斯矩阵。

实验中空间光调制器的偏振片的方向与液晶光轴平行，起偏角 $\alpha = 0$，所以它的琼斯矩阵可化简为

$$J_{\mathrm{p}}\left(\alpha\right) = \left(\begin{array}{cc} \cos^2\alpha & \cos\alpha\sin\alpha \\ \cos\alpha\sin\alpha & \sin^2\alpha \end{array}\right) = \left(\begin{array}{cc} 1 & 0 \\ 0 & 0 \end{array}\right) \tag{6.1.5}$$

液晶层的琼斯矩阵 J_{LC} 为

$$J_{\mathrm{LC}} = \begin{pmatrix} a - \mathrm{i}\dfrac{\delta}{2}b & -\phi b \\ \phi b & a + \mathrm{i}\dfrac{\delta}{2}b \end{pmatrix} \tag{6.1.6}$$

其中

$$a = \cos X$$
$$b = \frac{\sin X}{X} \tag{6.1.7}$$
$$X = \sqrt{\phi^2 + \left(\frac{\delta}{2}\right)^2} = \frac{\delta}{2} = \frac{\pi d}{\lambda}\left[n_{\mathrm{e}}\left(\theta\right) - n_{\mathrm{o}}\right]$$

所以，式 (6.1.6) 可以简化为

$$J_{\mathrm{LC}} = \begin{pmatrix} \cos X - \mathrm{i}\sin X & 0 \\ 0 & \cos X + \mathrm{i}\sin X \end{pmatrix} = \begin{pmatrix} \exp\left(-\mathrm{i}X\right) & 0 \\ 0 & \exp\left(\mathrm{i}X\right) \end{pmatrix} \tag{6.1.8}$$

反射镜的琼斯矩阵 J_{M} 为

$$J_{\mathrm{M}} = \begin{pmatrix} 1 & 0 \\ 0 & -1 \end{pmatrix} \tag{6.1.9}$$

将式 (6.1.5)、(6.1.8) 和 (6.1.9) 代入式 (6.1.4) 即可得到整个液晶单元的琼斯矩阵

$$\begin{aligned} J &= \begin{pmatrix} 1 & 0 \\ 0 & 0 \end{pmatrix} \begin{pmatrix} \exp\left(-\mathrm{i}X\right) & 0 \\ 0 & \exp\left(\mathrm{i}X\right) \end{pmatrix} \begin{pmatrix} 1 & 0 \\ 0 & -1 \end{pmatrix} \begin{pmatrix} \exp\left(-\mathrm{i}X\right) & 0 \\ 0 & \exp\left(\mathrm{i}X\right) \end{pmatrix} \\ &\quad \times \begin{pmatrix} 1 & 0 \\ 0 & 0 \end{pmatrix} \\ &= \begin{pmatrix} \exp\left(-\mathrm{i}\delta\right) & 0 \\ 0 & 0 \end{pmatrix} \end{aligned} \tag{6.1.10}$$

假设入射光的琼斯矢量为 $\begin{bmatrix} E_x & E_y \end{bmatrix}^{\mathrm{T}}$，则经过液晶单元的反射后出射光的琼斯矢量 $\begin{bmatrix} E_x' & E_y' \end{bmatrix}^{\mathrm{T}}$ 就满足

$$\begin{bmatrix} E_x' \\ E_y' \end{bmatrix} = J \cdot \begin{bmatrix} E_x \\ E_y \end{bmatrix} = \begin{bmatrix} \exp\left(-\mathrm{i}\delta\right) E_x \\ 0 \end{bmatrix} \tag{6.1.11}$$

由式 (6.1.11) 可知，入射光经过液晶单元的反射后，出射光场可以表示为 $E_x' = \exp\left(-\mathrm{i}\delta\right) E_x$，可见只保留了 x 轴方向的分量，而且仅发生了相位的改变，

变化量刚好为光的相位延迟 δ。从式 (6.1.1) 与 (6.1.3) 可以看出，相位延迟 δ 仅与每个像素点上加载的电压有关，通过给空间光调制器的液晶加载不同灰度分布的相位图片就可以控制这个电压，从而实现对入射光的纯相位调制。因此，可以利用纯相位空间光调制器来改变模式的空间相位分布，从而实现模式的转换或控制。本节内容将为 OAM 模式的实验产生奠定理论基础。

6.2　OAM 模式的激励

6.2.1　OAM 模式激励原理

光纤中 OAM 模式的激励可以将自由空间中的 OAM 模式耦合到光纤中。自由空间中的 OAM 光束耦合到光纤中，需要保证光纤具有与 OAM 光强分布相匹配的环形结构，且模场尽量不要泄漏。常规的 OAM 光束，光强环形结构的直径与拓扑荷 l 相关：

$$\boldsymbol{E}(x,y) \propto (x \cdot \mathrm{j}y)^{|l|} \exp\left\{ -\left(\frac{x^2 + y^2}{w^2} \right) \right\} \tag{6.2.1}$$

其中 w 为高斯光束聚焦半径，这要求多个 OAM 光束耦合到光纤中需要一个固定的环形结构。完美的 OAM 光束可以用来保证所有的 OAM 光束具有固定的大小，并且给定任意的光纤结构，其大小都可进行优化，以保证其能高效地耦合到光纤中。我们的目的就是产生强度分布为环形的 OAM 光束，并且环形光场的直径 r_d 和环的厚度 r_w 均可单独控制。产生的完美 OAM 光束需要满足：环形光强分布的厚度 r_w 可调，高斯光束转换的 OAM 光束的光强分布的直径 r_d 可调。

首先利用两个焦距分别为 f_1 和 f_2 的透镜作为扩束器，两个透镜之间的距离为 $L = f_1 + f_2$，调整 f_1 和 f_2 的参数，可以控制入射的高斯光束的半径 w，这样即可调整参数 r_w。OAM 光束直径 r_d 的调整装置由空间光调制器和傅里叶变换透镜组成，空间光调制器的相位图是结合透镜和螺旋相位的函数：

$$\exp(-\mathrm{j}ar + \mathrm{j}l\theta) \tag{6.2.2}$$

其中 a 为透镜参数，透镜函数与环形光束的直径 r_d 有关，且 r_d 随透镜参数 a 变化。因此我们可以通过调整 w 和 a 来调整环形光束的几何尺寸。

OAM 模式激励原理框图如图 6-3 所示。这是一个基于 $4f$ 系统的模式激励结构，其中透镜 Len1 的右焦点和 Len2 的左焦点重合，组成一个共焦平面，空间光调制器则被放置于共焦平面上。将激光器发出的基模光控制于 Len1 的左焦点所在的平面上，则最终产生的 OAM 模式将位于 Len2 的右焦点所在的平面上。其 OAM 模式激励过程可以简述为：单模激光器输出波长为 1550nm 的基模光，通过光纤耦合器耦合到自由空间中,再通过一个起偏片将其转换为偏振方向与空间光调制器的长轴方向平行的线偏振光,该偏振光通过 Len1 进行傅里叶变换,再经过分光棱镜透射到空间光调制器。空间光调制器通过数据线与计算机相连接来控制加载相应 OAM 模式的灰度图,以实现对基模光的相位调制,调制后的光反射至分光棱镜 (Beam Splitter, BS),再经分光棱镜反射后送至第二个透镜 Len2 再次进行傅里叶变换,最终完成基模向 OAM 模式的转换。最后利用电荷耦合器件 (Charge-Coupled Device, CCD) 来采集 OAM 模式的光场数据,观测得到的 OAM 模式的强度图。

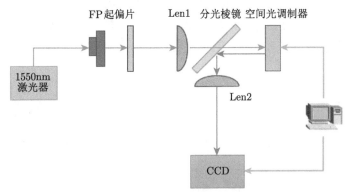

图 6-3　基于纯相位空间光调制器的 OAM 模式激励原理图

FP: 光纤耦合器

6.2.2　OAM 模式激励实验

依据 6.1 节中纯相位空间光调制器的工作原理以及 6.2.1 节中 OAM 模式激励原理,我们搭建了 OAM 模式激励实验平台,如图 6-4 所示。实验中的器件包

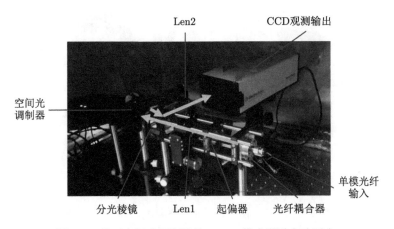

图 6-4　基于空间光调制器的 OAM 模式激励实验平台

括 Thorlabs 公司提供的透镜、分光棱镜、起偏器以及光纤耦合器等，另外还有激光器、空间光调制器和 CCD 等设备。

空间光调制器是德国 Holoeye 公司生产的反射型纯相位空间光调制器，其液晶由 1920×1080 个像素点组成，像素间隔为 8.0μm，液晶区域大小为 15.36mm×8.64mm。工作波长为 1520~1620nm，相位调制范围 (0~ 2π)，分为 256(8bit) 灰度值，零阶衍射率为 62.5%，其详细的工作原理已经在 6.1 节中阐述。

图 6-5(a)~(c) 分别是空间光调制器的外观、液晶单元和驱动单元。实验中加载的灰度图可通过它与计算机间的 DVI(Disaster Victim Identification，数字视频) 接口写入空间光调制器的驱动单元，再通过一排可伸缩排线与液晶单元相连接，以控制液晶单元对应像素点的电压值，从而实现对相位的调制。

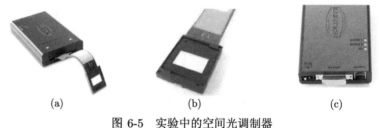

(a)　　　　　　　(b)　　　　　　　(c)

图 6-5　实验中的空间光调制器

(a) 空间光调制器的外观；(b) 液晶单元；(c) 驱动单元

实验中使用的 CCD 是由美国 Electrophysics 公司生产的 MicronViewer 7290A，工作波长范围 400~2200nm，探测面积 9.5mm×12.7mm，如图 6-6 所示。CCD 的接口单元通过线路连接到数据采集卡上，将 CCD 物镜捕捉到的 OAM 模式的光场图片和视频存储到计算机上。

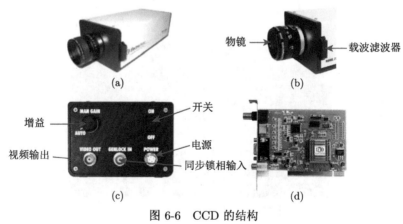

图 6-6　CCD 的结构

(a) CCD 外观；(b) 物镜部分；(c) 接口单元；(d) 数据采集卡

基于图 6-7 所示的垂直入射式 OAM 模式激励实验平台，完成了 OAM 模式的激励，实验得到了拓扑荷 l 分别为 1~10 的整数阶的 OAM 模式的光场强度图，

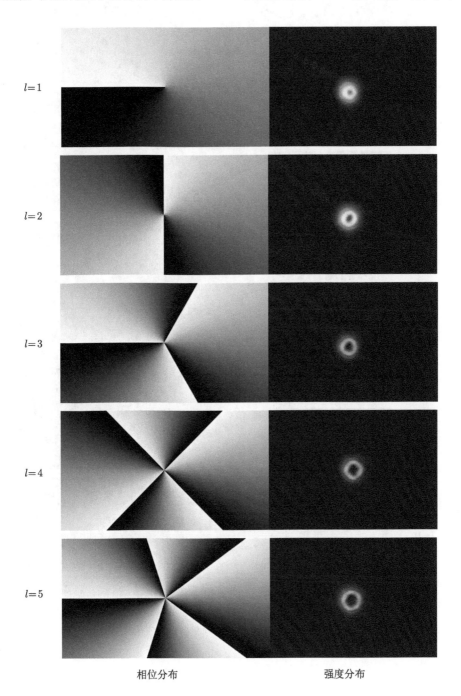

相位分布　　　　　　　　　　　　强度分布

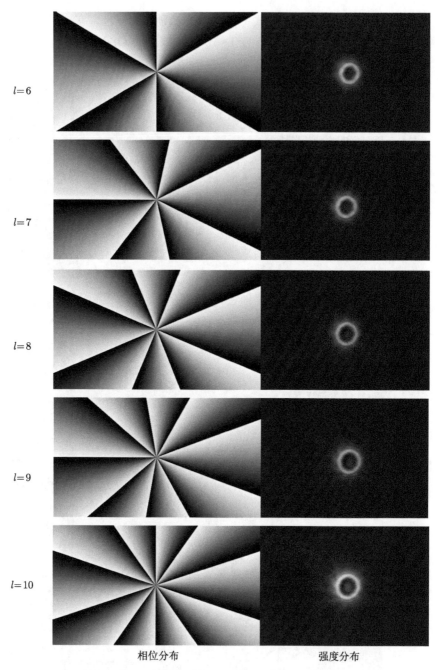

$l=6$

$l=7$

$l=8$

$l=9$

$l=10$

相位分布   强度分布

图 6-7　OAM 模式的相位板及其加载到空间光调制器后产生的 OAM 模式的强度分布图

如图 6-7 所示。左边一列为 OAM 模式对应的相位板，相位板用灰度图来表征，并且随着颜色的加深，相位调制量从 0 到 2π 依次递增。右边一列为激光器输出的基模光经过对应的相位板之后生成的 OAM 模式的强度分布图。可以看出，随着拓扑荷 l 的增加，OAM 模式的强度分布的环半径在逐渐增大。

采用多个螺旋相位板叠加的方式可以产生多个 OAM 模式的叠加态，叠加后的相位板的分布可以表示为

$$\sum_{l=m}^{n} a_l \exp\left(\mathrm{i}l\varphi\right) \tag{6.2.3}$$

公式 (6.2.3) 中，a_l 表示相位对应 $\exp\left(\mathrm{i}l\varphi\right)$ 的 OAM 模式的幅度分量。本节只给出等功率情况下，2 个、3 个以及 4 个 OAM 模式叠加态的仿真和实验结果，如图 6-8 所示。左边一列为多个螺旋相位板的叠加，中间一列为仿真得到的基模光经过相应相位板后生成的 OAM 叠加模式的强度分布图，右边一列为相应的实验结果，并且由上而下对应的拓扑荷 l 值的组合分别为 $(1,2)$，$(1,5)$，$(1,10)$，$(1,2,3)$，$(1,6,11)$，$(1,2,3,4)$，$(1,5,9,13)$。由图中结果可见，除了中心处的主瓣光场，外围还存在一些衍射条纹，并且仿真和实验结果基本符合。

此外，我们基于该实验平台还完成了分数阶 OAM 模式的产生，图 6-9 为实验产生的拓扑荷为 3.1~4.0 的分数阶 OAM 模式，从图可以看出分数阶 OAM 模式强度分布有一个小的"缺口"，且越接近整数缺口越小，这与理论结果相符合。

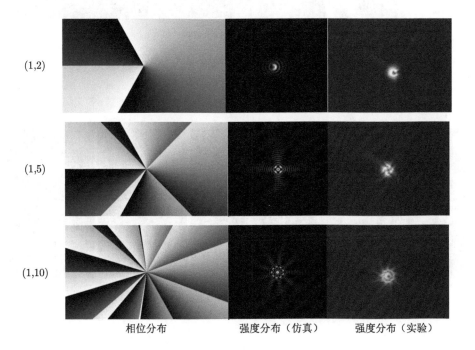

相位分布　　　　　强度分布（仿真）　　　　　强度分布（实验）

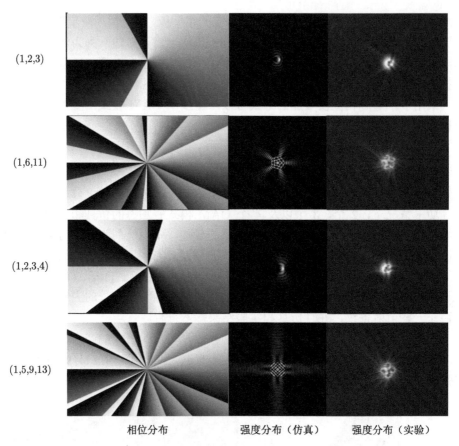

相位分布　　　　　　强度分布（仿真）　　　　　　强度分布（实验）

图 6-8　多个相位板的叠加及其仿真和实验得到的加载到空间光调制器后产生的 OAM 模式叠加态的强度分布图

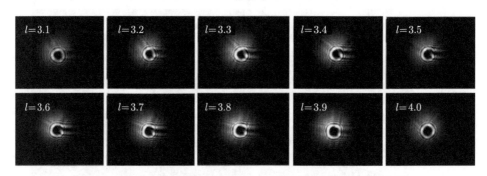

图 6-9　实验产生的拓扑荷为 3.1~4.0 的 OAM 模式强度分布图

6.3 OAM 模式与基模的干涉

6.3.1 OAM 模式与基模的干涉原理

实验室中携带 OAM 的光束有多种, 常见的有拉盖尔-高斯光束、高阶贝塞尔光束、圆对称消逝波等。其中拉盖尔–高斯光束是最为典型的一种。在圆柱坐标系下, 沿 z 轴传播的拉盖尔–高斯光束的电场 (标量波近似) 表达式为

$$E(r, \varphi, z) = \sqrt{\frac{2p!}{\pi(p+|\ell|)!}} \frac{1}{w(z)} \left[\frac{r\sqrt{2}}{w(z)}\right]^{|\ell|} L_{\mathrm{p}}^{\ell} \left[\frac{2r^2}{w^2(z)}\right] \exp\left[\frac{-r^2}{w^2(z)}\right]$$

$$\times \exp\frac{-\mathrm{i}kr^2z}{2(z^2+z_{\mathrm{R}}^2)} \exp(-\mathrm{i}\ell\varphi) \exp\left[\mathrm{i}(2p+|\ell|+1)\arctan\frac{z}{z_{\mathrm{R}}}\right]$$

$$(6.3.1)$$

其中 r 是到传输轴的辐射距, φ 是方位角; z 是传输距离; p 和 ℓ 分别表示径向和角向的模式数; $w(z) = w_0\sqrt{1+(z/z_{\mathrm{R}})^2}$ 为 z 点处的光斑半径, w_0 为零阶高斯光束的束腰半径; $L_{\mathrm{p}}^{\ell}(\xi)$ 为相关拉盖尔多项式; $z_{\mathrm{R}} = \pi w_0^2/\lambda$ 为瑞利尺度; $k = 2\pi/\lambda$ 为波矢量, λ 是波长; $\exp[\mathrm{i}(2p+|\ell|+1)\arctan(z/z_{\mathrm{R}})]$ 为 Gouy 相位。

由基模高斯光束与 OAM 模式光束的关系可知, 当 p 与 ℓ 都为 0 时, 即为基模高斯光束的表达式。其中当 p 和 ℓ 都等于 0 时, 拉盖尔多项式 $L_0^0(\xi)=1$, 则基模高斯光束的表达式可写为

$$E(r, \varphi, z) = \sqrt{\frac{2}{\pi}} \frac{1}{w(z)} \exp\left[-\frac{r^2}{w^2(z)}\right] \exp\left[\frac{-\mathrm{i}kr^2z}{2(z^2+z_{\mathrm{R}}^2)}\right] \exp\left(\mathrm{i}\arctan\frac{z}{z_{\mathrm{R}}}\right)$$

$$(6.3.2)$$

经过空间光调制器相位调制生成的 OAM 模式光束与基模高斯光束来自同一激光源, 故它们为相干光。两束光在分光棱镜交会时会发生干涉, 两束光在 $z = z_0$ 处发生干涉时的表达式为

$$I(r) \propto |E_{\mathrm{OAM}}(r, z_0) + E_{\text{基模}}(r, z_0)|^2 \tag{6.3.3}$$

其中 $I(r)$ 为点 (r, z_0) 处的光场强度, $E_{\mathrm{OAM}}(r, z_0)$ 为经过空间光调制器调制的 OAM 模式光束的电场强度矢量, $E_{\text{基模}}(r, z_0)$ 为基模高斯光束的电场强度矢量。两束光干涉的结果包含空间相位项 $\exp(\mathrm{i}\ell\varphi)$, 所以干涉结果的波前为螺旋形, 螺旋相位面的个数为拓扑荷的绝对值 $|\ell|$, 旋转方向取决于 ℓ 的正负。

6.3.2　OAM 模式与基模的干涉实验

图 6-10 所示为 OAM 模式与基模干涉的实验原理图。激光器发出的基模高斯光束经过分光器后分为两路，一路经过空间光调制器调制为 OAM 模式光束，再通过平面镜反射至分光棱镜；另一路则只经过准直器和偏振片变为线偏振光，两路光束在分光棱镜中心会合并发生干涉，干涉后的光从分光棱镜出射至 CCD 相机，从而在计算机屏幕上观察到干涉光斑。

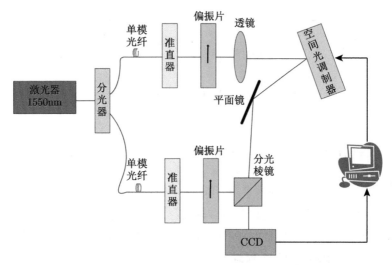

图 6-10　OAM 模式与基模干涉实验原理图

依据图 6-10 所示的原理图，我们在实验室搭建了相应的实验平台。在实验中我们使用了 Thorlabs(索雷博) 公司的准直器、偏振片、透镜、分光棱镜、平面镜、不可见光检测卡、支架，Meadowlark 公司的空间光调制器，Xenics 公司的 XS-5929 型电荷耦合器件相机，以及激光器、光功率计等，实验系统如图 6-11 所示。

根据 6.3.1 节所述的实验原理与 6.3.2 节所设计的实验平台，我们利用计算机为空间光调制器加载了对应的 ℓ 值从 3 至 8 依次增加的相位灰度图，并得到了各自的干涉光场强度图样。如图 6-12 所示为 OAM 模式光束与基模高斯光束干涉后的光场强度分布图。

从 OAM 模式光场强度可以看出，不同 OAM 模式与基模高斯光束的干涉光场强度图中出现了明暗相间的旋转式干涉条纹，明亮条纹的数量与拓扑荷 ℓ 的值相等，而 ℓ 的正负则决定了干涉条纹的旋转方向，利用这种方法可准确地对所接收到的 OAM 模式进行判定。

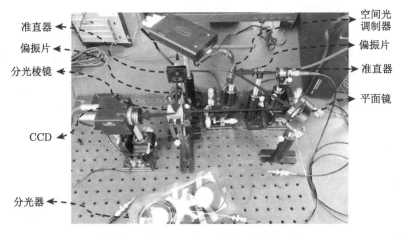

图 6-11　OAM 模式与基模干涉实验平台

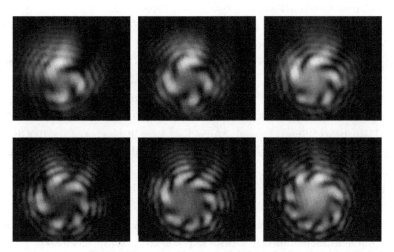

图 6-12　不同 ℓ 值对应的 OAM 模式与基模高斯光束的干涉光场强度分布

参 考 文 献

[1] Zheng S, Hui X, Jin X, et al. Generation of OAM millimeter waves using traveling-wave circular slot antenna based on ring resonant cavity[C]// IEEE International Conference on Computational Electromagnetics, IEEE, 2015: 239, 240.

[2] Scott R P, Yoo S J B. 3D waveguide technologies for generation, detection, multiplexing/demultiplexing orbital angular momentum optical waves[C]// Optical Fibre Technology, 2014 Opto-Electronics and Communication Conference and Australian Conference on IEEE, 2014: 922-924.

[3] Cai X, Wang J, Strain M J. Integrated compact optical vortex beam emitters[J]. Science, 2012, 338(6105): 363-366.

[4] Zhu J, Cai X, Chen Y, et al. Theoretical model for angular grating-based integrated optical vortex beam emitters[J]. Optics Letters, 2013, 38(8): 1343-1345.

[5] Cai X, Wang J, Strain M, et al. Integrated emitters of cylindrically structured light beams[C]// Transparent Optical Networks (ICTON), 2013 15th International Conference on IEEE, 2013: 1-4.

[6] Stepniak G, Maksymiuk L, Siuzdak J. Binary-phase spatial light filters for mode-selective excitation of multimode fibers[J]. Journal of Lightwave Technology, 2011, 29(13): 1980-1987.

[7] Koebele C, Salsi M, Sperti D, et al. Two mode transmission at 2×100Gb/s, over 40km-long prototype few-mode fiber, using LCOS-based programmable mode multiplexer and demultiplexer[J]. Optics. Express, 2011, 19(17): 16593-16600.

[8] Oda T, Okamoto A, Soma D, et al. All-optical demultiplexer based on dynamic multiple holograms for optical MIMO processing and mode division multiplexing[J]. Broadband Access Communication Technologies V, 2011, 7958.

[9] Salsi M, Koebele C, Sperti D, et al. Transmission at 2×100Gb/s, over two modes of 40km-long prototype few-mode fiber, using LCOS based mode multiplexer and de-multiplexer[C]// Proceedings of the National Fiber Optic Engineers Conference, 2011, Optical Society of America.

[10] Carpenter J, Wilkinson T D. All optical mode-multiplexing using holography and multimode fiber couplers[J]. Journal of Lightwave Technology, 2012, 30(12): 1978-1984.

[11] Salsi M, Koebele C, Sperti D, et al. Mode-division multiplexing of 2 × 100Gb/s channels using an LCOS-based spatial modulator[J]. Journal of Lightwave Technology, 2012, 30(4): 618-623.

[12] Von Hoyningen-Huene J, Ryf R, Winzer P. LCoS-based mode shaper for few-mode fiber[J]. Optics Express, 2013, 21(15): 18097-18110.

[13] Ploschner M, Straka B, Dholakia K, et al. GPU accelerated toolbox for real-time beam-shaping in multimode fibres[J]. Optics Express, 2014, 22(3): 2933-2947.

[14] Lu P, Shipton M, Wang A B, et al. Adaptive control of waveguide modes in a two-mode-fiber[J]. Optics Express, 2014, 22(3): 2955-2964.

[15] Montero-Orille C, Moreno V, Prieto-Blanco X, et al. Ion-exchanged glass binary phase plates for mode-division multiplexing[J]. Applied Optics, 2013, 52(11): 2332-2339.

[16] Montero C, Moreno V, Prieto-Blanco X, et al. Fabrication and characterization of ion-exchanged glass binary phase plates for mode-division multiplexing[C]// SPIE 8284, Next-Generation Optical Communication: Components, Sub-Systems, and Systems, San Francisco. California, USA: 82840H.

[17] Igarashi K, Souma D, Takeshima K, et al. Selective mode multiplexer based on phase plates and Mach-Zehnder interferometer with image inversion function [J]. Optics Express, 2015, 23(1): 183-194.

[18] Ryf R, Randel S, Gnauck A H, et al. Mode-division multiplexing over 96km of few-mode fiber using coherent 6 × 6 MIMO processing[J]. Journal of Lightwave Technology, 2012, 30(4): 521-531.

[19] Genevaux P, Simonneau C, Labroille G, et al. 6-mode spatial multiplexer with low loss and high selectivity for transmission over few mode fiber[C]//Proceedings of the Optical Fiber Communication Conference, Los Angeles, California, 2015, Optical Society of America.

[20] Morizur J-F, Jian P, Denolle B, et al. Efficient and mode-selective spatial multiplexer based on multi-plane light conversion[C]//Proceedings of the Optical Fiber Communication Conference, Los Angeles, California, 2015, Optical Society of America.

第 7 章　OAM 模分复用系统

　　根据实现的场景，OAM 模分复用光通信系统可分为基于 OAM 复用的自由空间光通信系统和 OAM 模分复用光纤通信系统。本章首先提出目前自由空间光通信系统中的主要问题是 OAM 模式会受到大气湍流的影响而发生相位畸变，从而使得各复用模式之间产生串扰，7.1 节通过建立大气扰动模型分析了 OAM 模式相位畸变，并给出了复用模式之间的串扰仿真结果，该结果可为下一步串扰的补偿提供理论指导，最后给出了基于自由空间光通信系统的展望。同样，OAM 模式在实际的光纤中传输时，由于光纤材料本身或加工工艺的不完美性以及在传输过程中的随机微扰，不同拓扑荷对应的各个 OAM 复用模式之间产生耦合和色散，也会造成 OAM 光信号的串扰，导致接收端信号的误码率增大，并且在与其他复用技术协调共用的过程中，也会产生各种问题，因此在接收端对 OAM 复用信号进行处理是目前 OAM 模分复用光纤通信系统实用化最亟待解决的问题。7.2 节将首先针对前面章节中对光纤中模式耦合和色散的理论研究结果，提出在接收端通过数字信号处理恢复 OAM 光信号的初步设想，并给出未来 OAM 模分复用光纤通信系统展望。

7.1　自由空间中 OAM 模分复用系统

　　拉盖尔–高斯光束是自由空间中的一种本征模式，并且由于它具有 $\exp\left(\mathrm{i}\ell\varphi\right)$ 空间相位因子，因此携带 OAM，可以用来实现基于 OAM 复用的自由空间光通信 [1-16]。2002 年，英国 Glasgow 大学的 Padgett 小组实验实现了光子轨道角动量的分离，随后，该小组又通过实验展示了自由空间光通信中光子 OAM 所具备的独特保密性 [17]。但是当 OAM 复用光信号在大气中传输时，由于受到大气湍流导致的折射率随机扰动的影响，其螺旋相位波前结构会因此发生畸变，从而产生新的 OAM 模式分量，导致相邻 OAM 复用信号间的串扰，最终影响系统的传输速率和信道容量，因此是自由空间中 OAM 模分复用系统需要解决的关键问题之一。目前，已经有不少关于 OAM 模式在大气中传输时的串扰及补偿问题的研究 [18-21]。本节主要基于 Kolmogorov 大气扰动模型，利用分步傅里叶法来研究整个传播路径上大气湍流对 OAM 模式的影响 [22]。首先分析了大气湍流对携带 OAM 的拉盖尔–高斯光束螺旋相位波前的影响，并且仿真得到了在不同强度大气湍流影响下，OAM 模式的强度分布和相位分布发生的畸变，以及单个 OAM 模式产生的相邻模式分量。该研究内容将为下一步对环状阶跃折射率光纤中 OAM

模式串扰 (Mode Crosstalk，MCR) 的分析提供理论基础。最后，根据以上内容，给出自由空间光通信中 OAM 模分复用系统的未来发展趋势。

7.1.1 OAM 模式的相位畸变

7.1.1.1 理想情况下拉盖尔–高斯光束的相位特性

携带 OAM 的拉盖尔–高斯光束是自由空间中的一种本征模式，其在圆柱坐标下的场强分布可以表示为

$$
\mathrm{LG}_p^l(r,\varphi,z) = \frac{C}{(1+z^2/z_0^2)^{\frac{1}{2}}}\left[\frac{r\sqrt{2}}{w(z)}\right]^l L_p^l\left[\frac{2r^2}{w^2(z)}\right]\exp\left(-\frac{r^2}{w^2(z)}\right)
$$

$$
\times \exp\left[\frac{-\mathrm{i}kr^2z}{2(z^2+z_0^2)}\right]\exp\left[\mathrm{i}(2p+l+1)\arctan\frac{z}{z_0}\right]\exp(-\mathrm{i}l\varphi) \tag{7.1.1}
$$

式中，C 为常数；l 为拓扑荷，表示在角向上发生相位跳变的次数；p 是与径向上模场极值个数相关的参数；$w(z) = w_0\sqrt{1+(z/z_0)^2}$ 为光束在 z 处的半径，$z_0 = \frac{1}{2}kw_0^2 = \frac{n\pi w_0^2}{\lambda}$ 为瑞利尺寸，w_0 为束腰半径，λ 为波长，n 为介质中的折射率。

由式 (7.1.1) 可知，拉盖尔–高斯光束的空间相位为

$$
\phi = l\varphi + \frac{kr^2z}{2(z^2+z_0^2)} - (2p+l+1)\arctan\left(\frac{z}{z_0}\right) \tag{7.1.2}
$$

任意 z 处，在 x-y 平面绕原点一圈，相位改变 $2l\pi$。在束腰 $z=0$ 处，ϕ 与半径 r 无关，因此相位呈扇形分布；当 $z\neq 0$ 时，ϕ 随 r^2 线性变化，因此相位呈现螺旋状分布。当径向的模式数 $p=0$，并且角向的模式数即拓扑荷 $l\neq 0$ 时，在 $r=0$ 的中心点处发生相位畸变，强度消失，因此拉盖尔–高斯光束的强度呈现环状分布，且环半径与 $\sqrt{l}$ 成正比。图 7-1 给出了 $l=5$，p 分别为 0,1,2 时拉盖尔–高斯光束的强度分布图，以及 $z=0$ 和 $z=1\mathrm{km}$ 时的横截面相位分布图，图中按灰度级别表示拉盖尔–高斯光束的相位从 $-\pi$ 到 π 变化。

7.1.1.2 基于 Kolmogorov 大气湍流模型的 OAM 模式的相位畸变分析

将自由空间光通信的路径划分为多个传播小段，且每一段均可以看作是一个大气湍流的随机相位屏 (Random Phase Screen, RPS)，该相位屏可以使用 Kolmogorov 大气湍流模型来模拟

$$
\Phi(\kappa) = 0.033C_n^2(\kappa^2+1/L_0^2)^{-11/6}
$$

$$
\times \exp(-\kappa^2/\kappa_l^2)\left[1+1.802(\kappa/\kappa_l)-0.254(\kappa/\kappa_l)^{7/6}\right] \tag{7.1.3}
$$

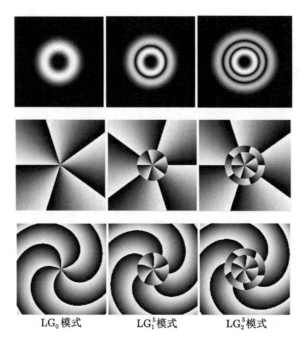

LG$_0$模式　　　　　　LG$_1^5$模式　　　　　　LG$_2^5$模式

图 7-1　拉盖尔–高斯光束的强度分布 (第一行) 以及 $z = 0$(第二行)，$z = 1$ km(第三行) 处的
相位分布图

式中，κ 表示空间频率；$\kappa_l = 3.3/l_0$，l_0 表示内湍流尺度；L_0 表示外湍流尺度；C_n^2 为折射率结构常数，不同的取值对应不同的大气湍流强度。最后采用分步傅里叶法 (Split-Step Fourier Method, SSFM)，利用这一系列的随机相位屏来对大气湍流进行数值模拟，以观测其对拉盖尔–高斯模式传播的影响。

如图 7-2 所示，假设 OAM 光束沿 z 方向传播，每一小段记为 Δz，如公式 (7.1.1) 所示的拉盖尔–高斯模式的光场可由 X 域和 K 域间的傅里叶变换得到。当拉盖尔–高斯光束在自由空间传输时，K 域中的传输函数可以表示为

$$\mathrm{LG}_1\left(k_x, k_y\right) = \exp\left[\mathrm{i} \cdot \Delta z\left(k_0^2 - k_x^2 - k_y^2\right)\right] \tag{7.1.4}$$

式中，$k_0 = 2\pi/\lambda$ 是拉盖尔–高斯光束在真空中的波数；k_x 和 k_y 分别为波矢量在 x 和 y 方向的分量。则到达第一个相位屏时光场为

$$u_1^-(x, y) = \mathrm{FFT}^{-1}\left[\mathrm{FFT}\left[\mathrm{LG}(x, y)\right] \cdot \mathrm{LG}_1\left(k_x, k_y\right)\right] \tag{7.1.5}$$

因此，假设该光场经过第 1 个相位屏 $\varphi_1(x, y)$ 前后的光场分别记为 $u_1^-(x, y)$ 和 $u_1^+(x, y)$，而 $\varphi_1(x, y)$ 的分布服从式 (7.1.3) 表示的湍流模型，则拉盖尔–高斯模式在经过第 1 个相位屏之后的光场可以表示为

$$u_1^+(x, y) = u_1^-(x, y) \cdot \exp\left[\mathrm{i}\varphi_1(x, y)\right] \tag{7.1.6}$$

当光波通过第二个相位屏时，这个过程将被重复进行，并由 $u_1^+(x,y)$ 来代替初始光场，直到通过最后一个相位屏为止。

图 7-2 Kolmogorov 大气湍流模型的 OAM 模式串扰的分步傅里叶仿真原理

本节以 $p = 0$，$l = 5$ 的 OAM 模式为例，仿真得到了在不同强度大气湍流扰动的影响下，传输 1km 距离之后的 Kolmogorov 谱生成的随机相位屏的相位分布图，以及 OAM 模式的横截面相位分布图和光场强度分布。图 7-3(a)，(b) 和 (c)

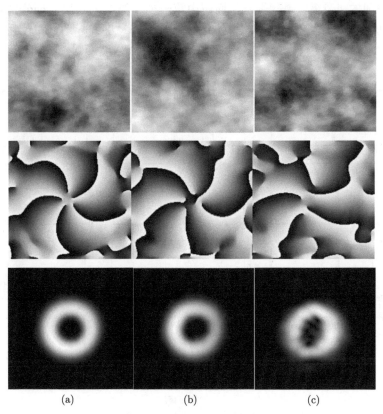

图 7-3 不同强度大气湍流下 LG_0^5 模式在传播 1km 后的随机相位屏 (第一行)、相位分布图 (第二行) 以及强度分布图 (第三行)

(a) 较弱湍流；(b) 中等湍流；(c) 较强湍流

分别对应较弱湍流、中等强度湍流和较强湍流情况下的结果。可见，随着湍流强度增加，OAM 模式的相位和强度分布发生畸变的程度也随之增加。

7.1.2　OAM 复用模式串扰

不同拓扑荷对应的 OAM 模式之间的正交性，在理论上提供了其在自由空间光通信中无限复用的可能性，但在实际传输时，由于受到大气湍流的影响，OAM 模式的相位和强度分布会发生畸变，从而使得各 OAM 复用模式之间产生串扰，最终会影响到自由空间光通信可以进行复用的 OAM 模式数量和模式密度。7.1.1 节中已经针对单个 OAM 模式在不同大气湍流强度下导致的模场强度和相位分布发生的畸变进行了分析，本节将进一步对不同强度湍流下 OAM 模式向相邻模式的强度串扰进行定量的分析。

图 7-4 分别给出了拓扑荷 $l = 1, 5, 10, 15$ 的 OAM 模式在不同强度湍流情况下出现的"旁瓣"串扰强度，而图中第一列、第二列和第三列分别对应较弱湍流扰动 $C_n^2 = 10^{-15}\text{m}^{-2/3}$，中度湍流扰动 $C_n^2 = 10^{-14}\text{m}^{-2/3}$ 和较强湍流扰动 $C_n^2 = 10^{-13}\text{m}^{-2/3}$ 影响下的结果。可见，随着湍流强度加强，OAM 模式向相邻

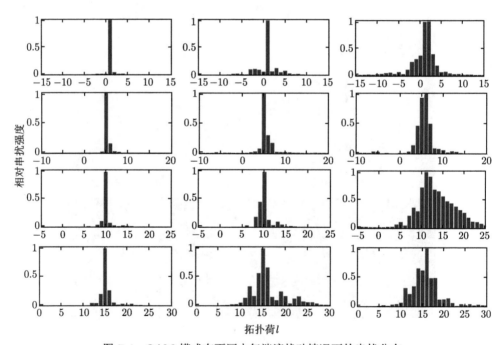

图 7-4　OAM 模式在不同大气湍流扰动情况下的串扰分布

$l = 1$(第一行)，$l = 5$(第二行)，$l = 10$(第三行)，$l = 15$(第四行)，而第一列、第二列和第三列分别为较弱湍流、中度湍流和较强湍流的对应结果

模式的串扰分量增大，而且在较强湍流条件下传输一定距离之后，串扰模式的功率超过了 OAM 主模式的自身功率，这必然会造成信号传输质量的恶化和误码性能的下降。

　　进一步对多个 OAM 模式复用的自由空间光通信传输系统中模式的最佳间隔进行了研究。定义模式转换效率为 OAM 模式经过大气湍流串扰之后接收端能量与发送端能量的比值，图 7-5 给出了不同间隔，不同强度湍流条件下，各 OAM 模式的模式转换效率的仿真结果，仿真过程中仅考虑大气湍流造成的 OAM 模式之间的串扰，不考虑大气对激光光束的损耗。

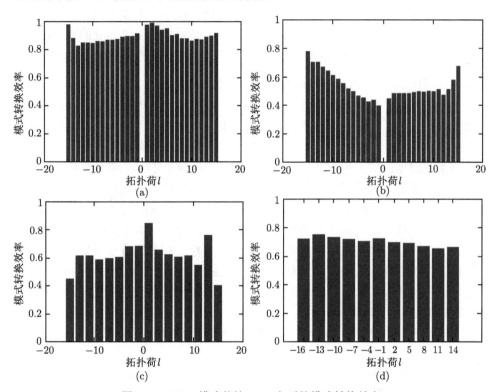

图 7-5　OAM 模式传输 1km 之后的模式转换效率

(a) 较弱湍流，模式间隔 Δl 为 1; (b) 中度湍流，Δl 为 1; (c) 中度湍流，Δl 为 2; (d) 中度湍流，Δl 为 3

　　图 7-5(a) 对应为较弱湍流 $C_n^2 = 10^{-15} \mathrm{m}^{-2/3}$，当模式之间的复用间隔 $\Delta l = 1$ 时，在传输 1 km 之后，接收端每个 OAM 模式对应的模式转换效率。由图中结果可知，此时所有 OAM 模式的转换效率基本均不低于 85%；图 7-5 (b) 对应为中度湍流强度 $C_n^2 = 10^{-14} \mathrm{m}^{-2/3}$，OAM 模式之间的复用间隔 $\Delta l = 1$ 条件下的结果，此时接收到的 OAM 模式质量急剧下降，部分 OAM 模式的转换效率已经低于 50%；图 7-5(c) 在中度湍流强度条件保持不变的基础上将模式间隔 Δl 增加为 2，

此时接收端的模式质量有了明显好转，大部分 OAM 模式的转换效率保持在 60% 左右；如果要将 OAM 模式复用技术用于实际的自由空间光通信传输系统，可进一步增加 OAM 模式的复用间隔，图 7-5(d) 为中度湍流强度 $C_n^2 = 10^{-14}\mathrm{m}^{-2/3}$，OAM 模式的间隔 $\Delta l = 3$ 条件下的对应结果，OAM 复用模式的转换效率均在 70% 左右，基本可以用来进行接收端的解复用。

综上所述，在较弱湍流情况下，可以连续选取拓扑荷 l 对应的 OAM 模式进行复用，但是在中度湍流和较强湍流的情况下，要保证接收端的接收质量，就必须使 OAM 复用模式之间的间隔增加至 3。可以预见，在较强湍流情况下 OAM 模式的串扰功率会超过其自身功率，因此不适合进行 OAM 复用模式的传输。综上所述，在实际的自由空间光通信传输系统中，必须根据湍流强度的不同，对进行 OAM 模式复用的间隔 Δl 作出合适的选取，才能保证信号的传输质量。

7.1.3　自由空间中 OAM 模分复用系统展望

当单模传输系统的容量不能满足需求时，通常有两种解决方式，一是建设多套单模传输系统，二是使用多模传输系统，如何选择会参考两种方案的市场需求以及付出的代价，并最终取决于多模复用传输关键技术的突破。

自由空间光通信系统有其特定的应用场景，相较于 OAM 模分复用光纤通信系统来说，关于 OAM 模分复用技术在自由空间中通信的研究相对较多，尤其集中在 7.1.1 节和 7.1.2 节中 OAM 模式在自由空间中传输时受到大气湍流影响导致其相位发生畸变，从而产生的串扰问题。并且，对于自由空间中的 OAM 模式串扰，研究者们已经提出了很多补偿方法，并进行了相应的验证，如自适应光学补偿法、Gerchberg-Saxton 相位恢复算法、Shack-Hartmann 算法、纠错编码等。不过，这些算法大多针对仅有 OAM 复用模式存在情况进行的研究，且一般是仅通过相位补偿来实现信号的恢复。

图 7-6 为自由空间中 OAM 复用光通信系统的原理框图，如图中所示，下一

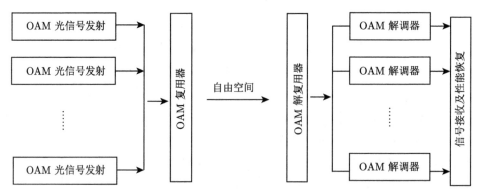

图 7-6　自由空间中 OAM 复用光通信系统的原理框图

步的发展方向是希望通过产生复用传输尽可能多的 OAM 模式，在每一个模式上加载更高阶调制格式的信号，并在大气中使用更大范围的频段或波段、尽量减小频率间隔以实现更高的频谱效率进行波分或频分复用等手段来最大限度地提升系统的传输容量。

同时，在实际的系统中除了要考虑大气湍流的影响之外，还要考虑到其他影响因素，比如用来产生 OAM 信号的基模高斯光源的质量及其激励 OAM 模式时的转换效率，系统中的分光棱镜、偏振片、透镜等光学器件的不完美性。因此，如果要将接收到的信号很好地再现出来，就需要在做系统性能建模时考虑所有的因素，并将其考虑到信号恢复的算法流程中去。

7.2 OAM 模分复用光纤通信系统

7.2.1 OAM 模分复用光纤通信系统发展趋势

如前所述，不管是自由空间中的 OAM 模分复用系统还是 OAM 模分复用光纤通信系统，为了提升传输容量，均需要考虑当 OAM 复用与其他复用技术同时存在时，传输的信号所受到的影响以及接收到的信号的恢复方案和算法。与自由空间中的 OAM 模分复用系统类似，在信号的恢复方案中要考虑 OAM 模式产生系统及其耦合器件的不完美性，也要考虑高阶调制格式的信号加载在 OAM 光束上时到电域的映射关系与基模的区别，以便于在接收端更加有效地进行数字信号处理。同时，OAM 光信号在进行波分复用时与基模也有不同，这些都是未来需要解决的关键问题。

为了解决上述提到的 OAM 模分复用系统中存在的模式空间相位畸变、耦合或串扰、模间色散等问题，并且对接收到的信号进行快速精准地恢复，我们提出一种在接收端数字信号处理模块采用基于卡尔曼滤波器对信号进行恢复的方案，如图 7-7 所示。该方案在处理包括偏振跟踪、一阶偏振模色散补偿、频偏估计、相位恢复在内的单模光纤传输系统的损伤方面 [23-27] 展现了极大的优势，相比于恒模、多模算法等传统算法 [28,29]，这种方法在处理偏振损伤等问题时，不需要估计有限长单位冲激响应 (Finite Impulse Response, FIR) 滤波器的系数，并且追踪速度快，因而可以直接对损伤参数模型的精确值进行实时估计，在估计过程中，每次状态的更新均利用前一次估计值和当前的输入样值计算，因此只需要存储前一次的估计结果，减少了在信号恢复阶段运算的复杂度。但是，在模分复用系统中，还需要处理模式耦合与色散等问题，因此需要对系统重新建模，并给出有效的恢复算法。

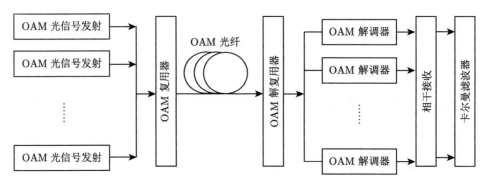

图 7-7　卡尔曼滤波器应用于 OAM 模分复用系统

7.2.2　OAM 模分复用光纤通信系统接收端信号性能恢复方案

将卡尔曼滤波器应用于 OAM 模分复用系统之前，我们首先介绍卡尔曼滤波器基本思想：卡尔曼滤波器是利用一系列随时间变化的测量结果 (包含统计噪声及其他误差)，以及贝叶斯准则和对每一时间帧上变量的联合概率分布，实现对未知变量在时域的最优估计。在此过程中我们将预测系统未来特性所需要的、与系统以前状态有关的最少变量组合称为 "状态"，用 $x(n)$ 来表示这一组合，对于待预测的非线性系统，其基本动态模型为

$$x_k = f(x_{k-1}, u_{k-1}, w_{k-1}) \qquad (7.2.1)$$

同时定义观测向量 $z(n)$，观测方程为

$$z_k = h(x_k, v_k) \qquad (7.2.2)$$

w_k 和 v_k 分别为过程噪声和观测噪声，均假设为零均值且互不相关的高斯白噪声，对应的协方差分别为 Q_k 和 R_k，即 $w_k \sim N(0, Q_k), v_k \sim N(0, R_k)$；$u_k$ 为输入控制函数；$f(\cdot)$ 表示在过程方程中前后状态之间的非线性转换函数；$h(\cdot)$ 表示测量方程中状态向量和观测向量之间的非线性转换关系。

卡尔曼滤波器在对未知变量进行参数跟踪时，基本原理是采用反馈控制的方法实现对状态向量 x_k 的最佳估计。将每次卡尔曼滤波器的递归操作分为两个部分：时间更新 (预测) 及测量更新 (校正)。相应的工作原理图如图 7-8 所示。

卡尔曼滤波器在进行参数估计时，首先进行时间上的更新，利用前一时刻 (第 $k-1$ 时刻) 的状态向量 $\hat{x}_{k+1}$ 和误差协方差矩阵 P_{k-1} 估计出当前时刻的状态向量 $\hat{x}_k^-$ 和误差协方差矩阵 P_k^-，相对应的时间更新方程已在原理图 (A_k 和 W_k 分别表示 f 对状态向量 x 和过程噪声 ω 求一阶偏导的雅可比矩阵；P_k^- 表示先验估计误差的协方差) 中标注。在其后的测量更新过程中，一旦观察到当前测量的

结果 z_k, 则将在时间更新中得到的 $\hat{x}_k^-$ 和当前的 z_k 结合, 以实现对 $\hat{x}_k$ 和 P_k 更为精确的校正, 这一步骤具体的计算过程已在原理图 (H_k 和 V_k 分别表示 h 对状态向量 x 和观测噪声 v 求一阶偏导的雅可比矩阵; K_k 为卡尔曼增益; $\hat{x}_k$ 状态表示后验估计; P_k 表示后验估计误差的协方差) 中标注。

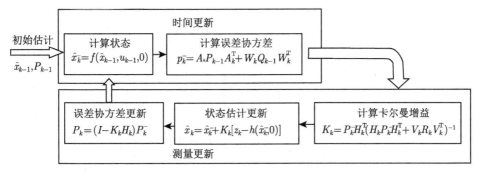

图 7-8　卡尔曼工作原理图

当测量更新步骤完成后, 将当前时刻 (第 k 时刻) 得到的 $\hat{x}_k$ 和 P_k 作为下一时刻的输入, 再继续进行下一时刻的时间更新和测量更新, 一直进行这种递归操作直至系统不再输入新的测量值为止。

在 OAM 复用传输系统中, 基于卡尔曼滤波器的恢复方案原理框图如图 7-9 所示, 光信号由相干接收机解调以后, 将解调出的高阶信号送入卡尔曼滤波器, 卡尔曼滤波器中的处理工作, 大致可以分为两部分: 第一部分对 OAM 复用传输产生的模式间耦合, 空间相位恢复以及模式色散等影响, 利用卡尔曼滤波器选取合适的状态向量, 对状态向量进行实时追踪、恢复和更新, 以完成对多个模式间耦合、色散、串扰以及相位的补偿和恢复; 第二部分处理受损伤的高阶调制信号, 包括产生的偏振模色散、偏振态旋转 (Rotation of State of Polarization, RSOP)、偏振相关损耗 (Polarization Dependent Loss, PDL) 等, 在这一部分中, 基于卡尔曼滤波器理论, 可以分为两步: 第一步, 进行偏振损伤均衡, 首先进行偏振相关损耗补偿、偏振态旋转中方位角的跟踪以及一阶偏振模色散补偿, 使得这一步的输出信号的星座点能汇聚到理想星座点的圆环上, 达到补偿偏振损伤的目的; 第二步进行相位估计, 以补偿调制解调和传输过程中, 对信号相位的影响, 主要包括偏振态旋转中旋转的相位角、频率偏移、相位噪声等。

上述的思想和处理方法仅仅是我们在考虑到 OAM 模式传输出现的一般问题和卡尔曼滤波器在处理损伤和均衡时的优点时提出的设想, 当在 OAM 复用传输系统中采用更高阶的调制格式时, 已调信号对应的星座图中圆环数目会增多, 且星座点之间的距离也会变小, 这将会使接收端相干接收以后数字信号处理的复杂度增大。当多个 OAM 模式复用时，模式之间的空间相位变化、耦合、色散、串扰等因素的影响，也会增加对信号处理的复杂度；且在实际传输过程中，可能会遇到大气湍流、极端天气的影响，相应地对卡尔曼滤波器的实时追踪能力也有更高的要求。但是从原理上而言，只要在各个部分寻找到合适的观测量作为状态向量，都能够通过卡尔曼滤波器恢复出误差范围内的信号。

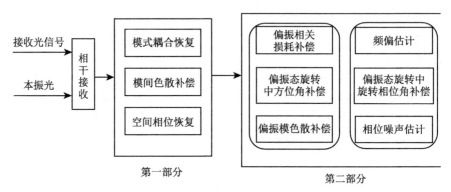

图 7-9   基于卡尔曼滤波器的恢复方案

7.2.3   OAM 模式在光纤中传输时的相位及串扰补偿

基于卡尔曼滤波器的信号恢复方案中，各种损伤基本是相互独立的，因此可以通过选取合适的观测量作为状态向量，对 OAM 光信号的各种损伤进行追踪恢复，涉及 OAM 模式在光纤中传输时的相位以及串扰问题时，我们结合自由空间中的 OAM 模式串扰补偿算法，初步提出了一种基于 SPGD 算法的泽尼克 (Zernike) 多项式法来补偿光纤传输系统中的 OAM 模式串扰的方案。

在自适应光学补偿算法中，采用高斯光束作为探针光束来检测 OAM 模式的串扰，这种方法在自由空间中是可行的，但是基模高斯光束在环状光纤中无法传输。而基于 SPGD 算法的 Zernike 多项式法是以 OAM 光束作为探针光束，这种方式在光纤传输系统中是可行的。图 7-10 为基于 SPGD 算法的 OAM 模式相位校正原理图。

二维单位圆上的相位板可以近似为极坐标系中 Zernike 多项式的叠加：

$$\varphi\left(r, \theta, a_1, a_2, \cdots, a_N\right) = \sum_{n=1}^{N} a_n Z_n\left(r, \theta\right), 0 \leqslant r \leqslant 1, \quad 0 \leqslant \theta \leqslant 2\pi \qquad (7.2.3)$$

式中，a_n 是 n 阶 Zernike 多项式的系数，用来确定畸变的 OAM 模式的校正模式的关键步骤是准确快速地求解 Zernike 多项式的系数，可以通过 SPGD 算法来确定 Zernike 多项式的系数，算法流程如图 7-11 所示。

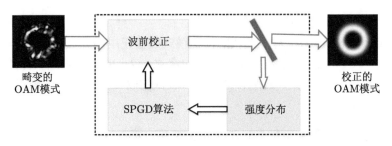

图 7-10 基于 SPGD 算法的 OAM 模式相位校正原理图

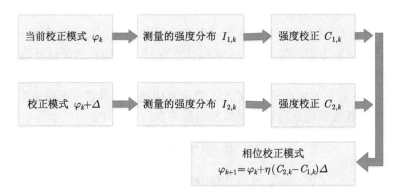

图 7-11 $(k+1)$ 次迭代的 SPGD 算法

第一，反馈信号的选择。OAM 模式纯度随着强度分布质量的增加而增加，这可以用 OAM 模式远场强度分布 $I(r,\theta)$ 和理想强度分布 $I_{id}(r,\theta)$ 之间的校正系数 C_k 来表示，即：

$$C_k = \int_0^1 \int_{-\pi}^{\pi} I(r,\theta) I_{id}(r,\theta)\, d\theta dr \qquad (7.2.4)$$

校正系数越高，表明测得的 OAM 光束与期望模式的形状越接近。这表明，强度分布可以用来推导反馈环路中的误差信号来修正校正的相位图。

第二，初始化。而该算法以空白的校正模式开始，即 $\varphi_0 = \varphi(r,\theta,0,0,\cdots,0)$。

第三，迭代校正模式。给定第 k 次迭代，$(k+1)$ 次迭代的过程如图 6-7 所示。首先，当前的校正模式为 $\varphi_k(r,\theta) = \varphi(r,\theta,a_{1,k},a_{2,k},\cdots,a_{N,k})$，用来部分恢复 OAM 光束波前，可以得到部分恢复的光强分布为 $I_{1,k}(r,\theta)$。然后可以计算得到 $I_{1,k}(r,\theta)$ 和理想的理论光强分布 $I_{id}(r,\theta)$ 之间的校正系数 $C_{1,k}$。接着用另一个校正模式，$\varphi_k(r,\theta)+\Delta(r,\theta)$，其中，$\Delta(r,\theta) = \delta \sum_{n=1}^{N} s_n Z_n(r,\theta)$。$s_n$ 是值为 ± 1 的随机序列，δ 是很小的值，且越小越好，一般为 0.01。因此可以得到新的校正

的光强分布 $I_{2,k}(r,\theta)$ 和校正系数 $C_{2,k}$。

第四,校正模式修正。对于迭代的校正模式的修正用函数 $\varphi_{k+1}(r,\theta)=\varphi_k(r,\theta)$ $+,\eta(C_{2,k}-C_{1,k})\Delta(r,\theta)$ 是凭经验确定的常数, 较小的 η 会导致较低的效率, 较大的 η 会导致过度的校正,而两者都倾向于较低的收敛速度。因此,修正的 Zernike 多项式系数为

$$\begin{aligned}\varphi_{k+1}(r,\theta)&=\varphi(r,\theta,a_{1,k+1},a_{2,k+1},\cdots,a_{N,k+1})\\a_{n,k+1}&=a_{n,k}+\eta\delta s_n(C_{2,k}-C_{1,k}),\quad n=1,2,\cdots,N\end{aligned} \tag{7.2.5}$$

所有的 Zernike 多项式都是同时修正的, 修正的都是主要畸变参数, 剩下的参数经历随机游走,最终抵消。

在本节中, 针对 OAM 光信号的各种损伤补偿问题, 初步提出了一种基于卡尔曼滤波器的恢复方案, 在涉及 OAM 模式在光纤中传输时的相位及串扰补偿时, 提出了一种基于 SPGD 算法的 Zernike 多项式法来补偿光纤传输系统中的 OAM 模式串扰,在可预见的将来,随着 OAM 模分复用技术及其器件的研究发展,OAM 模分复用光纤通信系统必将越来越成熟而最终实现商业化。

参 考 文 献

[1] Thidé B, Then H, Sjöholm J, et al. Utilization of photon orbital angular momentum in the low-frequency radio domain[J]. Physical Review Letters, 2007, 99(8): 087701.

[2] Sasaki S, McNulty I. Proposal for generating brilliant X-ray beams carrying orbital angular momentum[J]. Physical Review Letters, 2008, 100(12): 124801.

[3] Tumbull G A, Robertson D A, Smith G M, et al. The generation of free-space Laguerre-Gaussian modes at millimetre-wave frequencies by use of a spiral phaseplate[J]. Optical Communications, 1996, 127(46): 183-188.

[4] Tamburini F, Mari E, Sponselli A, et al. Encoding many channels on the same frequency through radio vorticity: first experimental test[J]. New Journal of Physics, 2012, 14(3): 033001.

[5] McMorran B J, Agrawal A, Anderson I M, et al. Electron vortex beams with high quanta of orbital angular momentum[J]. Science, 2011, 331(6014): 192-195.

[6] Gibson G, Courtial J, Padgett M J, et al. Free-space information transfer using light beams carrying orbital angular momentum[J]. Optics Express, 2004, 12(22): 5448-5456.

[7] Roux F S. Infinitesimal-propagation equation for decoherence of an orbital-angular-momentum-entangled biphoton state in atmospheric turbulence[J]. Physical Review A, 2011, 83(5): 053822.

[8] Lukin V P, Konyaev P A, Sennikov V A. Beam spreading of vortex beams propagating in turbulent atmosphere[J]. Applied Optics, 2012, 51(10): C84-C87.

[9] Paterson C. Atmospheric turbulence and orbital angular momentum of single photons for optical communication[J]. Physical Review Letters, 2005, 94(15): 153901.

[10] Sheng X, Zhang Y, Wang X, et al. The effects of non-Kolmogorov turbulence on the orbital angular momentum of a photon-beam propagation in a slant channel[J]. Optical and Quantum Electronics, 2012, 43(6-10): 121-127.

[11] Zhang Y, Wang Y, Xu J, et al. Orbital angular momentum crosstalk of single photons propagation in a slant non-Kolmogorov turbulence channel[J]. Optics Communications, 2011, 284(5): 1132-1138.

[12] Andrews L C, Phillips R L. Laser Beam Propagation Through Random Media[M]. Bellingham, WA: SPIE Press, 2005.

[13] Torner L, Torres J P, Carrasco S. Digital spiral imaging[J]. Optics Express, 2005, 13(3): 873-881.

[14] Zhang Y, Cheng M, Zhu Y, et al. Influence of atmospheric turbulence on the transmission of orbital angular momentum for Whittaker-Gaussian laser beams[J]. Optics Express, 2014, 22(18): 22101-22110.

[15] Andrews L C, Phillips R L, Crabbs R, et al. Deep turbulence propagation of a Gaussian-beam wave in anisotropic non-Kolmogorov turbulence [C]// Laser Communication and Propagation through the Atmosphere and Oceans II. International Society for Optics and Photonics, 2013: 02.

[16] Tan L, Du W, Ma J, et al. Log-amplitude variance for a Gaussian-beam wave propagating through non-Kolmogorov turbulence[J]. Optics Express, 2010, 18(2): 451-462.

[17] 吕宏, 柯熙政. 光束轨道角动量的量子通信编码方法研究 [J]. 量子电子学报, 2010, 02: 155-160.

[18] Anguita J A, Neifeld M A, Vasic B V. Turbulence-induced channel crosstalk in an orbital angular momentum-multiplexed free-space optical link[J]. Applied Optics, 2008,47(13): 2414-2429.

[19] Ren Y, Huang H, Xie G, et al. Atmospheric turbulence effects on the performance of a free space optical link employing orbital angular momentum multiplexing[J]. Optics Letters, 2013, 38(20): 4062-4065.

[20] Ren Y, Huang H, Xie G, et al. Simultaneous pre- and post- turbulence compensation of multiple orbital-angular-momentum 100-Gbit/s data channels in a bidirectional link using a single adaptive-optics system [C]//Frontiers in Optics, 2013.

[21] Xie G, Ren Y, Huang H, et al. Experiment turbulence compensation of 50-Gbaud/s orbital-angular-momentum QPSK signals using intensity-only based SPGD Algorithm [C]//Optical Fiber Communication Conference, IEEE, 2014.

[22] 张磊. 基于相干光通信系统的光信噪比监测方法与轨道角动量模式复用技术的研究 [D]. 北京: 北京邮电大学, 2015.

[23] Marshall T, Szafraniec B, Nebendahl B. Kalman filter carrier and polarization-state tracking[J]. Optics Letters, 2010, 35(13): 2203.

[24] Szafraniec B, Marshall T S, Nebendahl B. Performance monitoring and measurement techniques for coherent optical systems[J]. Journal of Lightwave Technology, 2013, 31(4): 648-663.

[25] Feng Y, Li L, Lin J, et al. Joint tracking and equalization scheme for multi-polarization effects in coherent optical communication systems[J]. Optics Express, 2016, 24(22): 25491-25501.

[26] Jain A, Krishnamurthy P K, Landais P, et al. EKF for joint mitigation of phase noise, frequency offset and nonlinearity in 400Gb/s PM-16-QAM and 200Gb/s PM-QPSK systems[J]. IEEE Photonics Journal, 2017, 9(1): 1-10.

[27] Inoue T, Namiki S. Carrier recovery for M-QAM signals based on a block estimation process with Kalman filter[J]. Optics Express, 2014, 22(13): 15376-15387.

[28] Kikuchi K. Performance analyses of polarization demultiplexing based on constantmodulus algorithm in digital coherent optical receivers[J]. Optics Express, 2011, 19(10): 9868-9880.

[29] Jian Y, Werner J J, Dumont G A. The multimodulus blind equalization and its generalized algorithms[J]. IEEE Journal on Selected Areas in Communications, 2002, 20(5): 997-1015.